Gerald Gerlach, Klaus-Dieter Sommer
Messunsicherheit
De Gruyter Studium

Weitere empfehlenswerte Titel

Metrological Infrastructure
Edited by Beat Jeckelmann, Robert Edelmaier, 2023
ISBN 978-3-11-071568-2, e-ISBN 978-3-11-071583-5

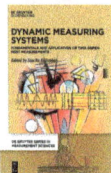

Dynamic Measuring Systems
Fundamentals and application of time-dependent measurements
Edited by Sascha Eichstädt, 2023
ISBN 978-3-11-071303-9, e-ISBN 978-3-11-071310-7

in
De Gruyter Series in Measurement Sciences
Edited by Klaus-Dieter Sommer, Thomas Fröhlich
ISSN 2510-2974, e-ISSN 2510-2982

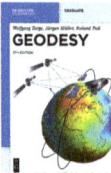

Geodesy
Wolfgang Torge, Jürgen Müller, Roland Pail, 2023
ISBN 978-3-11-072329-8, e-ISBN 978-3-11-072330-4

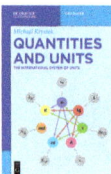

Quantities and Units
The International System of Units
Michael Krystek, 2023
ISBN 978-3-11-134405-8, e-ISBN 978-3-11-134411-9

Angewandte Differentialgleichungen Kompakt
für Ingenieure und Physiker
Adriano Oprandi, 2022
ISBN 978-3-11-073797-4, e-ISBN 978-3-11-073798-1

Gerald Gerlach, Klaus-Dieter Sommer

Messunsicherheit

Kurz und praktisch - für Ingenieure und
Naturwissenschafler

DE GRUYTER
OLDENBOURG

Autoren

Prof. Dr.-Ing. habil. Gerald Gerlach
Technische Universität Dresden
Institut für Festkörperelektronik
Helmholtzstraße 10
01069 Dresden
Deutschland
Gerald.gerlach@tu-dresden.de

Prof. Dr.-Ing. Klaus-Dieter Sommer
Technische Universität Ilmenau
Institut für Prozessmess- und Sensortechnik
Gustav-Kirchhoff-Straße 1
98693 Ilmenau
Deutschland
Klaus-Dieter.Sommer@tu-ilmenau.de

ISBN 978-3-11-050023-3
e-ISBN (PDF) 978-3-11-050026-4
e-ISBN (EPUB) 978-3-11-049754-0

Library of Congress Control Number: 2023952303

Bibliografische Information der Deutschen Nationalbibliothek
Die Deutsche Nationalbibliothek verzeichnet diese Publikation in der Deutschen Nationalbibliografie;
detaillierte bibliografische Daten sind im Internet über
http://dnb.dnb.de abrufbar.

© 2024 Walter de Gruyter GmbH, Berlin/Boston
Coverabbildung: Choreograph / iStock / Getty Images
Satz: VTeX UAB, Lithuania
Druck und Bindung: CPI books GmbH, Leck

www.degruyter.com

—

... und mit welcherlei Maß ihr messet, wird euch gemessen werden
Matthäus 7.2

Vorwort

„Wenn man messen kann, worüber man spricht und es in Zahlen ausdrücken kann, dann weiß man etwas darüber. Wenn man es nicht in Zahlen ausdrücken kann, dann ist das Wissen dürftig und unzureichend." Diese dem berühmten britischen Physiker Sir William Thomson, genannt Lord Kelvin, zugeschriebene Aussage [1] kann man einfacher auch folgendermaßen ausdrücken: Wir brauchen Zahlen und Fakten, um vernünftig über eine Sache sprechen zu können, um Probleme zu erkennen und nachfolgend Lösungsansätze zu finden. Gefühltes Wissen über Dinge reicht nicht aus.

In der Folge dessen sind wir in unserem täglichen Leben von vielerlei Messungen umgeben. Das beginnt früh beim Blick auf das Thermometer, um sich passend anzuziehen, und setzt sich bei der Kontrolle des Körpergewichts auf der Personenwaage weiter fort. Die Einhaltung von Terminen erfordert die Beobachtung (Messung) der Zeit. An der Tankstelle misst man den Reifendruck, die Zapfsäule misst das Volumen des gezapften Kraftstoffs. Bei Unwohlsein misst man Fieber, d. h. die Köpertemperatur, beim Arztbesuch wird der Blutdruck bestimmt. Die Smartwatch zeichnet die tägliche Schrittzahl und gegebenenfalls per GPS auch die zurückgelegte Wegstrecke auf.

Nun kann man versuchen, alle diese Größen sehr genau zu messen, also den „wahren Wert" zu bestimmen. Die derzeit genaueste Atomuhr am National Physical Laboratory (NPL) in London würde in 10,6 Milliarden Jahren maximal eine Sekunde falsch gehen [2], was in etwa der Zeit seit dem Urknall entspricht (13,8 Milliarden Jahren). Im täglichen Leben braucht man eine solche Genauigkeit sicherlich nicht. Den Beginn unserer Vorlesungen zum Beispiel erreichen eine ganze Reihe unserer Studenten mit Verspätungen im Minutenbereich. Gute Automatikuhren, sogenannte Chronometer, erreichen Gangabweichungen von weniger als 6 s am Tag [3], Quarzuhren von weniger als 1 s am Tag.

Uns allen ist bewusst, dass all diese genannten Messung ungenau, besser gesagt unsicher sind. Das Körpergewicht schwankt je nach dem, zu welcher Tageszeit man es bestimmt. Die gemessene Außentemperatur hängt sowohl von der Qualität des Thermometers als auch davon ab, ob es sich in der Sonne oder im Schatten befindet. Dies bedeutet, dass man durch die Messung nur einen Schätzwert erhält, der unsicher ist. Diese Unsicherheit kann dabei entsprechend den Messbedingungen kleiner oder größer sein. Im schlimmsten Fall kann die Messunsicherheit so groß sein, dass man mit dem Messergebnis weder Probleme erkennen noch erforderliche Schlussfolgerungen und Entscheidungen treffen kann. Wer kennt nicht den Spruch: „Wer misst, misst Mist".

Vielleicht hat der eine oder andere auch selbst schon versucht, beim gebührenpflichtigen Parken mit dem Auto die Parkscheibe so einzustellen, dass nur eine ungenaue Ablesung möglich ist, um für die geleistete Parkgebühr eine viertel Stunde länger parken zu können.

Andererseits ist es aber auch möglich, ganz ohne Messungen Aussagen zu bestimmten physikalischen Größen zu machen. Die Kenntnis der Jahreszeit und der damit verbundenen charakteristischen Temperaturverläufe, zusammen mit dem Blick aus dem

https://doi.org/10.1515/9783110500264-201

Fenster, der Informationen über das aktuelle Wetter gibt, erlaubt eine grobe Bestimmung der Außentemperatur. Hier kommen also neben dem Ergebnis direkter Messungen auch noch sonstige Informationen und Kenntnisse dazu. Die Wahrscheinlichkeit, dass die Außentemperatur nun in einem bestimmten Toleranzbereich liegt, steigt, je größer dieser Toleranzbereich gewählt wird.

Ziel dieses Buches ist nun eine leicht verständliche Darstellung, wie man auf einfachem Wege zu einem Messergebnis finden kann und wie man insbesondere praxisnah die dazugehörige Messunsicherheit abschätzen kann. Carl Friedrich Gauß kommt der Verdienst zu, zu Beginn des 19. Jahrhunderts mit der Methode der kleinsten Fehlerquadrate einen Ansatz geschaffen zu haben, mit dem der Bereich möglicher Abweichungen, insbesondere zufälliger Abweichungen, in einer Messreihe bestimmt werden kann [4]. Aus der Annahme, dass der mittlere Wert einer Gruppe von Zahlen der wahrscheinlichste sei, folgerte er, dass die Verteilung der zufälligen Abweichungen eine Glockenkurve ergibt, die sogenannte Normalverteilung [5]. Die Breite der Kurve ist dann ein Maß von der Varianz und damit der Beobachtungsgenauigkeit. Nachteil dieses Vorgehen ist allerdings, dass sie nur für Zahlenreihen, zum Beispiel bei wiederholten Messungen, gilt. Bei nicht konstanten oder systematischen Abweichungen ist es jedoch nicht anwendbar.

Mit dem "Leitfaden zur Angabe der Unsicherheit beim Messen" (GUM - Guide to the Expression of Uncertainty in Measurement [6]), herausgegeben von CPIM (Comité International des Poids at Measures) als der höchsten internationalen Autorität in der Metrologie, wurde 1993 erstmalig ein standardisiertes Vorgehen vorgeschlagen, wie unabhängig von den bisherigen Einschränkungen die Messunsicherheit bei Messungen bestimmt werden kann. Die Messunsicherheit beschreibt dabei ein Intervall, in dem der Wert der Messgröße mit einer gewissen Wahrscheinlichkeit zu erwarten ist. Eine Messung ist damit umso genauer, je kleiner dieser Bereich ist. Der GUM versucht dabei, einen Mittelweg zwischen Theorie und Pragmatismus zu gehen. Wo etwa die Verteilungsfunktion einer Einflussgröße nicht bekannt ist, wird eine bestimmte angenommen, z. B. eine Gleichverteilung. So ist es gelungen, die Terminologie und die Regeln zur Auswertung von Unsicherheiten beim Messen zu vereinheitlichen. Mit der internationalen Vergleichbarkeit von Messungen bietet der GUM somit eine wichtige Grundlage für die globale Wirtschaft und den weltweiten Handel. Trotzdem gibt es in einigen Fragen nach wie vor Weiterentwicklungsbedarf. Dieser wird vom Joint Committee for Guides in Metrology (JCGM) koordiniert.

Seit dem erstmaligen Erscheinen des GUM 1993 sind eine Reihe von Lehrbüchern erschienen, die sich mit der Messunsicherheit beschäftigen. Charakteristisch für die meisten ist, dass sie sich direkt am Aufbau des GUM orientieren und dabei mehr oder weniger umfassend vom theoretischen Gesamtgebäude ausgehen, ehe dann Beispiele präsentiert werden.

Mit diesem Büchlein wollen wir einen etwas anderen Weg bestreiten. Im Mittelpunkt soll das Wissen stehen, welches ein Praktiker zum Messen und zur Auswertung der entsprechenden Messergebnisse braucht. Die Mathematik soll dafür nur insoweit dargestellt werden, wie sie als „Handwerkszeug" wirklich benötigt wird. Allerdings wollen wir aber immer auch so ausführlich sein, dass sich alle Gedankengänge jederzeit rechnerisch einfach nachverfolgen lassen. Ausgehend von einfachen Beispielen soll so das Verständnis für die wichtigen Aspekte bei der Ermittlung und Angabe der Messunsicherheiten auf möglichst einfachem Niveau erreicht werden. Zum Ende werden komplexere Beispiele vorgestellt, an denen man sich bei anderen Messaufgaben einfach orientieren kann.

Bei der Konzeption des Buches haben wir versucht, uns in Studierende der Ingenieur- und Naturwissenschaften hineinzuversetzen, wie wir sie selbst in unseren Verlesungen der Messtechnik (K.-D. S.) und der Sensorik (G. G.) sitzen haben. Dementsprechend entstammen viele Beispiele auch typischen Aufgabenstellungen, mit denen fast jeder Student im z. B. physikalischen, maschinenbaulichen oder elektrotechnischen Praktikum konfrontiert ist. Aus diesem Grund haben wir uns bei der Darstellungsweise und der Notation didaktisch von typischen Grundlagenlehrbüchern der Elektrotechnik, der Messtechnik und der Systemtechnik leiten lassen. So unterscheiden wir formelzeichenmäßig nicht zwischen der physikalischen Größe und dem Wert dieser Größe, wie es der GUM macht. Die Eingangsgröße (d. h. die zu messende Größe, auf die rückgeschlossen werden soll) wird in diesem Buch – wie im Studium häufig verwendet – mit x bezeichnet, die Ausgangsgröße mit y. Auch dies wird im GUM anders gehandhabt. Wir glauben allerdings, dass dieses Vorgehen gerechtfertigt ist, da die Studenten mit diesem Buch den Umgang mit der Messunsicherheit sicher beherrschen lernen sollen. Dies sollte umso schneller und besser gelingen, je einfacher sich die Ausführungen in das aus dem Studium bekannte Gedankengebäude eingliedern. GUM-Experten werden damit möglicherweise nicht zufrieden sein. Für diesen Leserkreis gibt es aber viele andere, besser geeignete Fachbücher.

Ein neues Buch wie dieses hier wird sicherlich nicht sofort komplett und fehlerfrei sein. Wir sind deshalb an Korrekturen, Anregungen und Verbesserungsvorschlägen sehr interessiert (gerald.gerlach@tu-dresden.de). Ihr kritischer Blick auf unser Buch wäre ein Gewinn für uns!

Wir haben vielen Personen zu danken, die zum Entstehen und zum Gelingen des Buches beigetragen haben. Zuallererst geht unser ganz besonderer Dank an die Mitarbeiter des De Gruyter-Verlags für die freundliche Zusammenarbeit und auch für die Geduld bei wiederholten Verzögerungen aufgrund der Arbeitsbelastung der Autoren. Wir sind weiterhin Herrn Privatdozent Dr. Helmut Budzier zu großem Dank verpflichtet, der freundlicherweise die Erstellung fast aller Abbildungen übernommen hat. Ein großer Dank geht aber auch an unsere Familien, die toleriert haben, dass viel Zeit und Energie statt in die Familie in dieses Buch geflossen sind.

Gerald Gerlach
Klaus-Dieter Sommer

Zum Gebrauch des Buches

Die Ermittlung und Behandlung von Messunsicherheiten ist für diejenigen, die sich zum ersten Mal mit dieser Problematik beschäftigen, durchaus herausfordernd. Für einen schnellen Einstieg in die Problematik empfehlen wir zumindest erst einmal das Studium der Abschnitte, die wir in Abb. 1 zusammengestellt haben. Im Kapitel 2 zeigen wir an einem alltäglichen und deshalb hoffentlich einfach nachzuvollziehenden Beispiel – der Messung der Körpergröße – alle wichtigen Aspekte beim Bestimmen der Messunsicherheit. Im Kapitel 6 stellen wir dann vor, wie man ganz systematisch in sechs Schritten zur Messunsicherheit gelangt. Alle Schritte spiegeln wir dort noch einmal an unserem Beispiel von Kapitel 2. Insofern bilden diese beiden Kapitel 2 und 6 den Kern des Buches.

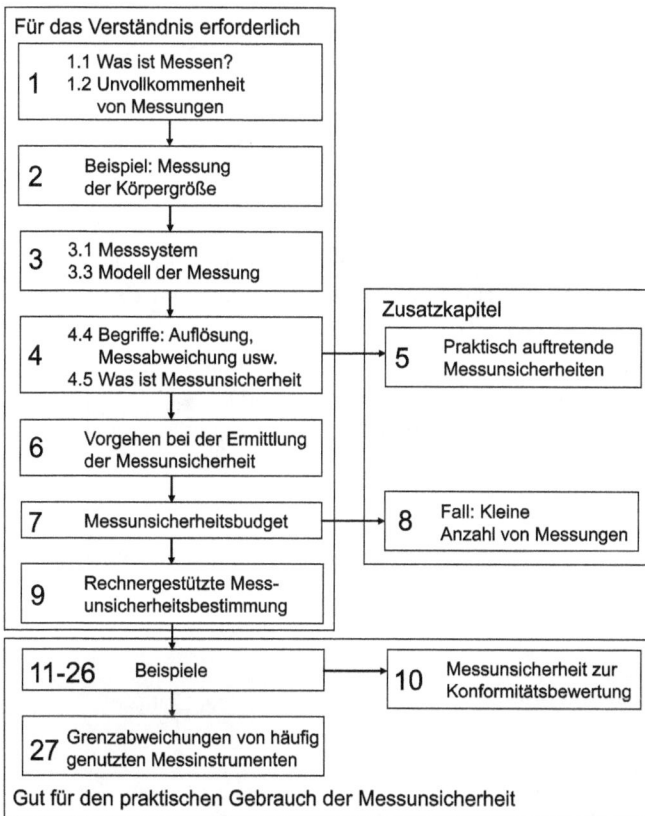

Abb. 1: Wichtige Inhalte für Einsteiger in das Gebiet Messunsicherheit.

https://doi.org/10.1515/9783110500264-202

Alle Beispiele haben wir sowohl „händisch" als auch mit der für Lehr- und Schulungszwecke frei verfügbaren Version der *GUM Workbench* der Firma Metrodata GmbH, Braunschweig, gerechnet (siehe Kap. 9). Sie stehen unter (https://tu-dresden.de/ing/elektrotechnik/ife/das-institut/veroeffentlichungen/messunsicherheit) zum Download und zur persönlichen Nutzung zur Verfügung. Wir empfehlen sehr, mit den Modellen und insbesondere mit den Werten und zugrunde liegenden Wahrscheinlichkeitsdichteverteilungen für die Einflussgrößen zu spielen und die Wirkung auf das Messunsicherheitsbudget zu beobachten. Auf diese Weise lässt sich schnell ein Gespür entwickeln, welche Einflüsse bei praktischen Messaufgaben große Wirkung auf die Messunsicherheit haben und welche eher zu vernachlässigen sind.

Mit der Auswahl der Beispiele im Teil II des Buches wollten wir einen breiten Bereich messtechnischer Fragestellungen adressieren, so dass sich interessierte Leser Anwendungen heraussuchen können, die ihren Problemen möglichst nahekommen. Unter anderem wollten wir dabei folgende Aspekte ansprechen:

- häufig auftretende Messungen mit einfachen Messinstrumenten, z. B. mit einem Messschieber (Kap. 19) oder einem Digitalvoltmeter (Kap. 20),
- Nutzung von Messreihen statt nur von Einzelmessungen, z. B. bei der Messung der Schwingungsdauer eines Fadenpendels (Kap. 13) oder des Elastizitätsmoduls eines Stabes (Kap. 15),
- Nutzung modularisierter Modelle und damit individuelle Bestimmung der Messunsicherheit der entsprechenden Teilsysteme, z. B. bei der Bestimmung des Body-Mass-Indexes (Kap. 11) und der Messung der Erdbeschleunigung mittels Fadenpendel (Kap. 14),
- Kalibrierung von Messinstrumenten, z. B. eines Parallelendmaßes (Kap. 16), einer Präzisionswaage (Kap. 17) oder eines Messschiebers (Kap. 18),
- Messunsicherheit von Sensoren, z. B. eines Drucksensors (Kap. 23) und eines Magnetfeldsensors (Kap. 24).

Inhalt

Teil III: **Anhänge**

Abkürzungsverzeichnis

BMI	Body-Mass-Index
CEN	Committee for Standardization
CENELEG	European Committee for Electrotechnical Standardization
Cov	Kovarianz
DAkkS	Deutsche Akkreditierungsstelle GmbH
DGQ	Deutsche Gesellschaft für Qualität
DIN	Deutsches Institut für Normung
DKD	Deutscher Kalibrierdienst
DKE	Deutsche Kommission Elektrotechnik Elektronik Informationstechnik in DIN und VDE
dgt	Digit
E	Einschlussthermometer
EN	Europäische Norm
ETSI	European Telecommunications Standards Institute
EU	Europäische Union
FS	full scale
FSS	full scale span
GPS	global positioning system
GUM	Guide to the Expression of Uncertainty in Measurement
IEC	International Electrotechnical Commission
ISO	International Organization for Standardization
JCGM	Joint Committee for Guides in Metrology
LET	Einschlussthermometer
LST	Labor-Stabthermometer
NPL	National Physical Laboratory
OIML	Organisation Internationale de Métrologie Légale (Internationale Organisation für das gesetzliche Messwesen)
OTG	obere Toleranzgrenze
PDF	probability density function, Wahrscheinlichkeitsdichtefunktion
PTB	Physikalisch-Technische Bundesanstalt
rdg	reading
r. F.	relative Feuchte
ST	Allgebrauchs-Stabthermometer
THD	total harmonic distortion
UTG	untere Toleranzgrenze
Var	Varianz
VDE	Verband der Elektrotechnik Elektronik Informationstechnik
VDI	Verein Deutscher Ingenieure
VIM	Vocabulaire international de métrologie (Internationales Wörterbuch der Metrologie)
v. E.	vom Endwert
v. M.	vom Messwert
WHO	World Health Organization (Weltgesundheitsorganisation)

https://doi.org/10.1515/9783110500264-203

Symbolverzeichnis

A	Flächeninhalt; Anstieg der Regressionsgeraden
a	Toleranzband; Parameter
B	magnetische Flussdichte
B_A	angezeigte magnetische Flussdichte
b	Breite; Parameter; Steckerbreite
b_{abl}	abgelesener Wert der Breite
c_i	Empfindlichkeits- oder Sensitivitätskoeffizient
d	Längendifferenz zwischen Endmaß und Standard-Endmaß; Ziffernschritt
D	Durchmesser; Nullpunktdrift des Teslameters
D_A	abgelesener Durchmesser
d	Abstand
d_{sys}	systematischer Fehler des Längenkomparators
d_{zuf}	zufälliger Fehler des Längenkomparators
$\overline{d}$	Mittelwert der Längendifferenzen zwischen Endmaß und Standard-Endmaß
E	Elastizitätsmodul; Empfindlichkeit des Messumformers
E	Erwartungswert
e	Eichwert
F	Gewichtskraft
f	Frequenz; Messfunktion
f^{-1}	inverse Messfunktion
f_0	Eigenfrequenz
g	Erdbeschleunigung
H	Dicke des Kopfhaars
H_{MS}	Höhe über dem Meeresspiegel
h	funktionaler Zusammenhang; Höhe
h_A	abgelesene Höhe
I	elektrische Stromstärke
I_A	abgelesene elektrische Stromstärke
I_L	Leckstrom
I_x	Messstrom
I_x^*	Anteil des Messstroms
I_y	axiales Flächenträgheitsmoment des Biegebalkens
k	Erweiterungsfaktor
L	auf den nächsten vollen Meter aufgerundete Größe der zu messenden Länge
l	Länge; effektive Pendellänge; Körperlänge
l_A	abgelesene Länge
l_E	Länge des zu kalibrierenden Parallelendmaßes bei Bezugstemperatur
l_N	Nennmaß der Länge
l_S	Länge des Standard-Parallelendmaßes bei Bezugstemperatur
m	Masse; Körpermasse
m_A	(abgelesene) Körpermasse
m_F	Masse des Frühstücks
m_K	Masse der Kleidung
N	Anzahl an zusätzlichen Einflussgrößen
OTG	obere Toleranzgrenze
P	Druck; elektrische Leistung; Vertrauenswahrscheinlichkeit; Überdeckungswahrscheinlichkeit
p_A	angezeigter Luftdruck

https://doi.org/10.1515/9783110500264-204

p_B	barometrischer Druck
p_L	Luftdruck
p_{NN}	normaler Luftdruck (Luftdruck bei Normalnull)
p_{Vak}	Druck im Vakuum
R	elektrischer Widerstand
R_I	Innenwiderstand
R_{ges}	Gesamtwiderstand
R_M	Messwiderstand
R_{M0}	Wert des Messwiderstands bei Referenztemperatur
r	Korrelationskoeffizient; Widerstandsverhältnis
S	Dicke der Schuhsohlen; Sensitivität
s	Standardabweichung; Standardmessunsicherheit
s_0	Offset der Regressionsgeraden
T	Schwingungsdauer; Temperatur; Toleranzbereich
T_0	Referenztemperatur
T_M	Messzeit; Temperatur an der Messstelle
$T_{R,start}$	Reaktionszeit beim Start der Zeitmessung
$T_{R,stopp}$	Reaktionszeit beim Stoppen der Zeitmessung
t	Studentfaktor; Zeit
t_0	Zeitpunkt
U	erweiterte Messunsicherheit; elektrische Spannung
U_A	abgelesene elektrische Spannung
U_{Limit}	Grenzunsicherheit
U_0	Nennspannung der Spannungsquelle
UTG	untere Toleranzgrenze
u	(Standard-)Messunsicherheit
u_c	kombinierte Standardmessunsicherheit
Var	Varianz
x	Messgröße; Auslenkung; Körpergröße; Wert der Messgröße
$\bar{x}$	Mittelwert der Messgröße
$\hat{x}$	Amplitude der Schwingung
x_{ref}	Referenzwert, Schätzwert für wahren Wert
X	Messgröße
y	abgelesener Messwert
y_i	Einflussgröße
y_t	tageszeitabhängige Abweichung der Körpergröße
y_{Z1}	maximale Messtoleranz des Zollstocks
y_{Z2}	Ablesetoleranz des Zollstocks
y_φ	Höhenabweichung
Y	Ablesewert
z_i	Einflussgröße
α	Temperaturkoeffizient des Widerstands
α_E	thermischer Längenausdehnungskoeffizient des zu messenden Parallelendmaßes
α_N	thermischer Längenausdehnungskoeffizient des Endmaßes
α_M	thermischer Längenausdehnungskoeffizient des Messschiebers
α_S	thermischer Längenausdehnungskoeffizient des Messschiebers; Temperaturkoeffizient der Sensitivität
α_T	Temperaturkoeffizient des Teslameters

β	Winkel zwischen magnetischem Feldvektor und der Flächennormalen der Magnetsonde
ΔB_{cos}	Abweichung der magnetischen Flussdichte durch Winkel zwischen magnetischem Feldvektor und der Flächennormalen der Magnetsonde
ΔB_{MUG}	Grenzabweichung des Teslameters
ΔB_{NLS}	Abweichung der magnetischen Flussdichte durch Nichtlinearität
ΔB_{TG}	Abweichung der magnetischen Flussdichte durch Temperaturkoeffizienten des Teslameters
ΔB_{TS}	Abweichung der magnetischen Flussdichte durch Temperaturkoeffizienten der Sensitivität
ΔB_{0G}	Abweichung der magnetischen Flussdichte durch Nullpunktdrift
Δb_{abl}	Abweichung beim Ablesen der Breite
Δb_{anl}	Abweichung beim Anlegen des Stahllineals bei der Messung der Breite
Δb_G	Grenzabweichung bei der Messung der Breite
ΔD_A	Ablesegenauigkeit des Messschiebers bei der Messung des Durchmessers
ΔD_G	Grenzabweichung des Messschiebers bei der Messung des Durchmessers
Δg	Abweichung der Erdbeschleunigung
Δh_A	Abweichung beim Ablesen der Höhe
Δh_G	Grenzabweichung der Messschraube bei der Messung der Höhe
Δl_{abl}	Abweichung beim Ablesen der Länge
Δl_{anl}	Abweichung beim Anlegen des Stahllineals bei der Messung der Länge
Δl_G	Grenzabweichung bei der Messung der Länge
Δl_{korr}	Abweichung des Masseschwerpunkts der Kugel beim Fadenpendel
Δl_M	Messabweichung des Messschiebers
Δl_N	Noniuswert des Messschiebers
Δl_P	Parallelitätsabweichung des Messschiebers
Δl_t	höchstzulässige Längenänderung pro Jahr
Δm	Abweichung der Waage
Δm_{Anz}	Unsicherheit der Waage durch Auflösung der Digitalanzeige
Δm_D	Unsicherheit der Waage durch digitale Anzeige
Δm_{EL}	Unsicherheit der Waage durch außermittige Belastung
Δm_G	Grenzabweichung der Waage
Δm_{Gew}	Grenzabweichung der Referenzgewichtsstücke
Δm_{MB}	Unsicherheit der Waage durch Präzision der Waage im Messbereich
Δm_{Null}	Unsicherheit der Waage durch Auflösung der Digitalanzeige beim Nullabgleich
Δm_W	Unsicherheit der Waage durch Wiederholbarkeit
ΔT	Temperaturabweichung
ΔT_B	Abweichung auf Grund des Einflusses des Eingangswiderstandes (Bürdeneinfluss)
ΔT_{GAL}	Grenzabweichung auf Grund der Ausgleichsleitungen des Thermoelements
ΔT_{GTE}	Grenzabweichung des Thermoelements
ΔT_i	äquivalente Temperaturänderung
ΔT_{LIN}	Verarbeitungs- und Linearisierungsfehler der Auswerteelektronik
ΔT_{MU}	Messsignalabweichung durch Bauteilalterung der Auswerteelektronik
ΔT_t	Temperaturabweichung auf Grund ungenügender Austemperierung
ΔT_{UT}	Messsignalabweichung auf Grund schwankender Umgebungstemperatur
ΔT_{UO}	Temperaturabweichung der Auswerteelektronik durch Schwankungen der Versorgungsspannung
ΔT_{VT}	Temperaturabweichung auf Grund von Abweichung der Vergleichstemperatur
ΔU_G	Grenzabweichung des Digitalvoltmeters
ΔU_M	Messabweichung durch Digitalanzeige des Digitalvoltmeters beim Messwert
ΔU_N	Messabweichung durch Digitalanzeige des Digitalvoltmeters im Nullpunkt
ΔU_{0G}	Grenzabweichung der Nennspannung eines Labornetzteils
$\Delta \alpha$	Differenz der thermischen Längenausdehnungskoeffizienten von Endmaß und Standard

$\Delta\theta$	Temperaturdifferenz
$\Delta\theta_E$	Temperaturschwankung von θ_E
$\Delta\theta_S$	Temperaturschwankung von θ_S
θ_E	Abweichung der Temperatur des zu messenden Parallelendmaßes von der Bezugstemperatur
θ_S	Abweichung der Temperatur des Standard-Parallelendmaßes von der Bezugstemperatur
v	stastischer Freiheitsgrad
v_{eff}	effektiver statistischer Freiheitsgrad
ϕ	Auslenkungswinkel
φ	Betrachtungswinkel; Nullphasenwinkel zum Zeitpunkt $t = 0$; örtlicher Breitengrad
ω	Kreisfrequenz
ω_0	Eigenkreisfrequenz

Teil I: **Grundlagen**

1 Messen

1.1 Was ist Messen?

1.1.1 Definitionen

Das Wörterbuch der Metrologie VIM [7, 8] gibt folgende Definitionen an (siehe auch [9]):

Die **Messung** ist ein Prozess, bei dem ein oder mehrere Größenwerte, die vernünftigerweise einer **Größe** zugewiesen werden können, experimentell ermittelt werden [7, Definition 2.1].

Die **Messgröße** ist dabei die **Größe**, die gemessen werden soll [7, Definition 2.3].[1]

Eine **Größe** ist die Eigenschaft eines Phänomens, eines Körpers oder einer Substanz, wobei die Eigenschaft einen Wert hat, der durch eine Zahl und eine **Referenz** ausgedrückt werden kann [7, Definition 1.1]. Beispiele sind die Länge, die Zeit, die Masse, die Energie, der elektrische Widerstand und die Rockwellhärte. Der Oberbegriff Größe kann wiederum in verschiedene Unterbegriffe unterteilt werden, wie z. B. die Körpergröße eines Menschen, der Radius eines Kreises und die Wellenlänge einer Strahlung (Länge) oder der Widerstandswert eines bestimmten elektrischen Widerstands in einem Stromkreis (Widerstand) [7, Definition 1.1, Anmerkung 1].

Streng genommen müsste zwischen **Größen** und **Größenwerten** immer genau unterschieden werden, also z. B. zwischen ‚Körpergröße des Menschen‘ und ‚Wert der Körpergröße des Menschen‘ [9]. Im Alltag wird dieser Unterschied allerdings nicht gemacht, da der Sinnzusammenhang auch so verstanden wird. Deshalb wird hier in diesem Buch im weiteren auf diese Unterscheidung verzichtet.

Wie am Begriff ‚Körpergröße‘ sichtbar wird, unterscheidet sich der Begriff ‚Größe‘ in der Messtechnik deutlich von dem in der Umgangssprache. Während er dort im Sinne einer Abmessung eines Objektes verstanden wird, wird er in der Messtechnik als ein quantitativ bestimmbares Merkmal eines Objekts oder Prozesses betrachtet.

Die **Referenz** ist oft eine **Maßeinheit**, kann aber auch ein **Messverfahren**, ein **Referenzmaterial** oder eine Kombination davon sein [7, Definition 1.1, Anmerkung 2]. Die genannte Rockwellhärte ist ein Beispiel, wo der Größenwert aus einer Zahl und einer Referenz zu einem Messverfahren besteht.

Die **Maßeinheit** ist ein reeller skalarer **Größenwert**, mit der jeder andere Größenwert gleicher Art verglichen werden kann, um das Verhältnis der beiden Größenwerte als Zahl auszudrücken [7, Definition 1.9]. Maßeinheiten sind z. B. Meter (m), Sekunde (s) oder ‚Sekunde hoch minus eins‘ (1/s). Letztere wird auch als Hertz (Hz) bezeichnet, wenn

---

1 Um die Lesbarkeit dieses Lehrbuchs nicht zu beeinträchtigen, sind die direkt übernommenen Textpassagen nicht explizit markiert. Sie können in den jeweils angegebenen Definitionen gefunden werden.

https://doi.org/10.1515/9783110500264-001

sie für Frequenzen verwendet wird. Anstatt der Bezeichnung ‚Maßeinheit' wird häufig nur die Kurzbezeichnung ‚**Einheit**' verwendet.

Der **Größenwert** besteht aus Zahlenwert und Referenz, die zusammen die **Größe** quantitativ angeben [7, Definition 1.19]. Die Körpergröße eines bestimmten Menschen beträgt z. B. 1,79 m oder 179 cm, die Körpermasse des Menschen 83,2 kg und der Widerstand eines Pt100-Temperatursensors bei der Referenztemperatur von 0 °C 100 Ohm.

Eine **abgeleitete Einheit** ist eine **Maßeinheit** für eine **abgeleitete Größe** [7, Definition 1.11]. Z. B. sind ein Meter durch Sekunde (m/s) oder ein Knoten (kn) als Seemeile durch Stunde (sm/h) abgeleitete Einheiten der Geschwindigkeit.

Eine **abgeleitete Größe** ist eine **Größe** in einem **Größensystem**, die als Funktion der **Basisgrößen** dieses Systems definiert ist [7, Definition 1.5]. Z. B. ist im Internationalen Größensystem (SI-System) mit den Basisgrößen Länge, Masse, Zeit, elektrische Stromstärke, thermodynamische Temperatur, Stoffmenge und Lichtstärke die Massendichte eine angeleitete Größe, die als Quotient Masse durch Volumen (Länge hoch drei) definiert ist.

Der **Messwert** ist schließlich der **Größenwert**, der ein **Messergebnis** repräsentiert [7, Definition 2.10], und das Messergebnis die Menge von Größenwerten, die einer Messgröße zugewiesen sind, zusammen mit jeglicher verfügbarer relevanter Information [7, Definition 2.9].

1.1.2 Praktisches Messen

Vereinfacht kann man sagen:

Eine **Messung** ist der experimentelle Vorgang, durch den der Wert einer physikalischen Größe, also die **Messgröße**, als **Vielfaches einer Einheit** oder eines Bezugswertes ermittelt wird. Das **Ergebnis** der Messung ist der **Messwert**.

Abb. 1.1 zeigt diesen Zusammenhang noch einmal schematisch.

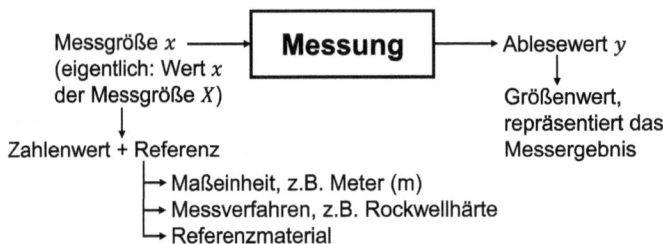

Abb. 1.1: Beim Messen gewinnt man mit dem Ablesewert Information über die Messgröße.

Die Fußlänge oder die Körpergröße eines Menschen kann z. B. mittels eines Lineals gemessen und als Vielfaches der Maßeinheit Meter (m) oder Zentimeter (cm) angegeben werden. Fußlänge und Körpergröße sind dabei Merkmale des physikalischen Objekts ‚menschlicher Körper‘, die quantifiziert werden können. Dagegen ist der Körpergeruch keine messbare Größe und kann deshalb nicht durch eine physikalische Größe beschrieben werden.

Die Fläche eines Rechtecks kann nicht direkt gemessen werden, lässt sich aber mittels Messung der beiden Kantenlängen bestimmen.

In vielen Fällen sind Messungen wichtige Schritte zu einer Lösungsfindung, wenn auf der Basis von Zahlen und Fakten Entscheidungen zu treffen sind:

- Der Arzt benötigt für seine Entscheidung zu geeigneten Behandlungsoptionen die Körpertemperatur, das Körpergewicht (eigentlich die Körpermasse), den Blutdruck und die Konzentration vieler Bestandteile in Blut und Urin.
- Die Regelung der Zimmertemperatur erfordert deren Messung.
- Die komplexen Syntheseprozesse in der chemischen Industrie können sinnvoll nur bei genauer Kenntnis von Druck, Temperatur und vielen andern Größen geregelt werden.

Einfach gesagt: „Messen ist Wissen", wie es das Zitat sagt, dass dem berühmten deutschen Physiker Georg Simon Ohm zugeschrieben wird [10].

1.2 Unvollkommenheit von Messungen

Wie Abb. 1.1 zeigt, ist das Ergebnis der Messung ein Messwert. Infolge unvermeidbarer **störender Einflüsse** wird dieser allerdings in der Praxis niemals mit dem wahren Wert der Messgröße übereinstimmen, sondern eine gewisse **Messabweichung** aufweisen.

Das Auftreten von Messabweichungen ist nicht sonderlich schlimm, weil eine 100 %ig exakte Messung auch niemals gebraucht wird, sondern wir immer eine unserer Zielstellung entsprechende Unsicherheit tolerieren können [10]. Betrachten wir das Beispiel der Messung der Körpergröße eines Menschen von **Abb. 1.2.** Hier spielen für das resultierende Messergebnis eine Reihe von Faktoren ein Rolle, wie beispielsweise, ob die Person Schuhe trägt und ihre Haare gekämmt sind, ob sie den Atem anhält, wie genau das Lineal selbst ist und ob es senkrecht angehalten wurde. Die Körpergröße verringert sich zudem im Laufe des Tages durch die Belastung der Bandscheiben und die Schwerkraft um bis zu 3 cm, ist also auch tageszeitabhängig. Schon allein deswegen wird man sich in der Regel mit einer zentimetergenauen Angabe begnügen.

Eine andere Quelle von Messabweichungen ergibt sich aus den physikalische Effekten, die beim Messen der Messgrößen genutzt werden. Da diese in vielen Fällen mit **statistischen Ereignissen** gekoppelt sind, treten immer auch unvermeidlich **zufällige Rauschprozesse** auf. So verursacht die thermische Bewegung von Ladungsträgern

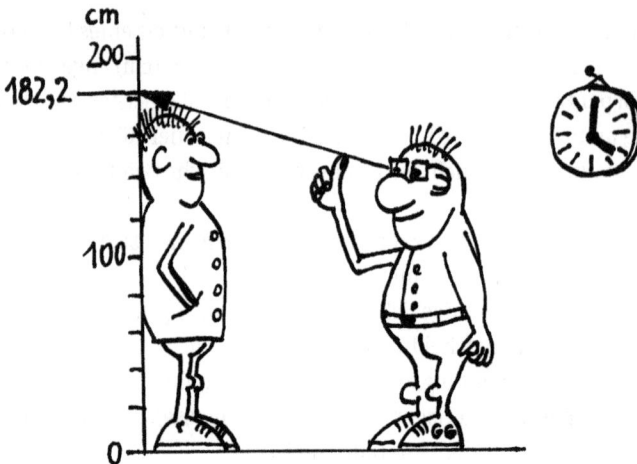

Abb. 1.2: Messung der Körpergröße eine Menschen.

in Widerständen thermisches Rauschen, auch Widerstandsrauschen, Nyquist-Rauschen oder Johnson-Rauschen genannt. Die bei Gasen zufällig auf eine Wandfläche auftreffenden Gasteilchen erzeugen durch elastische Stöße eine Flächenkraft, den Druck, die aber zeitlich fluktuiert. Alle diese Rauschereignisse weisen ein zeitlich veränderliches Messsignal auf, das sich im stationären Fall durch einen zeitlich konstanten Mittelwert und eine statistische Unsicherheitsgröße, z. B. die Streuung, charakterisieren lässt.

Selbst wenn wir alle genannten Störeinflüsse und Unsicherheiten vermeiden könnten und sich vielleicht durch Tricks (die es nicht gibt) Rauschprozesse ganz vermeiden ließen, gäbe es ganz zum Schluss noch eine letzte Quelle von Messunsicherheiten, sozusagen das absolute Limit unseres Wissens: Sie ist durch die **Heisenberg'sche Unbestimmtheitsrelation** der Quantenphysik gegeben, nach der zwei komplementäre Eigenschaften eines Teilchens nicht gleichzeitig beliebig genau bestimmbar sind. Beispiele für Paare solcher Eigenschaften sind Ort und Impuls oder Ort und Zeit.

In diesem Zusammenhang muss erwähnt werden, dass zwar oft vom „**wahren Wert**" gesprochen wird, dieser aber wegen der immer auftretenden Abweichungen niemals bekannt sein kann. Das ist vergleichbar dem physikalischen Konzept des absoluten Temperaturnullpunktes, der ebenfalls unerreichbar ist. Mit hinreichend großem Aufwand kann man sich dem wahren Wert ebenso wie 0 K allerdings zufriedenstellend gut annähern [10].

Störende Einflüsse können sich durch viele Faktoren ergeben [10, 11]. Häufig auftretende Quellen sind in **Tab. 1.1** zusammengestellt.

Tab. 1.1: Häufig auftretende Störeinflüsse beim Messen.

Komponente	Beispiele
Messobjekt	– Tageszeitliche Änderungen (z. B. Körpergröße des Menschen, Temperaturänderung durch Lichteinfall) – Zeitliche Änderungen (z. B. Alterung, Austrocknen, abklingender radioaktiver Zerfall) – Lokale Inhomogenitäten (z. B. Geometrie, Dichte, Härte, Durchmesser) – Probennahme (z. B. bei Blutproben)
Messinstrument	– Herstellungsbedingte Toleranzen – Ungenaue Kalibrierung – Endliche Auflösung (z. B. durch die Digitalanzeige) – Ansprechschwelle – Eigenerwärmung durch thermische Verlustleistung – Spannungs- und Frequenzänderungen der elektrischen Speisung – Rauschen – Ungenügende Erdung – Verlagerung von mechanischen Auflagepunkten
Maßverkörperungen, Normale	– Eigene Messunsicherheit – Abnutzung – Ablagerungen
Messumgebung	– Änderungen der Umgebungsbedingungen (z. B. Temperatur, Luftdruck, Feuchte) – Luftbewegungen – Erschütterungen – Elektromagnetische Strahlung – Fremdlicht
Bediener	– Ausbildungsstand und Erfahrung des Messenden – Reaktionsgeschwindigkeit bei zeitabhängigen Messungen – Ableseungenauigkeiten – Mangelnde Scharfeinstellung
Modell der Messung	– Schlecht oder ungenügend berücksichtigter Zusammenhang zwischen Messwert, Messgröße und Störeinflüssen

Zusammenfassend kann festgestellt werden:
- Messungen sind niemals vollkommen.
- Wir können mit den daraus resultierenden Messabweichungen durchaus gut leben, wenn sie für uns tolerabel sind.
- Dazu müssen wir die Unsicherheiten, die durch störende Einflüsse auftreten, hinreichend gut abschätzen.
- Messabweichungen können durch alle Komponenten beim Messen verursacht werden: das Messobjekt selbst, das verwendete Messinstrument, Maßverkörperungen, Einflüsse der Messumgebung und durch ein möglicherweise nicht ausreichend geeignetes Modell für die Messung.

- Der Beobachter, d. h. die messende Person, kann selbst auch ein wichtiger Einflussfaktor für Messunsicherheiten sein.
- Um Unsicherheiten beim Messen abschätzen zu können, müssen die maßgeblichen Quellen identifiziert werden.

2 Beispiel: Messung der Körpergröße

2.1 Fall 1: Alle Größen mit gleicher Maßeinheit

Im Folgenden wollen wir uns noch einmal ausführlich dem Beispiel der Messung der Körpergröße eines Menschen von **Abb. 1.2** zuwenden. Die Körpergröße eines Menschen ist, wie das Körpergewicht, ein einfaches biometrisches Merkmal und bezeichnet die Größe des aufrecht stehenden Menschen von der Fußsohle bis zum Scheitel. Dieses Maß wird in Deutschland z. B. in den Personalausweis und den Reisepass eingetragen.[2]

Anhand von **Abb. 2.1** müssen wir zunächst die unserer Meinung nach maßgeblichen Quellen für Störeinflüsse identifizieren:

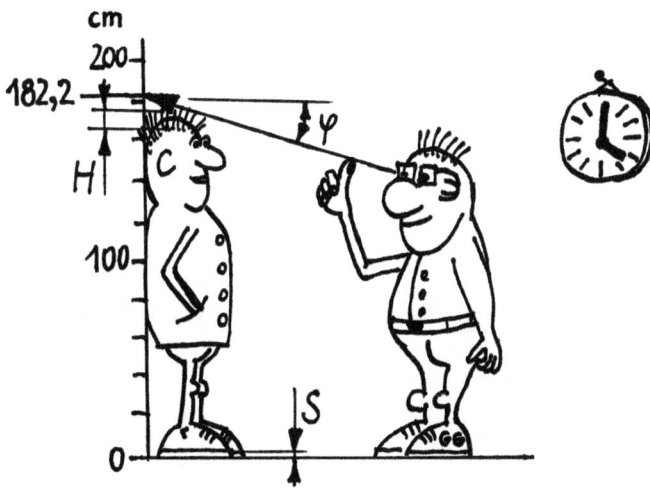

Abb. 2.1: Abweichungen bei der Messung der Körpergröße eines Menschen.

Abgelesener Messwert:
- Einmal abgelesen,
- $y = 182{,}2$ cm.

Messobjekt:
- Die Körpergröße x soll zu Vergleichszwecken die Körpergröße des ausgeruhten Menschen am Morgen sein.
- Die Messung erfolgt nachmittags. Die Körpergröße x kann sich, wie bereits erwähnt, im Laufe des Tages durch die Belastung der Bandscheiben und die Schwerkraft

---

2 Da dort der Begriff „Größe" verwendet ist, soll auch hier der Begriff „Körpergröße" statt der vielleicht besseren Begriffe „Körperlänge" oder „Körperhöhe" verwendet werden.

https://doi.org/10.1515/9783110500264-002

um bis zu 3 cm verringern. Die tageszeitabhängige Abweichung y_t lässt sich also zu (-2 ± 1) cm abschätzten.

- Die Dicke S der Schuhsohlen beträgt schätzungsweise $(2 \pm 1/2)$ cm.
- Die Dicke H des Kopfhaars wird hier als $(1 \pm 1/2)$ cm veranschlagt.

Messinstrument:

- Zur Messung wird ein Holzzollstock (richtigerweise Gliedermaßstab) verwendet. Entsprechend der europäische Richtlinie 2014/32/EU [12] fällt dieser in die Genauigkeitsklasse 3 (Holz, Kunststoff). Für eine Zollstocklänge von 2 m beträgt die maximale Messtoleranz y_{Z1} hier $(0 \pm 1,4)$ mm bzw. $(0 \pm 0,14)$ cm.
- Die Skale des Zollstocks hat eine Millimetereinteilung. Die Ablesetoleranz y_{Z2} beträgt damit $(0 \pm 0,5)$ mm bzw. $(0 \pm 0,05)$ cm.
- Sowohl die maximale Messtoleranz y_{Z1} als auch die Ablesetoleranz y_{Z2} bewirken keine Verfälschung der Körpergröße x, müssen damit auch nicht hinsichtlich des wahrscheinlichsten Wertes von x korrigiert werden, und haben also einen Erwartungswert von Null.

Messumgebung:

- Der Einfluss der Umgebungsbedingungen wird als vernachlässigbar eingeschätzt.

Beobachter:

- Da der Beobachter etwas kleiner als die Person ist, von der die Körpergröße bestimmt wird, schaut er schräg auf den Gliedermaßstab. Der Betrachtungswinkel φ wird zu $10° \pm 5°$ abgeschätzt. Geht man davon aus, dass der höchste Punkt des Kopfes einen Abstand d von 10 cm vom Gliedermaßstab hat, ergibt sich daraus eine Höhenabweichung gemäß

$$y_\varphi = d \cdot \tan \varphi \tag{2.1}$$

von ca. $(+1,8 \pm 0,9)$ cm.

Bisher hatten wir den Zusammenhang zwischen abgelesenem Wert y und Messgröße x noch gar nicht betrachtet. Dieser ist aber gemäß **Abb. 1.1** notwendig, weil wir ja vom abgelesenem Wert auf die Messgröße zurückschließen wollen. Die mathematische Formulierung des Zusammenhangs ist das sogenannte Modell der Messung. Dieses muss natürlich auch alle anderen relevanten Informationen zum Messprozess berücksichtigen, um den besten Schätzwert für die Körpergröße x zu gewinnen. Der gemessene Wert y ist größer als die zu bestimmende Köpergröße x, und zwar um die Dicke S der Schuhsohlen, die Dicke H des Kopfhaars und den Ablesefehler y_φ. Außerdem ist die tageszeitabhängige Abweichung y_t zu korrigieren. Ebenso müssen die Messtoleranz y_{Z1} und die Ablesetoleranz y_{Z2} einbezogen werden, deren Erwartungswerte zwar Null betragen, die aber Unsicherheitsbeiträge verursachen, die die Gesamtmessunsicherheit vergrößern. Im konkreten Fall ergibt sich:

$$y = x + y_t + S + H + y_\varphi + y_{Z1} + y_{Z2} \qquad (2.2)$$

bzw. nach Umformung:

$$x = y - y_t - S - H - y_\varphi - y_{Z1} - y_{Z2}. \qquad (2.3)$$

Gl. (2.3) beschreibt also das Modell für die Messung der Körpergröße x. Prinzipiell könnte es möglich sein, dass dieses Modell fehlerhaft oder unzureichend ist. Wir gehen aber in diesem konkreten Fall erst einmal davon aus, dass die Messaufgabe gut bekannt und vielfach erprobt ist und deshalb alle wesentlichen Einflüsse berücksichtigt sind.

In **Tab. 2.1** sind noch einmal alle Einflussgrößen, die Bedeutung für die Bestimmung der Körpergrößen haben, zusammengefasst. Der abgelesene Wert y selbst hat keine Abweichung, da wir nur einmal gemessen hatten, wir beim Ablesen absolut nüchtern waren und im Rahmen der Ablesetoleranz y_{Z2} auch den Messwert genau auf der Skala abgelesen hatten.

Tab. 2.1: Zusammenfassung aller bekannten Informationen beim Messen der Körpergröße.

y_i	Einflussgröße	Bester Schätzwert	Toleranzband $\pm a(y_i)$	Messunsicherheit $u(y_i) = \frac{a}{\sqrt{3}}$
y_1	Abgelesener Messwert y	182,2 cm	0 cm	0 cm
y_2	Tageszeitabhängige Abweichung y_t	−2 cm	±1 cm	0,577 cm
y_3	Dicke S der Schuhsohlen	2 cm	±0,5 cm	0,289 cm
y_4	Dicke H des Kopfhaars	1 cm	±0,5 cm	0,289 cm
y_5	Ablesefehler y_φ	1,8 cm	±0,9 cm	0,520 cm
y_6	Messtoleranz y_{Z1}	0	±0,14 cm	0,081 cm
y_7	Ablesetoleranz[3] y_{Z2}	0	±0,05 cm	0,029 cm

Die in **Tab. 2.1** angegebenen Werte $\pm a$ für die Toleranzen der Einflussgrößen y_i sind alle entweder gegeben oder abgeschätzt worden, basieren jedenfalls nicht aus Streuungen bei Mehrfachmessungen. Der Wert der Einflussgrößen y_i wird also gleichverteilt an irgendeiner Stelle innerhalb des angegebenen Toleranzbereichs liegen. Wie wir später in Tab. 6.1 zeigen werden, ist die Standardmessunsicherheit (= Messunsicherheit $u(y_i)$)

---

3 Die Ablesung erfolgt analog mit dem Gliedermaßstab. Für solche Fälle wird meist angenommen, dass – im Unterschied zu allen anderen hier betrachteten Messunsicherheitseinflüssen – die Wahrscheinlichkeitsdichte eine Dreiecksverteilung aufweist (siehe Abschn. 5.4). Wir gehen hier der Einfachheit halber von einer Gleichverteilung aus, wie sie z. B. üblicherweise bei Digitalanzeigen angenommen würden. Würde man von einer Dreieckverteilung ausgehen, würde die Messunsicherheit statt $a/\sqrt{3}$ dann nur $a/\sqrt{6} = 0{,}020$ cm betragen, d. h. also nur rund 71 %. Wie man beim Weiterrechnen leicht herausfinden kann, hat dies allerdings keinen signifikanten Unterschied auf die kombinierte, d. h. Gesamtmessunsicherheit.

für eine gleichverteilte Größe im Bereich $\pm a$ durch $a/\sqrt{3}$ gegeben. Deshalb sind diese Werte auch in **Tab. 2.1** angegeben.

Der wahrscheinlichste Wert für die Körpergröße x am Tagesbeginn lässt sich nun aus den besten Schätzwerten aller Größen in Gl. (2.3) abschätzen:

$$x = y - y_t - S - H - y_\varphi - y_{Z1} - y_{Z2} = (182{,}2 + 2 - 2 - 1 - 1{,}8 - 0 - 0)\,\text{cm} = 179{,}4\,\text{cm}. \quad (2.4)$$

Später in **Abschn. 6.1** werden wir zeigen, dass die Gesamtmessunsicherheit $u_c(x)$, im VIM die **kombinierte Standardmessunsicherheit** [7, Definition 2.31] genannt, aus den einzelnen Messunsicherheitsbeiträgen $u(y_i)$ berechnet wird, indem die entsprechenden Messunsicherheitsquadrate – das heißt die Varianzen der Größen – addiert werden:

$$u_c(x) = \sqrt{\sum_i u^2(y_i)} = \sqrt{\sum_i \text{Var}(y_i)}. \quad (2.5)$$

Mit den Werten von **Tab. 2.1** ergibt sich im Fall hier als Gesamtmessunsicherheit:

$$u_c(x) = \sqrt{(0 + 0{,}333 + 0{,}084 + 0{,}084 + 0{,}270 + 0{,}006 + 0{,}001)\,\text{cm}^2}$$
$$= \sqrt{0{,}778\,\text{cm}^2} = 0{,}882\,\text{cm}. \quad (2.6)$$

Dieser Wert charakterisiert nun erst einmal die Unvollkommenheit unserer Messung, hat aber technisch zunächst wenig Bedeutung. Das Wörterbuch der Metrologie VIM [7, Definition 2.26] definiert die **Messunsicherheit** deshalb auch als einen „nichtnegativen Parameter, der die Streuung der Werte kennzeichnet, die der Messgröße auf der Grundlage der benutzten Information zugeordnet ist". Für praktische Zwecke wird deshalb die **erweiterte Messunsicherheit** verwendet [7, Definition 2.35], bei der die obige Standardmessunsicherheit mit einem **Erweiterungsfaktor k** [7, Definition 2.38] multipliziert wird. Dies führt dann zu einem **Überdeckungsintervall** [7, Definition 2.36], das die Menge der wahren Werte einer Messgröße mit einer spezifizierten **Überdeckungswahrscheinlichkeit** [7, Definition 2.37] enthält. Diese Zusammenhänge sind später ausführlich in **Abschn. 6.6** beschrieben.

In der Praxis verwendet man typischerweise einen Erweiterungsfaktor $k = 2$, der einer Überdeckungswahrscheinlichkeit von ca. 95 % entspricht. Dann wird für die erweiterte Messunsicherheit:

$$U(x) = k \cdot u_c(x) = 2 \cdot 0{,}882\,\text{cm} = 1{,}764\,\text{cm} \approx 1{,}8\,\text{cm}. \quad (2.7)$$

Das vollständige Messergebnis lautet damit für $k = 2$:

$$x = (179{,}4 \pm 1{,}8)\,\text{cm}. \quad (2.8)$$

Hieraus können wir eine Reihe praktischer Schlussfolgerungen ziehen:
- Der Wert der Körpergröße x der untersuchten Person liegt mit einer Vertrauenswahrscheinlichkeit von 95 % im Intervall (179,4 ± 1,8) cm.
- Die hier angegebene erweiterte Messunsicherheit ist hinsichtlich der Nachkommastellen an den Größenwert der Messgröße x angepasst worden. Es wäre eine Scheingenauigkeit, würden wir den Wert von Dingen, die wir nur unvollkommen kennen, mit mehr als zwei Stellen angeben [13]. Dabei wird prinzipiell aufgerundet, um nicht eine zu kleine Messunsicherheit anzugeben.
- Die Messunsicherheit ließe sich einfach verringern, wenn man die Körpergröße der Person gleich früh messen und zusätzlich den Betrachtungswinkel φ nicht nur abschätzen, sondern wesentlich genauer bestimmen würde. Dann wären in **Tab. 2.1** die Messunsicherheitsbeiträge y_2 und y_5 gegenüber den anderen vernachlässigbar klein, d. h. sie würden zu null gehen, und die erweiterte Messunsicherheit $U(x)$ würde statt 1,764 cm nur noch 0,836 cm betragen. Der wahre Wert der Körpergröße x der untersuchten Person läge dann bei der gleichen Vertrauenswahrscheinlichkeit von 95 % im weniger als halb so großen Intervall (179,4 ± 0,8) cm.
- Eine Aufstellung der Messunsicherheitsbeiträge wie in Tab. 2.1 – wir werden sie in **Kap. 7** Messunsicherheitsbudget oder Messunsicherheitsbilanz nennen – erlaubt, dass man schnell diejenigen Einflussgrößen identifizieren kann, die den größten Beitrag zur Gesamtmessunsicherheit leisten.

2.2 Fall 2: Größen mit unterschiedlichen Maßeinheiten

Wir betrachten die gleiche Messaufgabe wie im vergangenen **Abschn. 2.1**, nur dass wir jetzt in unserem Modell statt wie in Gl. (2.3) nicht die schon umgerechnete Ableseabweichung y_φ verwenden, sondern den Betrachtungswinkel φ von Gl. (2.1). Dann ergibt sich die zu Gl. (2.3) völlig äquivalente Gleichung:

$$x = y - y_t - S - H - d \cdot \tan \varphi - y_{Z1} - y_{Z2}. \tag{2.9}$$

Für Winkel φ von 10° ± 5° kann man in sehr guter Näherung die Vereinfachung $\tan \varphi \approx \varphi$ verwenden, so dass sich Gl. (2.9) vereinfacht:

$$x = y - y_t - S - H - d \cdot \varphi - y_{Z1} - y_{Z2}. \tag{2.10}$$

Natürlich ist dann der Betrachtungswinkel als Radiant zu nutzen, so dass statt 10° ±5° jetzt $\pi/18 \pm \pi/36$ verwendet wird. Mit dieser Änderung muss auch **Tab. 2.1** modifiziert werden. Dabei ist zu beachten, dass dadurch auch eine weitere Einflussgröße dazu kommt, nämlich der Wandabstand d, für den wir auch wieder den Bereich der Abweichung abschätzen müssen. Der soll in diesem Beispiel ±1 cm sein.

Die Berechnung des wahrscheinlichsten Wertes für die Körpergröße x am Tagesbeginn lässt sich nun genauso wie in **Abschn. 2.1** aus den besten Schätzwerten aller Größen in Gl. (2.10) abschätzen:

$$x = y - y_t - S - H - d \cdot \varphi - y_{Z1} - y_{Z2} = \left(182,2 + 2 - 2 - 10\frac{\pi}{18} - 1,8 - 0 - 0\right) \text{cm} = 179,456 \text{ cm} \tag{2.11}$$

Tab. 2.2: Zusammenfassung der bekannten Informationen beim Messen der Körpergröße, hier modifiziert von Tab. 2.1.

y_i	Einflussgröße	Bester Schätzwert	Toleranzband $\pm a(y_i)$	Messunsicherheit $u(y_i) = \frac{a}{\sqrt{3}}$
y_1	Abgelesener Wert y	182,2 cm	0 cm	0 cm
y_2	Tageszeitabhängige Abweichung y_t	−2 cm	±1 cm	0,577 cm
y_3	Dicke S der Schuhsohlen	2 cm	±0,5 cm	0,289 cm
y_4	Dicke H des Kopfhaars	1 cm	±0,5 cm	0,289 cm
y_5	Betrachtungswinkel φ	$\pi/18$	$\pm\pi/36$	0,050
y_6	Messtoleranz y_{Z1}	0	±0,14 cm	0,081 cm
y_7	Ablesetoleranz y_{Z2}	0	±0,05 cm	0,029 cm
y_8	Wandabstand d	10 cm	±1 cm	0,577 cm

Zwischen diesem Ergebnis und dem von Gl. (2.4) (179,4 cm) besteht ein kleiner Unterschied, der durch die verwendete Vereinfachung $\tan\varphi \approx \varphi$ verursacht ist. Vergleicht man diese Differenz mit der erweiterten Messunsicherheit von 1,8 cm in Gl. (2.7), wird klar, dass diese Vereinfachung gerechtfertigt ist.

Die Messunsicherheit berechnen wir wieder analog zum Vorgehen in Gl. (2.5). Allerdings sehen wir hier, dass der Einfluss der Toleranz des Betrachtungswinkels φ auf die Messunsicherheit von x vom Wandabstand d abhängt. Je größer d ist, desto größer ist auch die Messunsicherheit. Wie wir später in **Abschn. 6.1** zeigen werden, muss deshalb dieser Einfluss – d. h. diese Sensitivität – durch entsprechende „Sensitivitätskoeffizienten" in Gl. (2.5) berücksichtigt werden:

$$u(x) = \sqrt{\sum_i \left[\left(\frac{\partial x}{\partial y_i}\right)^2 u^2(y_i)\right]} = \sqrt{\sum_i \left[c_i^2 u^2(y_i)\right]} = \sqrt{\sum_i \left[c_i^2 \operatorname{Var}(y_i)\right]}. \tag{2.12}$$

Nach Gl. (2.21) nehmen alle Sensitivitätskoeffizienten

$$c_i = \frac{\partial x}{\partial y_i} \tag{2.13}$$

den Wert eins an, außer für y_5 und y_8. Mit unserer Messgleichung von Gl. (2.11) betragen die Sensitivitätskoeffizienten für diese Einflussgrößen:

$$c_5 = \frac{\partial x}{\partial y_5} = \frac{\partial x}{\partial \varphi} = d = 10 \text{ cm} \tag{2.14}$$

und

$$c_8 = \frac{\partial x}{\partial y_8} = \frac{\partial x}{\partial d} = \varphi = \frac{\pi}{18}. \tag{2.15}$$

Damit ergibt sich als Gesamtmessunsicherheit:

$$u_c(x) = \sqrt{\left(0 + 0,333 + 0,084 + 0,084 + \frac{(10 \cdot \pi/36)^2}{3} + 0,006 + 0,001 + \frac{(1 \cdot \pi/18)^2}{3}\right) \text{cm}^2}$$

$$= \sqrt{(0 + 0,333 + 0,084 + 0,084 + 0,254 + 0,006 + 0,001 + 0,010) \text{cm}^2}$$

$$= \sqrt{0,772 \, \text{cm}^2} = 0,879 \, \text{cm}. \tag{2.16}$$

Dieser Wert weicht gegenüber dem Wert 0,882 cm von Gl. (2.2) etwas ab. Dies ist nicht verwunderlich, da wir ja in diesem Fall zusätzlich auch die Unsicherheit des Wandabstandes einbezogen haben, die bisher unberücksichtigt geblieben war.

Zum Schluss wollen wir noch die erweiterte Messunsicherheit berechnen ($k = 2$):

$$U(x) = k \cdot u_c(x) = 2 \cdot 0,879 \, \text{cm} = 1,758 \, \text{cm} \approx 1,8 \, \text{cm}. \tag{2.17}$$

Das vollständige Messergebnis lautet damit für $k = 2$:

$$x = (179,5 \pm 1,8) \, \text{cm}. \tag{2.18}$$

Dieses Ergebnis entspricht im Wesentlichen wieder dem von Gl. (2.8). Dies war natürlich zu erwarten, da wir ja immer noch den gleichen Messvorgang betrachten.

2.3 Fall 3: Mehrfaches Messen der Köpergröße

Im Folgenden wollen wir unser Beispiel der Körpergrößenmessung noch für den Fall betrachten, dass wir den Messvorgang mehrere Male wiederholen. Im Praktischen kommt es oft vor, dass man der ersten Messung zur Kontrolle eine zweite und gegebenenfalls noch weitere folgen lässt. Bestätigt sich – im Praktischen natürlich mit einer als sinnvoll betrachteten Toleranz – der gemessene Wert, dann wird er landläufig als verlässlich betrachtet. Man kann natürlich den Messvorgang auch ganz gezielt viele Male wiederholen, um durch statistische Auswertung den Einfluss zufälliger Prozesse (z. B. durch Rauschen) zu verringern.

Nehmen wir an, dass die Messung insgesamt hinreichend oft wiederholt wurde, z. B. 10, 20 oder 100 mal. Der Mittelwert für die Ablesewerte y_1 aller dieser Messungen soll wieder 182,2 cm betragen, die Standardabweichung $s(y_1)$ 0,4 cm. Der Mittelwert stellt hier den Schätzwert für den Erwartungswert dar. Wurde die Messung hinreichend oft wiederholt, z. B. 10 mal oder öfter, können wir praktisch näherungsweise von einer Normalverteilung ausgehen. Die Standardabweichung $s(y_i)$ als Streuungsmaß kann dann direkt als Messunsicherheit $s(y_i)$ verwendet werden, da sie die Wurzel aus der Varianz ist:

$$u(y_i) = \sqrt{\text{Var}(y_i)} = \sqrt{s^2(y_i)} = s(y_i). \tag{2.19}$$

Tab. 2.3: Zusammenfassung der bekannten Informationen beim Messen der Körpergröße, hier modifiziert von Tab. 2.2.

y_i	Einflussgröße	Bester Schätzwert/ Mittelwert	Toleranzband $\pm a(y_i)$	Standardab- weichung $s(y_i)$	Messunsicherheit $u(y_i)$: $a(y_i)/\sqrt{3}$ oder $s(y_i)$
y_1	Abgelesener Messwert y	182,2 cm		0,126 cm	0,126 cm
y_2	Tageszeitabhängige Abweichung y_t	−2 cm	±1 cm		0,577 cm
y_3	Dicke S der Schuhsohlen	2 cm	±0,5 cm		0,289 cm
y_4	Dicke H des Kopfhaars	1 cm	±0,5 cm		0,289 cm
y_5	Betrachtungswin- kel φ	$\pi/18$	$\pm\pi/36$		0,050
y_6	Messtoleranz y_{Z1}	0	±0,14 cm		0,081 cm
y_7	Ablesetoleranz y_{Z2}	0	±0,05 cm		0,029 cm
y_8	Wandabstand d	10 cm	±1 cm		0,577 cm

Tab. 2.3 stellt die entsprechend modifizierten Informationen – beste Schätzwerte und Messunsicherheiten – für diesen Fall zusammen.

Der beste Schätzwert für die Körpergröße x am Tagesbeginn ergibt sich genauso wieder wie in Gl. (2.12):

$$x = y-y_t-S-H-d\cdot\varphi-y_{Z1}-y_{Z2} = \left(182,2+2-2-10\frac{\pi}{18}-1,8-0-0\right)\text{cm} = 179{,}456\,\text{cm} \quad (2.20)$$

Die Gesamtmessunsicherheit modifiziert sich durch den neuen Messunsicherheitsbeitrag $u(y_1)$:

$$u_c(x) = \sqrt{(0{,}016 + 0{,}333 + 0{,}084 + 0{,}084 + 0{,}254 + 0{,}006 + 0{,}001 + 0{,}010)\,\text{cm}^2}$$
$$= \sqrt{0{,}788\,\text{cm}^2} = 0{,}887\,\text{cm}. \quad (2.21)$$

Dieser Wert ist geringfügig größer als der in Gl. (2.16). Das ist im ersten Moment etwas verwunderlich, weil wir ja durch das vielmalige Messen eigentlich zu einem „verlässlicheren" Ergebnis kommen wollten. Auf der anderen Seite ist dadurch ein Aspekt an Unvollkommenheit dazugekommen, nämlich, dass wir bei unseren wiederholten Messungen immer wieder zu unterschiedlichen Werten kommen. Diese Unvollkommenheit beim Messen vergrößert deshalb hier auch die Gesamtmessunsicherheit $u_c(x)$. Für die erweiterte Messunsicherheit ergibt sich nun mit dem Erweiterungsfaktor $k = 2$:

$$U(x) = k \cdot u_c(x) = 2 \cdot 0{,}887\,\text{cm} = 1{,}774\,\text{cm} \approx 1{,}8\,\text{cm}. \quad (2.22)$$

Das vollständige Messergebnis lautet jetzt für $k = 2$:

$$x = (179,5 \pm 1,8)\,\text{cm}. \tag{2.23}$$

Dieses Ergebnis entspricht nach dem Aufrunden auf die zwei Stellen nun wieder denen in den Gln. (2.7) und (2.17). Zwar ist die Gesamtmessunsicherheit $u_c(x)$ hier geringfügig größer, jedoch ist der Messunsicherheitsbeitrag $u(y_1)$ infolge des vielmaligen Messens für die erweiterte Messunsicherheit im Vergleich zu den anderen Beiträgen nicht bestimmend! Wie man der rechten Spalte in Tab. 2.3 entnehmen kann, ist diese nach wie vor insbesondere durch die tageszeitabhängige Abweichung y_t und den Wandabstand d als dominierende Einflussgrößen bestimmt.

3 Messsystem und Modell des Messens

3.1 Messgröße, Messwert, Messsignal, Messgerät, Messsystem, Einflussgrößen

In **Abschn. 1.1.2** hatten wir festgestellt, dass die **Messung** ein experimenteller Vorgang ist, durch den einer physikalischen Größe, d. h. der **Messgröße** x, ein Wert zugewiesen wird. Das **Ergebnis der Messung** ist der **Ablesewert** y. Ablesewerte beinhalten also die im Messprozess gesuchten Informationen über die Messgröße. Die Übertragung dieser Informationen erfolgt in Form eines **Ablesesignalss.**[4] Darunter wird der **Zeitverlauf der Ergebnisgröße** bei der Messung verstanden [14]. Der Ablesewert y stellt somit den **Wert des Ablesesignals** $y(t)$ **zu einem bestimmten Zeitpunkt** t_0 dar.

Zur Messung werden Messgeräte oder Messsysteme genutzt (Abb. 3.1). Ein **Messgerät** ist dabei ein Gerät, das allein oder in Verbindung mit zusätzlichen Einrichtungen für die Durchführung von Messungen verwendet wird [7, Definition 3.2]. Ein **Messsystem** ist eine Kombination aus Messgeräten und oft anderen Geräten, die so angeordnet und angepasst sind, dass sie Informationen liefern, um Messwerte innerhalb bestimmter Intervalle für Größen bestimmter Arten zu erhalten [7, Definition 3.2]. Ein Messgerät, das allein benutzt werden kann, stellt auch so bereits ein Messsystem dar [7, Definition 3.1; Anmerkung 1]. Von einer **Messkette** redet man, wenn man eine **Folge von Elementen eines Messsystems** hat, die einen einzigen Weg des Signals von einem **Messaufnehmer** zu einem **Ausgabeelement** bildet [7, Definition 3.10]. Der **Messaufnehmer, Messwandler** oder **Sensor** selbst ist das Element des Messsystems, auf das ein Phänomen, ein Körper oder eine Substanz (welche die zu messende Größe tragen) unmittelbar wirkt [7, Definition 3.8].

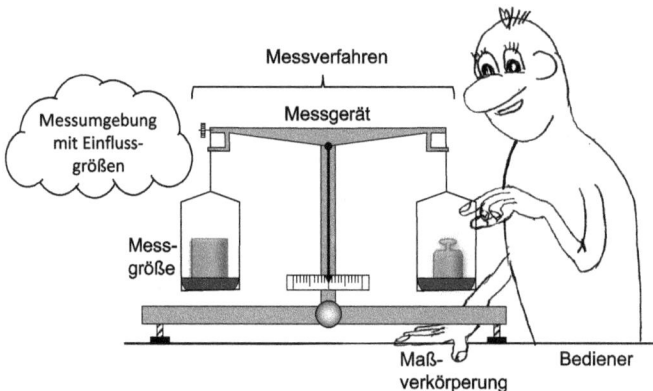

Abb. 3.1: Komponenten des Messens.

---

4 Für den Begriff des Ablesesignals gibt es im VIM keine Definition.

https://doi.org/10.1515/9783110500264-003

In unserem Beispiel bei der Messung der Körpergröße in **Kap. 2** hatten wir außerdem gesehen, dass es eine Reihe von **Einflussgrößen** gibt, die sich bei einer direkten Messung nicht auf die Messgröße x auswirkt, die gerade gemessen wird, aber die Beziehung zwischen der Anzeige und dem Messergebnis (Messwert y) beeinflusst [7, Definition 2.52].

Alle genannten Begriffe und Zusammenhänge sind überblicksmäßig in Abb. 3.2 zusammengestellt.

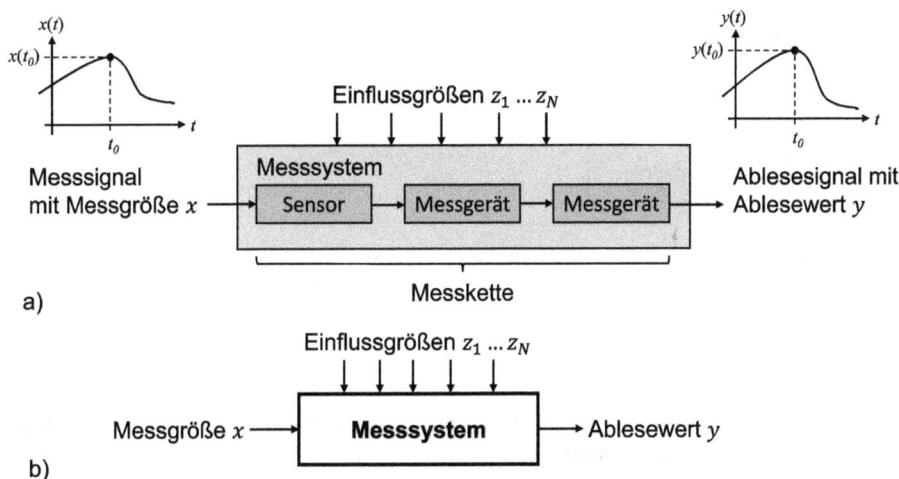

Abb. 3.2: a) Aufbau eines Messsystems mit Messgröße, Messsignal und Einflussgrößen, b) vereinfachte Darstellung.

3.2 Messverfahren, Messprinzipe, Messmethoden

Jede Messung basiert auf einem **Messprinzip**, d. h. einem geeigneten physikalischen, chemischen oder biologischen Phänomen [7, Definition 2.4]. Beispiele sind der thermoelektrische, der magnetoresisitive, der Hall-Effekt und elektrochemische Effekte an Elektroden. Die elektrische Leistung P kann wahlweise durch Messung von elektrischem Strom I und elektrischer Spannung U ($P = I \cdot U$), von Strom und elektrischem Widerstand R ($P = I^2 \cdot R$) oder von Spannung und Widerstand ($P = U^2/R$) ermittelt werden.

Zur Durchführung einer Messung nutzt man **Messmethoden** als allgemeine Beschreibung des logischen Vorgehens [7, Definition 2.5]. Beispiele dafür sind:

– direkte oder indirekte Messung,
– kontinuierliche oder diskontinuierliche Messung,
– Differenz-, Substitutions- oder Nullabgleichsmessung (Kraftkompensationmethode),
– 2ω- bzw. 3ω-Methode,

– Reziprozitätsmethode.

Schließlich beinhaltet das **Messverfahren** (Abb. 3.3) dann die detaillierte Beschreibung einer Messung **gemäß der verwendeten Messprinzipien und einer oder mehrerer Messmethoden** [7, Definition 2.6]. Es benötigt ein Modell der Messung und das Vorgehen bei der Berechnung des Messergebnisses.

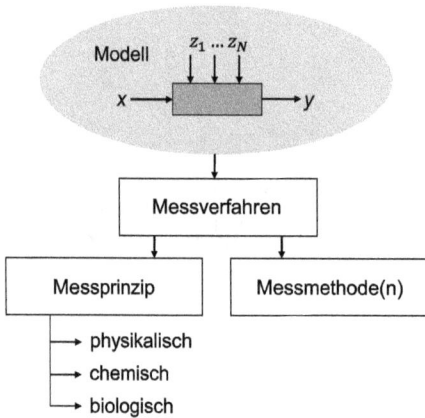

Abb. 3.3: Messverfahren basieren auf einem Messprinzip, nutzen Messmethoden und benötigen ein Messmodell zur Berechnung des Messergebnisses.

3.3 Modell der Messung

Ziel unserer Messung ist, **Informationen über die Messgröße x zu gewinnen**. Dies passiert, indem wir den Ablesewert y als Teil des Ablesesignals zu einem bestimmten Zeitpunkt bestimmen. Wir wissen, dass unseren Messprozess dabei immer eine Anzahl N an **zusätzlichen Einflussgrößen** $z_1 \ldots z_N$ beeinflussen und deshalb in unsere Betrachtungen einbezogen werden müssen. Eine wichtige, fast immer zu berücksichtigende Einflussgröße ist die Temperatur, andere sind z. B. die Feuchte, elektromagnetische Strahlung oder Streulicht. Gegebenenfalls müssen aber auch andere der in Tab. 1.1 aufgeführten Einflussgrößen infolge des Messobjekts, der Messinstrumente, der Maßverkörperungen, der Messumgebung und auch infolge des Bedieners Beachtung finden.

Die mathematische Beziehung zwischen allen diesen Größen, von denen man weiß, dass sie an einer Messung beteiligt sind, ist das sogenannte **Modell der Messung** [7, Definition 2.28]. Es kann implizit:

$$h(x, y, z_i, \ldots, z_N) = 0 \qquad (3.1)$$

oder explizit formuliert sein:

$$y = f(x, z_i, \ldots, z_N).\tag{3.2}$$

In komplexeren Fällen – wenn es z. B. zwei oder mehr Ausgangsgrößen gibt – kann das Modell auch aus mehr als einer Gleichung bestehen.

f bezeichnet die **Messfunktion** [7, Definition 2.49]. Exemplarisch steht dafür die Gl. (2.2) für unser Einführungsbeispiel der Messung der Körpergröße von **Kap. 2** (Abb. 3.4).

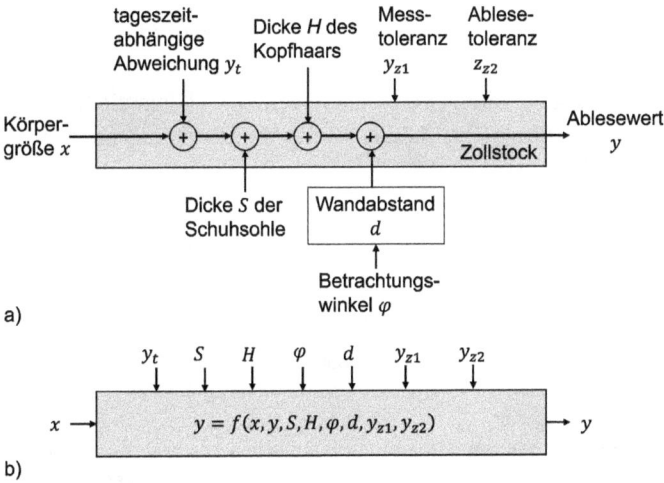

Abb. 3.4: a) Ursache-Wirkungskette und b) Messmodell für das Einführungsbeispiel der Messung der Körpergröße von Bild 2.1.

Die Gln. (3.1) und (3.2) beschreiben hier die **Ursache-Wirkungskette** der Messung.

Die **Modellbildung** ist der wichtigste und häufig auch schwierigste Teil bei der Beschreibung des Messverfahrens. Bei komplexen Messsystemen hilft eine sinnvolle Modularisierung, um ein praxisgerechtes Modell systematisch abzuleiten (Abb. 3.5) [16]. Grafische Modelle erleichtern die übersichtliche Darstellung der Zusammenhänge ein-

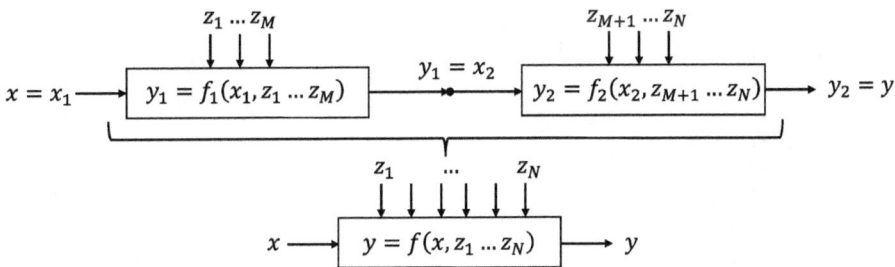

Abb. 3.5: Modularisierung von Messmodellen.

zelner Komponenten des Messsystems und die gezielte Zuordnung von Einflussgrößen. Die funktionalen Beziehungen zwischen den beteiligten Größen lassen sich aus theoretischen Zusammenhängen, aus Experimenten oder durch Erfahrungswissen gewinnen.

Ziel der Messung ist nun allerdings, mit Hilfe des mathematischen Modells aus dem Messwert y auf die Messgröße x rückzuschließen. Das bedeutet, dass wir Gl. (3.2) umschreiben müssen zum Modell der Messung bzw. zur Messgleichung:

$$x = f^{-1}(y, z_1, \ldots, z_N).\tag{3.3}$$

Die Gln. (2.3), (2.9) bzw. (2.10) sind einfache Beispiele für inverse Messfunktionen f^{-1}.

Messen kann also als **inverses Problem** verstanden werden, bei dem die Ursache-Wirkungskette in die inverse **Wirkung-Ursachenkette**, die Messgleichung, umgeformt werden muss.

Kurz zusammengefasst:
- Der Ausgabewert y als Ergebnis der Messung beinhaltet die im Messprozess gesuchten Informationen über die Messgröße x, ist aber auch durch eine Reihe weiterer Einfluss- bzw. Störgrößen beeinflusst.
- Die mathematische Beziehung zwischen allen diesen Größen, von denen man weiß, dass sie an einer Messung beteiligt sind, ist das sogenannte Modell der Messung. Die Messfunktion f beschreibt die Ursache-Wirkungskette, also den Einfluss der Messgröße x und der Einflussgrößen $z_1 \ldots z_N$, auf den Ausgabewert y.
- Es ist Ziel der Messung, mit Hilfe des mathematischen Modells aus dem Anzeigewert y auf die Messgröße x rückzuschließen. Diese erhält man aus der Wirkungs-Ursachenkette, d. h. aus der invertierten Messfunktion f^{-1} von Gl. (3.3).

---

4 Ziel: Ermittlung des besten Schätzwerts und der Messunsicherheit

4.1 Verlässlichkeit einer Messung

Messergebnisse werden heutzutage oftmals nur einfach als Einzelwerte angegeben, Angaben zur Messunsicherheit fehlen häufig („die Größe des Kinderzimmers beträgt 12,99 m^2"). Das findet sich sogar häufig in Publikationen berühmter Nobelpreisträger. Manchmal wird sogar die Einheit weggelassen („mein Blutdruck ist 120 zu 80"), die Referenz ist undefiniert („nach meinem GPS bin ich heute 25 Treppen hoch gestiegen") oder die Nachkommastellen entsprechen nicht der Messunsicherheit oder der Auflösung („die gemessene Spannung beträgt 3,61252 V").

Wie wir in **Abschn. 1.2** dargestellt hatten, **sind Messungen infolge vielfältiger Einflüsse niemals vollkommen. Der wahre Wert der Messgröße bleibt grundsätzlich unbestimmbar und muss deshalb geschätzt werden.** Ziel ist es nun, für den wahren Wert den besten Schätzwert zu finden und auch die Unsicherheit, die durch störende Einflüsse auftritt, hinreichend gut abzuschätzen. Die Unvollkommenheit der Messung wird dann durch einen **Parameter Messunsicherheit** beschrieben [7, Definition 2.26]. **Mit der resultierenden Messunsicherheit können wir am Ende gut leben, wenn sie für uns tolerabel ist.**

Die Angabe eines Messergebnisses ist nur dann **vollständig und damit verlässlich,**
- wenn sie neben dem besten Schätzwert für die Messgröße auch die mit der Schätzung verbundene Messunsicherheit enthält,
- wenn beides eine korrekte Einheit besitzt und
- wenn die Anzahl der angegebenen Dezimalstellen der Güte der Schätzung – also der Messunsicherheit – entspricht.

Kurz zusammengefasst (siehe auch [17]):
- Bei jeder Messung geht man von der Existenz eines wahren Wertes der gesuchten Messgröße aus. Der wahre Wert ist allerdings grundsätzlich unbekannt. Eine Messunsicherheit ist dann ein Maß dafür, wie gut man den wahren Wert zu kennen glaubt.
- Ziel ist es nun, für den wahren Wert der Messgröße den besten Schätzwert zu finden und die Unsicherheiten, die durch störende Einflüsse auftreten, hinreichend gut abzuschätzen.
- Die Bestimmung der Messunsicherheit sollte nur so genau erfolgen, wie es das Messproblem und das Kundeninteresse erfordern. Werden immer kleiner werdende Effekte berücksichtigt, nimmt der Detaillierungsgrad des Messmodells überproportional zu.
- Die Kenntnis der Messunsicherheit, insbesondere der Einflüsse einzelner Einflusskomponenten, erlaubt Rückschlüsse auf Unzulänglichkeiten des Messverfahrens. Die Identifikation dominanter Einflüsse gibt Hinweise, an welchem Ort und durch welche Maßnahmen sich signifikante Verbesserungen erreichen lassen.
- Die Angabe der Messunsicherheit ist nicht Ausdruck einer schlechten Messung, sondern einer verlässlichen und damit qualitätsbewussten Messung.

---

https://doi.org/10.1515/9783110500264-004

4.2 Vorhandene und begrenzte Kenntnisse

In Tabelle 1.1 hatten wir eine Auflistung häufig auftretender Einflüsse beim Messen gegeben. Aufgabe bei der Abschätzung des Messwertes und der Messunsicherheit ist es, **alle relevanten Informationen** zusammenzutragen und deren Wirkung auf das Messergebnis zu bestimmen. Ganz klar: Der Schwerpunkt liegt nicht auf der Gesamtheit aller, sondern nur auf den wirklich relevanten Informationen. Dies verhindert, dass das Messmodell zu komplex und damit schwer beherrschbar wird. Ein routinierter Messtechniker wird natürlich eher in der Lage sein, die im konkreten Fall relevanten Einflüsse und Informationen zu bestimmen. Im Zweifelsfall sollte natürlich immer geprüft werden, ob sich bestimmte Einflüsse vernachlässigen lassen.

Tabelle 4.1 listet noch einmal mögliche Einflusskomponenten auf die Messunsicherheit auf, die für das Messergebnis und damit für die Messunsicherheit relevant sein könnten (vgl. Abb. 3.1).

Tab. 4.1: Einflusskomponenten auf die Messunsicherheit (nach [17]).

Komponente	Einflussgrößen		
Messobjekt	– Temperatur – Zeitliche Änderungen – Material – Inhomogenitäten	– Oberfläche – Masse – Schwingungen – Objektposition	– Abmessungen – Gestaltabweichungen
Messinstrument	– Temperatur – Zeit seit letzter Kalibrierung – Unsicherheit der Kalibrierung	– Elektrische Speisung – Herstellungstoleranzen – Wiederholstreuung	– Endliche Auflösung – Mess- und Auswertesoftware
Messverfahren, Maßverkörperungen, Normale	– Wahl der Messmethode – Geräteauswahl	– Wahl des Bezugsnormals – Abnutzung, Ablagerungen	– Anzahl der Messungen – Dauer der Messung
Messumgebung	– Temperatur – Feuchte – Luftdruck	– Gravitation – Magnetismus – Strahlung/Licht	– Schwingungen – Luftbewegungen – Schmutz
Bediener	– Geräteauswahl – Ableseungenauigkeiten – Parallaxe	– Scharfeinstellung – Reaktionsgeschwindigkeit – Messkraft	– Bedienung – Sorgfalt – Erfahrung

4.3 Die sechs Leitprinzipien beim Messen

Wie Tab. 4.1 zeigt, kann die Messunsicherheit durch vielfältige Einflusskomponenten aller sechs genannten Komponenten beeinflusst werden. Deshalb hat das National Physical Laboratory (NPL), das nationale Metrologieinstitut Großbritanniens, die folgenden sechs Leitprinzipien formuliert, die befolgt werden sollten, um „gute" Messergebnisse zu erhalten [10]:

4.3.1 Die richtige Messung

Jede Messung verfolgt eine bestimmte Zielstellung, die klar und verständlich definiert sein sollte. Dies ist von ganz besonderer Wichtigkeit, wenn die Messung im Auftrag anderer erfolgt. Ist geplant, das Messverfahren zukünftig routinemäßig einzusetzen (z. B. zur Messung der Größe von Äpfeln), sollte untersucht werden, wo eventuelle Probleme liegen und wo Verbesserungen am Verfahren vorgenommen werden können.

4.3.2 Die richtigen Messinstrumente

Die zu verwendenden Messgeräte müssen für die Aufgabe geeignet und in ausreichend gutem Wartungszustand sein. Sie sollten außerdem kalibriert sein und nach den Vorgaben des Herstellers verwendet werden. Die Länge (oder Entfernung) kann beispielsweise mit einem Maßband, einem Zollstock, einem Laserentfernungsmesser oder einem Sonargerät gemessen werden, abhängig davon, ob man Schneider, Heimwerker, Handwerker oder Seemann ist.

Will man beispielsweise eine Tür bauen, muss man die Größe der Türöffnung mit einer Unsicherheit von $(1\ldots 2)$ mm kennen. Ein nicht allzu billiges Maßband könnte für diese Aufgabe gut geeignet sein. Da der Bau der Tür zeit- und durchaus auch kostenaufwändig ist, sollte sichergestellt werden, dass die Messung hinreichend genau ist. Dazu könnte man das Maßband mit einem anderen Maßband vergleichen oder etwas mit bekannter Länge damit messen. Außerdem muss sichergestellt sein, dass es richtig verwendet wird, beispielsweise, dass ein Ende des Maßbands gerade die Türschwelle berührt, dass das Maßband gerade am Türrahmen anliegt und dass man den Punkt, an dem es den oberen Rand der Tür erreicht, deutlich sehen kann. Zur Sicherheit sollte unbedingt auch die andere Seite des Türrahmens gemessen werden, um sicherzustellen, dass die Türöffnung ein echtes Rechteck ist.

4.3.3 Die richtigen Personen zum Messen

Derjenige, der die Messung durchführt (Bediener) muss entsprechend qualifiziert sein und die richtigen Unterweisungen und Schulungen erhalten haben. Für bestimmte Messaufgaben sind sogar formale Qualifikationen nötig. Z. B. dürfen Messungen an elektrischen Niederspannungsanlagen grundsätzlich nur durch Elektrofachkräfte durchgeführt werden, die über eine entsprechende Ausbildung verfügen. Viele Elektrofachkräfte üben einen anderen Beruf aus und haben sich über eine Weiterbildung und durch praktische Erfahrung die erforderliche Qualifikation angeeignet.

4.3.4 Regelmäßige Überprüfung der Messgeräte

Um zu vermeiden, dass Messgeräte beschädigt sind oder sich ihre Eigenschaften im Laufe der Zeit verändert haben, müssen sie entsprechend fachkundig gewartet werden. Diese Kontrollen sollten in regelmäßigen Abständen durchgeführt werden. Häufig werden bei Messungen nicht nur ein, sondern mehrere Messinstrumente benötigt. Dort ist dann ein schriftlicher Zeitplan für die Messgeräteüberprüfung in der Regel unerlässlich.

4.3.5 Nachvollziehbare Konsistenz

Die Bedeutung eines Messergebnisses ist gering, wenn es nur an dem Ort gültig ist, an dem die Messung vorgenommen wurde. Insbesondere für Messungen, bei denen eine hohe Präzision (siehe Abschn. 4.4), d. h. eine sehr kleine Messunsicherheit, gefordert ist, müssen eine Vielzahl an lokalen Einflüssen berücksichtigt werden, z. B. die am Messort wirkende Schwerkraft, der Luftauftrieb, die barometrische Höhe oder die aktuelle Temperatur. Deren Wirkungen sind entsprechend zu bewerten, z. B. ob sie gering genug sind, damit man sie vernachlässigen kann. Andernfalls könnten sie vom Benutzer korrigiert werden, wenn er geeignete Daten und Anweisungen besäße, oder das Messergebnis müsste mit einer höheren Unsicherheit angegeben werden. Andernfalls könnten bei wichtigen oder schwierigen Messungen auch andere Anwender in anderen Laboratorien die gleichen Messungen durchführen und deren Ergebnisse zum Vergleich verwendet werden.

4.3.6 Das richtige Vorgehen

Viele Faktoren sind zu berücksichtigen, damit eine Messung zu einem guten Ergebnis führt. Deshalb ist es wichtig, dass gerade entscheidende und komplexe Messungen in Übereinstimmung mit schriftlichen Vorgaben durchgeführt werden. Häufig lassen sich dazu die vom Hersteller zur Verfügung gestellten Bedienungsanleitungen nutzen. Allerdings können auch diese unzureichend sein, insbesondere wenn Messgeräte mehrerer, unterschiedlicher Hersteller verwendet werden. Weitere wichtige praktische Aspekte sind in diesem Zusammenhang noch, dass auch die Gesundheit geschützt und die Sicherheit gewährleistet sind.

4.4 Einige Begriffe: Messabweichung, -genauigkeit, -richtigkeit, -präzision

Bevor der Begriff der Messunsicherheit ausführlich erläutert wird, sollen zunächst noch einige andere Begriffe genannt werden, die im Zusammenhang mit der Charakterisierung der „Genauigkeit" beim Messen häufig benutzt werden: Messabweichung, Messgenauigkeit, Messrichtigkeit und Messpräzision [10, 18]. Alle bilden nur Teilaspekte der Messunsicherheit ab. Abb. 4.1 veranschaulicht diese Begriffe.

Die **Auflösung** ist die kleinste Änderung einer Messgröße, die in der entsprechenden Anzeige eine merkliche Änderung verursacht [7, Definition 4.14]. Bei visuell an-

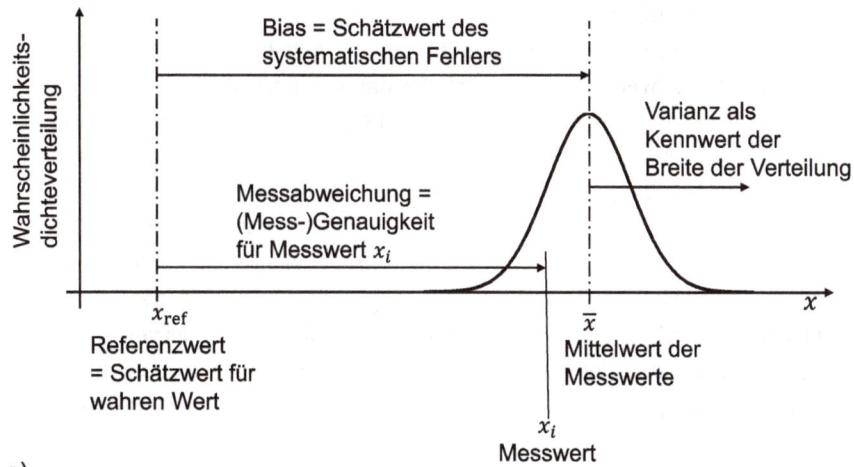

a)

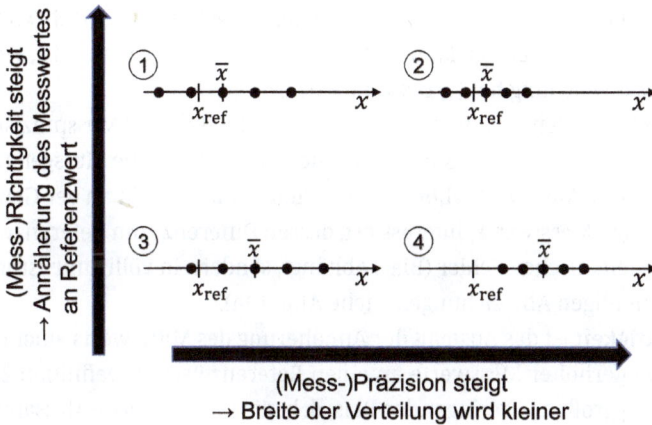

b)

Abb. 4.1: Zusammenhang zwischen a) Messabweichung, Messgenauigkeit und Bias sowie b) Messrichtigkeit und Messpräzision.

zeigenden Messgeräten ist sie durch die kleinste Differenz zwischen den Anzeigen bestimmt, die sinnvoll unterschieden werden können. Die Auflösung kann z. B. vom Rauschen oder von der Reibung abhängen, aber auch von der niedrigstwertigen Stelle der Digitalanzeige.

In dieser Weise stellt die Auflösung den kleinstmöglichen Wert für die Messunsicherheit dar.

Im Falle der Messung der Körpergröße in Kapitel 2 begrenzt die Millimetereinteilung des Gliedermaßstabs die Fehlergrenzen y_{Z2} und bestimmt damit dessen Auflösung.

Die **Messabweichung** beschreibt die Differenz von Messwert minus einem Referenzwert [7, Definition 2.16] (Abb. 4.1a). Dieser Referenzwert kann z. B. durch Kalibrierung mit einem Normal gewonnen werden, wo der Messwert eine vernachlässigbare Messunsicherheit aufweist. Bei üblichen Messungen ist der Referenzwert nicht bekannt, so dass sich dann auch keine Messabweichung angeben lässt. Im Falle von Kalibriermessungen ist der Referenzwert hingegen durch das Kalibriernormal gegeben.

Die Messabweichung darf nicht mit dem Begriff „Fehler" verwechselt werden.

Der **Bias der Messung** ist der Schätzwert für eine systematische Messabweichung [7, Definition 2.18] (Abb. 4.1a), d. h. die Komponente der Messabweichung, die bei wiederholten Messungen konstant bleibt oder sich in vorhersagbarer Weise ändert [7, Definition 2.17]. Der Bias kann kompensiert werden. In unserem Beispiel von Kapitel 2 zur Messung der Körpergröße haben die Dicke der Schuhsohlen und die Dicke des Haupthaars sowie die tageszeitabhängige Abweichung der Körpergröße solche Bias verursacht, die dann im Modell berücksichtigt wurden. Die Referenzwerte, auf die sich die Bias bezogen, sind hier die nackte Fußsohle, die Kopfhaut und die Körpergröße des ausgeruhten Menschen am Morgen.

Die **(Mess-) Genauigkeit** ist das Ausmaß der Annäherung eines Messwerts an den wahren Wert der Messgröße [7, Definition 2.13]. Die Messgenauigkeit ist dabei **keine Größe** und sollte deshalb – anders als es im normalen Sprachgebrauch gemacht wird – nicht quantitativ ausgedrückt werden. Man sagt, dass eine Messung genauer ist, wenn sie eine kleinere Messabweichung hat [7, Definition 2.13, Anmerkung 1].

Anders als die im Folgenden genannten Begriffe Messrichtigkeit und Messpräzision, die auf einer größeren Anzahl von Messungen beruhen, bezieht sich die Messgenauigkeit nur auf einen einzigen Messwert. Üblicherweise sind wir aber nicht an der Genauigkeit für einen einzelnen Messwert x_i interessiert, dessen Differenz zum Referenzwert x_{ref} nicht nur vom systematischen Fehler (Bias) abhängt, sondern in völlig unbestimmter Weise auch von zufälligen Abweichungen (siehe Abb. 4.1a).

Die **(Mess-) Richtigkeit** ist das Ausmaß der Annäherung des Mittelwerts einer (unendlichen) Anzahl wiederholter Messwerte an einen Referenzwert [7, Definition 2.14] (Abb. 4.1b). Sie ist umso größer, je geringer der Bias, d. h. die systematische Messabweichung, ist. Andererseits besteht keine Beziehung zu zufälligen Messabweichungen.

Die Messrichtigkeit ist ebenso wie die Messgenauigkeit keine Größe und kann deshalb auch nicht quantitativ ausgedrückt werden.

Die **(Mess-) Präzision** ist das Ausmaß der Übereinstimmung von Messwerten, die durch wiederholte Messungen an denselben oder ähnlichen Objekten unter vorgegebenen Bedingungen erhalten wurden [7, Definition 2.15] (Abb. 4.1b). Sie wird im Allgemeinen unter vorgegebenen Messbedingungen mit Hilfe von stochastischen Kenngrößen, wie z. B. Standardabweichung oder Varianz, quantifiziert. Ein Beispiel hierfür ist die mehrfache Messung der Körpergröße in Abschn. 2.3, wo die Standardabweichung $s(y_i)$ bzw. die Varianz $\mathrm{Var}(y_i) = s^2(y_i)$ als Streuungsmaß benutzt wurden.

In unserem Beispiel von Kapitel 2 könnte man die Körpergröße im Laufe des Tages mehrfach messen. Dann bekäme man jedes Mal ein anderes Messergebnis, allein wegen der tageszeitabhängigen Abweichung der Körpergröße. Selbst, wenn man diese als zeitabhängigen Bias herausrechnen würde, erhielte man trotzdem noch unterschiedliche Werte für die Köpergröße. Diese Eigenschaft wird durch die Wiederholpräzision ausgedrückt. Die **Wiederholpräzision (Wiederholbarkeit, Repeatability)** ist die Messpräzision bei einer Menge von Wiederholbedingungen von Messungen [7, Definition 2.21]. Sie beschreibt somit die Übereinstimmung innerhalb von Messreihen, bei denen z. B. die gleiche Person die Messungen mit demselben Messverfahren und demselben Messsystem unter den gleichen Betriebsbedingungen (einschließlich Ort und, soweit wie möglich, Zeit) ausführt.

Die **erweiterte Vergleichspräzision (Reproduzierbarkeit, Reproducability)** bzw. **Messpräzision unter erweiterten Vegleichsbedingungen** hingegen beschreibt die Übereinstimmung innerhalb einer Reihe von Messungen, bei denen unterschiedliche Personen, Geräte, Methoden oder Bedingungen beteiligt sind [7, Definition 2.25]. Hier wäre es sicherlich weniger überraschend, dass dies in der Regel zu deutlich abweichenden Messergebnissen führt.

Tabelle 4.2 fasst noch einmal alle genannten Begriffe zusammen. Die Übersicht zeigt vor allem, welche der Begriffe sich auf die Annäherung an den wahren bzw. Referenzwert beziehen und welche das Ausmaß der Streuung der Messwerte betreffen.

Tab. 4.2: Übersicht über die Begriff Messabweichung, Messgenauigkeit, Bias, Messrichtigkeit und Messpräzision.

Betrifft	Einzelne Messung	Wiederholte Messungen
Systematische Messfehler	Bias	Bias
Annäherung an wahren Wert oder Referenzwert	Messabweichung (Differenz Messwert minus Referenzwert)	Messrichtigkeit (Annäherung des Mittelwerts an einen Referenzwert)
	Messgenauigkeit (Annäherung eines Messwerts an den wahren Wert der Messgröße)	
Streuung der Messwerte	–	Messpräzision – Wiederholbarkeit/-präzision (gleiche Messbedingungen) – Reproduzierbarkeit (unterschiedliche Messbedingungen)

Einige Schlussfolgerungen:
- Die Auflösung bei einer Messung ist die kleinste Änderung einer Messgröße, die in der entsprechenden Anzeige eine merkliche Änderung verursacht, und stellt den kleinstmöglichen Wert für die Messunsicherheit dar.
- Beim Messen können wir uns in der Regel auf keinen Referenzwert beziehen. Messgenauigkeit und Messrichtigkeit beziehen sich aber definitionsgemäß auf einen Referenzwert und sind deshalb für die Angabe einer Messunsicherheit, also der Verteilung der Messwerte, nicht nutzbar.
- Die Messgenauigkeit kann sinnvoll zur Charakterisierung eines Messgeräts verwendet werden, z. B. im Prozess der Kalibrierung zur Feststellung der Abweichung gegenüber einem anderen Gerät oder einer anderen Maßverkörperung (Normal).
- Die Messgenauigkeit lässt sich allerdings nicht zur Charakterisierung von Messergebnissen verwenden, da die Bewertung der Genauigkeit die Kenntnis eines Referenzwertes voraussetzt.
- Die Messpräzision ist das Ausmaß der Übereinstimmung von durch wiederholte Messungen gewonnenen Messwerten. Sie liefert uns somit Informationen über deren Verteilung und ist damit Teil der Messunsicherheit.
- Im Allgemeinen besteht die Messunsicherheit aus mehreren Komponenten, die sich entweder durch zufällige oder systematische Effekte äußern können. Einige Komponenten können durch die Anwendung statistischer Methoden auf die Verteilung der Messwerte aus wiederholten Messungen bewertet werden, während andere Komponenten auf Erfahrung oder a-priori-Informationen beruhen und deshalb nichtstatistische Methoden erfordern.

4.5 Was ist Messunsicherheit?

Ziel der Messung ist es, Informationen zu einer bestimmten Größe – der Messgröße x – zu erhalten. Wie wir in **Abschn. 4.1** dargestellt hatten, sind Messungen aber infolge vielfältiger Einflüsse niemals vollkommen. Der wahre Wert der Messgröße bleibt also grundsätzlich unbestimmbar und muss deshalb geschätzt werden. Wir wollen deshalb den besten Schätzwert für die Messgröße finden. Aber auch die Unsicherheiten, die durch die störenden Einflüsse auftreten, müssen hinreichend gut geschätzt werden. Die Unvollkommenheit der Messung wird dann durch den Parameter Messunsicherheit beschrieben:

Die Messunsicherheit ist ein nichtnegativer Parameter, der die Streuung der Werte kennzeichnet, die der Messgröße auf der Grundlage der benutzten Informationen beigeordnet sind [7, Definition 2.26].

Die Messunsicherheit kann man somit als ein Maß der eigenen Überzeugung (d. h. seines Vertrauens) betrachten, wie gut man den wahren Wert der Messgröße zu kennen glaubt. Der Begriff „Vertrauen" ist in diesem Zusammenhang ein wichtiger Begriff, weil er eines deutlich macht: Messergebnisse sind mit Hilfe von Wahrscheinlichkeiten, die einen Grad des Vertrauens ausdrücken, zu quantifizieren [14].

In unserem Beispiel der Messung der Körpergröße x in Abschnitt 2.1 hatten wir als besten Schätzwert für die Körpergröße den Wert 179,4 cm gefunden. Die Unsicherheit $u(x)$ betrug 0,882 cm. Die erweiterte Messunsicherheit beschreibt nun den Bereich, in dem mit einer bestimmten Vertrauenswahrscheinlichkeit der wahre Messwert liegt.

Vertrauens-
wahrscheinlichkeit

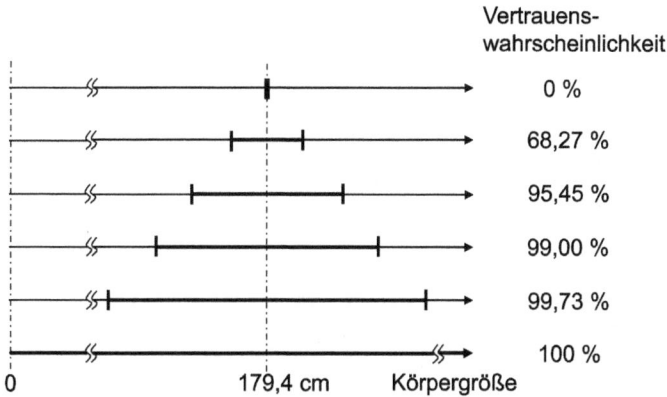

Abb. 4.2: Bereich der Körpergröße, in dem mit einer bestimmten Vertrauenswahrscheinlichkeit der Wert der Messgröße liegt (für das Beispiel von Abschn. 2.1).

Je größer der Erweiterungsfaktor k ist, desto größer wird die Vertrauenswahrschein-lichkeit sein, dass der wahre Messwert darin liegt. Dem entsprechend lassen sich sehr unterschiedliche Aussagen treffen, z. B. (Abb. 4.2): Der Wert der Körpergröße liegt

– mit einer Vertrauenswahrscheinlichkeit von 0 % im Bereich $(179,4 \pm 0,0)$ cm ($k = 0$).
– mit einer Vertrauenswahrscheinlichkeit von 68,27 % im Bereich $(179,4 \pm 0,9)$ cm, d. h. zwischen 178,5 cm und 180,3 cm ($k = 1,000$).
– mit einer Vertrauenswahrscheinlichkeit von 95,45 % im Bereich $(179,4 \pm 1,8)$ cm, d. h. zwischen 177,6 cm und 181,2 cm ($k = 2,000$).
– mit einer Vertrauenswahrscheinlichkeit von 99,0 % im Bereich $(179,4 \pm 2,3)$ cm, d. h. zwischen 177,1 cm und 181,7 cm ($k = 2,576$).
– mit einer Vertrauenswahrscheinlichkeit von 99,73 % im Bereich $(179,4 \pm 2,6)$ cm, d. h. zwischen 176,8 cm und 182,0 cm ($k = 3,000$).
– mit einer Vertrauenswahrscheinlichkeit von 100 % im Bereich zwischen 0 und ∞ ($k = \infty$).

Die erste und die letzte Aussage sind für praktische Anwendungen sicherlich wenig sinnvoll. Die angegebenen Vertrauenswahrscheinlichkeiten ergeben sich aus den Ver-trauensniveaus der Student- bzw. t-Verteilung. Der Erweiterungsfaktor k entspricht da-bei in der Regel dem Student-Faktor für einen unendlichen Stichprobenumfang, wo die Student-Verteilung in eine Normalverteilung übergeht (Tabelle 4.3).

Wie bereits betont, ist zwar der wahre Wert der Messgröße x nicht bestimmbar, ebenso nicht die Verteilungsfunktion dieser zufallsbehafteten Größe. Trotzdem kann man die Verteilung näherungsweise durch charakteristische Kenngrößen bzw. Parame-ter beschreiben. Die wichtigsten dafür sind in der mathematischen Statistik der **Erwar-tungswert** $E(x)$ – bisher als **beste Schätzung für den Messwert** x bezeichnet – und die **Streuung** $s(x)$ bzw. die **Varianz** $\mathrm{Var}(x) = s^2(x)$. Der Erwartungswert charakteri-siert die Lage der Verteilung, also den Lageparameter, während die Varianz ein Maß

Tab. 4.3: Werte des Erweiterungsfaktors k (Studentfaktor t bei einer unendlichen Zahl von Wiederholmessungen) für verschiedene Vertrauenswahrscheinlichkeiten.

Vertrauenswahr-scheinlichkeit P	Erweite-rungsfaktor k
68,27 %	1,000
90,00 %	1,645
95,00 %	1,960
95,45 %	2,000
99,00 %	2,576
99,50 %	2,866
99,73 %	3,000
99,99 %	4,000

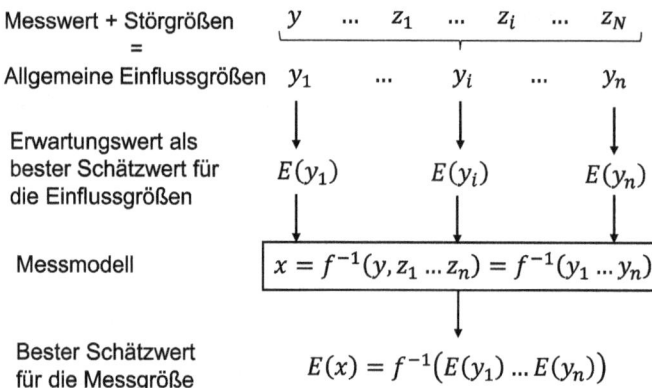

Abb. 4.3: Bestimmung des Erwartungswertes $E(x)$ als bester Schätzwert für den wahren Wert der Messgröße x.

für die Variabilität der Verteilung ist [19]. Die Varianz ist daher ein praktisch sehr sinnvoller Parameter, um die Messunsicherheit und damit unsere begrenzten Kenntnisse beim Messen auszudrücken.

In den Abb. 4.3 und 4.4 ist das Vorgehen skizziert, wie der Erwartungswert E(x) und die Messunsicherheit $u(x)$ prinzipiell abgeschätzt werden. Das Vorgehen basiert auf folgenden Grundüberlegungen:

– Der **beste Schätzwert $E(x)$ für die Messgröße x** berechnet sich mit dem Messmodell gemäß Gl. (3.3) aus den besten Schätzwerten $E(y_i)$ aller Einflussgrößen y_i, d. h. des Messwertes y und der Störgrößen z_i (vgl. Abb. 3.2).

– Zur Bestimmung der **Messunsicherheit $u(x)$** werden die **Varianzen Var(y_i) als Streuungsmaß aller Einflussgrößen y_i**, d. h. des Messwertes y und der Störgrößen z_i, verwendet. Die Varianz ist deshalb gut geeignet, weil sie für jede mögliche Verteilungsfunktion der Wahrscheinlichkeitsdichte bekannt ist, z. B. für normal- bzw. Student-verteilte Einflussgrößen, aber auch für Einflussgrößen, von denen man nur

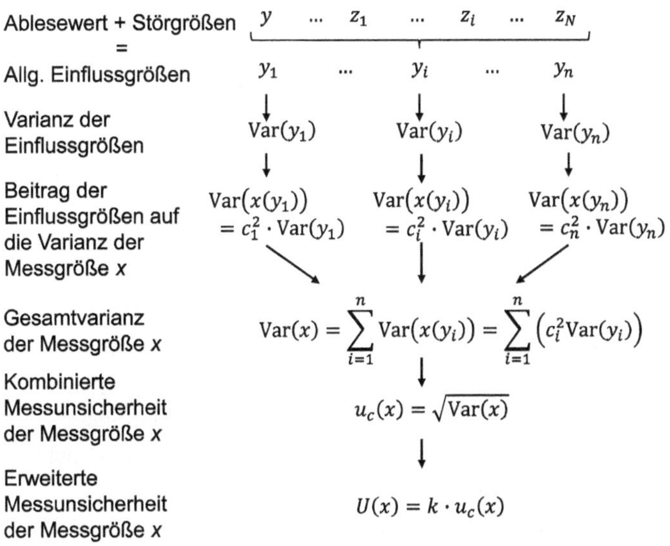

Ablesewert + Störgrößen	y	$\cdots$	z_1	$\cdots$	z_i	$\cdots$	z_N

Allg. Einflussgrößen $\quad y_1 \quad \cdots \quad y_i \quad \cdots \quad y_n$

Varianz der Einflussgrößen $\quad \mathrm{Var}(y_1) \quad \mathrm{Var}(y_i) \quad \mathrm{Var}(y_n)$

Beitrag der Einflussgrößen auf die Varianz der Messgröße x

$$\mathrm{Var}(x(y_1)) \qquad \mathrm{Var}(x(y_i)) \qquad \mathrm{Var}(x(y_n))$$
$$= c_1^2 \cdot \mathrm{Var}(y_1) \quad = c_i^2 \cdot \mathrm{Var}(y_i) \quad = c_n^2 \cdot \mathrm{Var}(y_n)$$

Gesamtvarianz der Messgröße x

$$\mathrm{Var}(x) = \sum_{i=1}^{n} \mathrm{Var}(x(y_i)) = \sum_{i=1}^{n} \left(c_i^2 \mathrm{Var}(y_i) \right)$$

Kombinierte Messunsicherheit der Messgröße x

$$u_c(x) = \sqrt{\mathrm{Var}(x)}$$

Erweiterte Messunsicherheit der Messgröße x

$$U(x) = k \cdot u_c(x)$$

Abb. 4.4: Bestimmung der Messunsicherheit für die Messgröße x. $s_i = \partial x / \partial y_i$ Sensitivitätskoeffizienten; k Erweiterungsfaktor.

weiß, dass sie in einem bestimmten Bereich liegen und damit dort gleichverteilt sind.

– Die **Gesamt- (kombinierte) Varianz Var(x)** der Messgröße x ist die Summe aller Einzelvarianzen $\mathrm{Var}(x(y_i))$ der Einflussgrößen y_i. Das bedeutet, dass sich die Teilunsicherheiten (Teilvarianzen) linear addieren.[5]

– Die Einzelvarianzen $\mathrm{Var}(x(y_i))$ selbst ergeben sich aus den Varianzen $\mathrm{Var}(y_i)$, indem sie mit dem **Einflussgrad der jeweiligen Einflussgröße y_i auf die Messgröße x gewichtet** werden. Da die Varianz die mittlere quadratische Abweichung einer Zufallsvariablen von ihrem Erwartungswert ist, wird als Wichtungsfaktor das Quadrat des Sensitivitätskoeffizienten $s_i = \partial x / \partial y_i$ verwendet.

– Die **kombinierte Messunsicherheit $u_c(x)$** der Messgröße ergibt sich aus $\sqrt{\mathrm{Var}(x)}$, d. h. der Wurzel aus der Gesamtvarianz.

– Die kombinierte Messunsicherheit $u_c(x)$ ist nun das **Maß für die Unsicherheit der Kenntnis der Messgröße x**.

– Für praktische Zwecke wird die **erweiterte Messunsicherheit $U(x) = k \cdot u_c(x)$** verwendet [7, Definition 2.35], bei der die obige Standardmessunsicherheit mit dem in diesem Abschnitt oben erläuterten **Erweiterungsfaktor k** (Tab. 4.3) [7, Definition

---

5 Diesem Vorgehen liegt folgende Grundüberlegung zugrunde: Bei Auftreten mehrerer Unsicherheitsbeiträge, die aus Wahrscheinlichkeitsverteilungen (z. B. Normal- oder Rechteckverteilungen) mehrerer unabhängiger Größen gewonnen werden, kann nach den Bedingungen des zentralen Grenzwertsatzes angenommen werden, dass die Ergebnisgröße normalverteilt ist.

2.38] multipliziert wird. Dies führt dann zu einem **Überdeckungsintervall** [7, Definition 2.36], das den wahren Wert einer Messgröße mit einer spezifizierten **Überdeckungswahrscheinlichkeit** [7, Definition 2.37] enthält. Beispiel: „Der Wert der Körpergröße liegt mit einer Vertrauenswahrscheinlichkeit von 95,45 % im Bereich (179,4 ± 1,8) cm, d. h. zwischen 177,6 cm und 181,2 cm (k = 2,000). Der beste Schätzwert für die Körpergröße ist dabei 179,4 cm."

Wichtige Anmerkung: Dem hier vorgestellten Vorgehen liegt die fundamentale Einschränkung zugrunde, dass alle Einflussgrößen unabhängig voneinander sind, d. h. nicht korrelieren. Das ist z. B. nicht der Fall, wenn man zur Bestimmung der Fläche eines Blatts Papier die beiden Seitenlängen mit dem gleichen Lineal misst. Ein anderes Beispiel liegt vor, wenn Temperatur und relative Luftfeuchte gleichzeitig Einflussgrößen bei einer Messung sind. Da die relative Luftfeuchtigkeit das Verhältnis der tatsächlich enthaltenen zur maximal möglichen Masse an Wasserdampf in der Luft ist, sinkt bei konstanter absoluter Feuchte mit steigender Temperatur die relative Luftfeuchte. Treten solche Korrelationen auf, addieren sich zu den Varianzen in Abb. 4.4 noch die entsprechenden Kovarianzen. Dies wird in Abschn. 6.5 detailliert erläutert.

Zusammengefasst lässt sich sagen:
- Der wahre Wert der Messgröße x ist grundsätzlich unbestimmbar und muss deshalb geschätzt werden. Der beste Schätzwert berechnet sich mit dem Messmodell gemäß Gl. (3.3) aus den besten Schätzwerten aller Einflussgrößen y_i.
- Zur Bestimmung der Messunsicherheit $u(x)$ werden die Varianzen Var(y_i) als Streuungsmaß aller Einflussgrößen y_i, d. h. des Ablesewertes y und der Störgrößen z_i, verwendet.
- Die kombinierte Messunsicherheit $u_c(x)$ ist das Maß für die Unsicherheit der Kenntnis de Messgröße x. Sie ist ein nichtnegativer Parameter, die der Messgröße auf der Grundlage der benutzten, unvollkommenen Informationen beigeordnet ist.
- Die Gesamt- (kombinierte) Varianz Var(x) der Messgröße x ist die Summe aller Einzelvarianzen Var$(x(y_i))$ der Einflussgrößen y_i, d. h., dass sich die Teilunsicherheiten (Teilvarianzen) linear addieren.
- Die kombinierte Messunsicherheit $u_c(x)$ der Messgröße ergibt sich aus der Wurzel der Gesamtvarianz.
- Sind Einflussgrößen korreliert, ist die Summe der Varianzen um die betreffenden Kovarianzen zu ergänzen.
- Technische Bedeutung hat die erweiterte Messunsicherheit $U(x) = k \cdot u_c(x)$, bei der die kombinierte Messunsicherheit $u_c(x)$ mit einem Erweiterungsfaktor k multipliziert wird. Der Wert des Erweiterungsfaktors k steht für eine bestimmte Vertrauenswahrscheinlichkeit, mit der der Messwert x im Bereich $\pm k u_c$ um den besten Schätzwert für die Messgröße x liegt.

---

5 Beispiele für Messunsicherheiten durch begrenzte Kenntnisse

5.1 Messgeräte, Datenblätter

Häufig werden zum Messen vorhandene Geräte genutzt oder Neugeräte angeschafft. In der Regel ist es dem Nutzer nicht möglich, die Eigenschaften dieser Geräte zu prüfen. Wird das Gerät regelmäßig kalibriert, liegen mit den Kalibrierscheinen Informationen zu den messtechnischen Eigenschaften vor (siehe im folgenden Abschn. 5.2). Im anderen Fall kann man bei regelmäßiger Wartung und angenommener sachgerechter Nutzung davon ausgehen, dass nach wie vor die Eigenschaften entsprechend dem vom Hersteller mitgelieferten Datenblatt vorliegen.

Beispielhaft sei das Digitalmultimeter in Tab. 5.1 betrachtet.

Tab. 5.1: Beispiel für technische Daten in einem Datenblatt für ein Digitalmultimeter (Auswahl). v. M. – vom Messwert.

Allgemeine Daten	
Betriebstemperaturbereich	$(0 \ldots 40)\,°C$
Lagertemperaturbereich	$(-10 \ldots +50)\,°C$
Luftfeuchtebereich	$(0 \ldots 30)\,°C$: ≤75 % r. F., $(30 \ldots 40)\,°C$: ≤50 % r. F.
Genauigkeitsangaben spezifiziert für	ein Jahr, bei 23 °C ± 5 °C, ≤75 % r. F.
Spannungsmessung	
Bereich 200 V	Auflösung 0,01 V; Fehlergrenzen ±(0,1 % v. M. + 8 Digit)
Bereich 1000 V	Auflösung 0,1 V; Fehlergrenzen ±(0,15 % v. M. + 8 Digit)
Temperaturmessung	
Bereich $(-40 \ldots +100)\,°C$	Auflösung 0,1 K; Fehlergrenzen ±(3 % + 30 Digit)

Die allgemeinen Daten geben die Betriebsbedingungen an, unter denen die Eigenschaften Auflösung und Genauigkeit garantiert sind. Für den Nutzer ist wichtig, dass die Genauigkeitsangaben nur für ein Jahr spezifiziert sind. Danach ist das Multimeter turnusmäßig zu kalibrieren.

In den verschiedenen Messbereichen sind die Eigenschaften des Messgerätes unterschiedlich, so dass die Werte für die Auflösung und die Fehlergrenzen entsprechend unterschiedlich groß sind.

Die Angabe der Fehlergrenzen von z. B. ±(0,1 % v. M. + 8 Digit) enthält zwei Anteile: Der erste Term bezieht sich auf den Messwert und stellt damit eine multiplikative Abweichung auf, die mit wachsendem Messwert größer wird. In englischsprachigen Datenblättern findet man oft die Angaben ±(0,1 % reading + 8 digit) oder abgekürzt ±(0,1 % rdg + 8 dgt). Der zweite Term beschreibt eine maximale additive, messwertunabhängige Abweichung. Bei einer Auflösung, z. B. 0,01 V infolge der niedrigstwertigen Stelle der Digitalanzeige, entspräche dies 0,08 V.

https://doi.org/10.1515/9783110500264-005

Die Genauigkeit bei der Spannungsmessung würde demnach für einen Anzeigewert von 100 V im Messbereich 200 V

$$\pm(0,1\,\%\text{v. M.} + 8\,\text{Digit}) = \pm(0,001 \cdot 100\,\text{V} + 8 \cdot 0,01\,\text{V}) = \pm 0,18\,\text{V} \tag{5.1}$$

und im Messbereich 1000 V

$$\pm(0,15\,\%\,\text{v. M.} + 8\,\text{Digit}) = \pm(0,0015 \cdot 100\,\text{V} + 8 \cdot 0,1\,\text{V}) = \pm 1,03\,\text{V} \tag{5.2}$$

sein. Dies bestätigt die Erfahrung, dass man im Hinblick auf eine höhere Genauigkeit im kleinstmöglichen Messbereich (hier 200 V statt 1000 V) messen sollte.

Die Werte in den Gln. (5.1) und (5.2) drücken aus, dass der gemessene Wert um $\pm 0,18$ V bzw. $\pm 1,03$ V um den angezeigten Wert schwanken kann, also im Bereich (99,82 ... 100,18) V bzw. (98,97 ... 101,03) V liegt. Die Informationen, die wir mit Tab. 5.1 haben, erlauben uns nur die Aussage, dass der wahre Wert der Messgröße gleichberechtigt jeder Wert in den gegebenen Bereichen sein könnte. Deshalb gehen wir von einer Gleichverteilung als Wahrscheinlichkeitsdichteverteilung aus. Für eine Gleichverteilung des Ablesewertes y im Bereich $\pm a$ beträgt die Standardabweichung und damit die Messunsicherheit

$$u(y) = s(y) = \sqrt{\text{Var}(y)} = \frac{a}{\sqrt{3}} \tag{5.3}$$

und damit für den konkreten Fall:

$$u(y) = \begin{cases} 0,10\,\text{V für den Messbereich 200 V} \\ 0,59\,\text{V für den Messbereich 1000 V} \end{cases} \tag{5.4}$$

5.2 Kalibrierscheine

Die Auslieferung eines Messgerätes erfolgt mit sogenannten Normwerten, die im Datenblatt niedergelegt sind (siehe Abschn. 5.1). Da sich die Eigenschaften der Messgeräte durch verschiedenste Umwelteinflüsse ändern, ist eine **regelmäßige Kalibrierung** erforderlich. Kalibrierung bezeichnet dabei einen Messprozess, in dem die Abweichung des Messgerätes (oder einer Maßverkörperung) gegenüber einem anderen Gerät oder einer anderen Maßverkörperung festgestellt und dokumentiert wird (siehe auch [7, Definition 2.39]). Die zum Vergleich genutzten Geräte oder anderen Maßverkörperungen bezeichnet man dann als **Normal**. Erst durch die dokumentierte Kalibrierung wird das Messgerät zum verlässlichen Mess- und Prüfmittel und dokumentiert die Rückführbarkeit auf das SI-System..

Die Kalibrierung kann als einfache Werkskalibrierung oder als DAkkS-Kalibrierung in akkreditierten Mess- und Prüflabors erfolgen. Die Deutsche Akkreditierungsstelle GmbH (DAkkS) ist eine privatwirtschaftliche Organisation, die in Deutschland die

Funktion der nationalen Akkreditierungsstelle wahrnimmt. Die bei Werkskalibrierungen verwendeten Normale weisen in der Regel eine größere Messunsicherheit auf, so dass sie mit einer weniger aussagefähigen Kalibrierung und Justierung verbunden sind als unter DAkkS-Bedingungen. Allerdings ist eine solche Kalibrierung kostengünstiger.

Ein anschauliches Beispiel ist das Kalibrieren einer selbstanzeigenden Waage durch Auflegen von Gewichtsstücken als Normale. Von den Gewichtsstücken müssen die Messunsicherheiten bekannt sein. Unter Berücksichtigung aller weiteren Einflüsse, wie z. B. Luftdruck, Temperatur und Auftriebskräfte, wird die Anzeige der Waage mit den aufgelegten Massen m verglichen und die Unsicherheit dieser Abweichung geschätzt.

Tab. 5.2 zeigt exemplarisch Angaben aus einem Kalibrierschein für eine Analysenwaage. Die angegebenen Werte für die erweiterte Messunsicherheit $U(m)$ bezieht sich auf einen Erweiterungsfaktor $k = 2$, d. h. auf eine Vertrauenswahrscheinlichkeit von ca.

Tab. 5.2: Beispiel für Angaben in einem Kalibrierschein für eine Analysenwaage (Einbereichswaage, Messbereich 205 g, Temperatur (19,5 ... 20,5) °C, Akklimatisierungszeit 60 min, Belastung nach Nullstellung mit Normal-Gewichtsstücken).

Abweichung bei Wiederholung	Messung	Prüflast	Waagenanzeige
	No. 1	200 g	199,9995 g
	No. 2	200 g	199,9995 g
	No. 3	200 g	199,9994 g
	No. 4	200 g	199,9994 g
	No. 5	200 g	199,9995 g
	No. 6	200 g	199,9996 g

Abweichung bei außermittiger Belastung (Exzentrizität)	Position	Prüflast	Waagenanzeige
	No. 1	100 g	199,9995 g
	No. 2	100 g	199,9993 g
	No. 3	100 g	199,9996 g
	No. 4	100 g	199,9998 g
	No. 5	100 g	199,9996 g

Prüfung der Anzeigeabweichung (Linearität)	Prüflast	Waagenanzeige	Abweichung
	10 g	10,0000 g	0 g
	50 g	49,9999 g	−0,0001 g
	100 g	99,9995 g	−0,0001 g
	150 g	149,9992 g	−0,0001 g
	200 g	199, 9992 g	−0,0001 g

Prüflast	Waagenanzeige	Abweichung	Erweiterte Messunsicherheit ($k = 2{,}00$)
10 g	10,0000 g	0 g	0,000208 g
50 g	49,9999 g	−0,0001 g	0,00024 g
100 g	99,9995 g	−0,0005 g	0,00032 g
150 g	149,9992 g	−0,0008 g	0,00046 g
200 g	199,9992 g	−0,0008 g	0,00055 g

95 % (siehe Tab. 4.3). Die daraus folgende kombinierte Messunsicherheit bzw. Varianz lässt sich dann einfach berechnen:

$$u_c(m) = \frac{1}{2}U(m) = \sqrt{\text{Var}(m)}. \tag{5.5}$$

Diese kann dann als Messunsicherheitsbeitrag der Waage auf die Gesamtmessunsicherheit verwendet werden.

5.3 Digitale Anzeigen

Viele Messgeräte, z. B. die in Abb. 5.1 gezeigte sogenannte Flip-Uhr, haben eine digitale Ziffernanzeige. Bei der Ablesung ergibt sich dadurch eine Quantisierungsabweichung bis zur Breite eines Ziffernschritts, d. h. eines Digits. Dies ergibt eine mögliche Abweichung von ±0,5 Ziffernschritt auf der niederwertigsten Stelle bzw. ±0,5 Digit. Innerhalb dieses Bereichs könnte der wahre Wert gleichberechtigt jeden Wert haben, so dass wir wieder von einer Gleichverteilung ausgehen. Entsprechend Gl. (5.3) beträgt der Messunsicherheitsbeitrag durch die Digitalanzeige dann:

$$u_{\text{Digitalanzeige}} = \sqrt{\text{Var}(\text{Digitalanzeige})} = \frac{0,5\,\text{Digit}}{\sqrt{3}} = 0,289\,\text{Digit}. \tag{5.6}$$

Abb. 5.1: Tischuhr mit mechanischer Digitalanzeige.

Im Falle der Tischuhr ist die Messunsicherheit für die Ablesung somit 0,289 min.

In der Regel messen wir aber Differenzen zwischen einem Mess- bzw. Anzeigewert zu Beginn, wenn die Messgröße noch nicht wirkt, und dem Zeitpunkt bei

Einwirken der Messgröße. Ersterer Wert ist meistens das sogenannte Nullpunktsignal. Die Messunsicherheit der Digitalanzeige wirkt hier natürlich doppelt, im Nullpunkt ($u_{\text{Digitalanzeige,Nullpunkt}}$) und bei Wirken der Messgröße ($u_{\text{Digitalanzeige,Messwert}}$). Sie ist in beiden Fällen gleich groß und hat den Wert von Gl. (5.6). Die kombinierte Messunsicherheit für beide Anteile beträgt dann:

$$
\begin{aligned}
u_{\text{c, Digitalanzeige}} &= \sqrt{u_{\text{Digitalanzeige,Nullpunkt}}^2 + u_{\text{Digitalanzeige,Messwert}}^2} \\
&= \sqrt{\text{Var}_{\text{Digitalanzeige, Nullpunkt}} + \text{Var}_{\text{Digitalanzeige,Messwert}}}.
\end{aligned}
\tag{5.7}
$$

5.4 Analoge Anzeigen

Beim Ablesen auf analogen Anzeigen (z. B. bei Linealen, Analoguhren oder Zeigerinstrumenten) liegt der abzulesende Wert meistens zwischen den Strichen der Skala. Dies zeigt Abb. 5.2 am Beispiel einer Einzeigeruhr, so wie bis Mitte des 18. Jahrhunderts alle Uhren nur einen Zeiger besaßen. Zwischen zwei großen Stundenstrichen gibt es einen längeren Strich für die halbe Stunde, zwei mittellange Striche für die Viertelstunden und feine Striche für die fünf Minuten. Vorausgesetzt, dass die Ablesung nicht schräg erfolgt und der „Bediener" = Ablesende hinreichend erfahren ist, lässt sich die Uhrzeit mit diesem Zeiger fast auf die Minute genau, d. h. mit ± 1 min, ablesen. Bei weniger Erfahrenen wird die maximale Obergrenze für die Abweichung beim Ablesen plus/minus ein Drittel oder ein Halb des Abstandes zwischen den Skalenstrichen betragen.

Abb. 5.2: Analoge Anzeige bei einer Einzeiger-Armbanduhr.

Ähnliches trifft generell bei allen analogen Messinstrumenten mit Skalenteilung zu, wobei die Ablesemessunsicherheit zusätzlich auch noch von den Teilungsstrichbreiten

Tab. 5.3: Schätzwerte für die Toleranz bei der Ablesung analoger Messinstrumente (nach [21, Tab. 4.1]).

Messgröße	Messgerät	Skalenteilung	Fehlergrenzen $\pm\, a$
Länge	Maßstab, Lineal	1 mm	±0,3 … 0,5 mm
	Messschieber mit Nonius	0,1 mm	±0,05 mm
	Messschraube	0,01 mm	±0,005 mm
Temperatur	Glasfieberthermometer	0,1 K	±0,05 K
	Glaslaborthermometer	1 K	±0,5 K
Volumen	Messzylinder	1 ml	±0,5 ml
Zeit	Stoppuhr	0,1 s	±0,05 s
			±0,1 … 0,4 s[a)]

[a)] durch Auslöseunsicherheit bei Handstoppung (siehe Abschn. 25.5)

und der Zeigerbreite abhängt. In Tab. 5.3 sind Beispiele für Messgeräte mit Analoganzeige, wie sie im physikalischen und elektrotechnischen Grundlagenpraktikum immer noch oft vorkommen, zusammengestellt.

Für die Abschätzung der Ablesemessunsicherheit kann man oft davon ausgehen, dass die Wahrscheinlichkeit an der Stelle des abgelesenen Werts – also zwischen den Skalenstrichen – maximal ist und dann zu den Skalenstrichen hin linear abfällt. Außerhalb des Abstands zwischen den zwei ablesbaren Markierungen ist die Wahrscheinlichkeit dann null. Der Einfachheit halber nimmt man für die Wahrscheinlichkeitsdichteverteilung den symmetrischen Fall an, dass der abgelesene Wert genau in der Mitte zwischen den benachbarten Skalenstrichen liegt. Dies führt zu einer Dreiecksverteilung, wie sie in Tab. 6.1, Fall 3, dargestellt ist.

Manchmal geht man hiervon abweichend und noch weiter vereinfachend davon aus, dass die Wahrscheinlichkeit nicht in der Mitte am größten, sondern im gesamten Bereich zwischen den benachbarten Skalenstrichen gleich groß ist. Dann ist entsprechend eine Rechteckverteilung zu verwenden (siehe Tab. 6.1, Fall 2). Dies war im Einführungsbeispiel von **Kap. 2** bei der Messung der Körpergröße im Hinblick auf die Ablesetoleranz y_{Z2} bei der Messung mit dem Zollstock so erfolgt.

5.5 Temperatureinfluss

Viele Messungen finden unter Laborbedingungen statt, wo die Temperatur T Fluktuationen unterliegt oder von der Solltemperatur abweicht. Temperaturabweichungen beeinflussen in der Regel viele Komponenten der Messung (siehe Tab. 4.1), werden aber nicht immer extra überwacht. Trotzdem muss ihr Einfluss auf die Messunsicherheit der Messgröße mit berücksichtigt werden.

Wird die Temperatur nicht extra gemessen, kann man ihren Einfluss abschätzen. Oft kann man davon ausgehen dass die Temperaturänderungen, z. B. durch den Tag- und Nachtzyklus, durch Sonneneinstrahlung oder durch Türöffnen, in einem Bereich von etwa ± 3 K um die Raumtemperatur liegt; in Laboren ± 1 K. Es ist dabei schwierig, eine bestimmte Wahrscheinlichkeitsverteilung der Temperatur anzugeben, so dass man am besten von einer Gleichverteilung ausgehen sollte. Daraus folgt entsprechend Gl. (5.3) für den Messunsicherheitsbeitrag:

$$u(T) = s(T) = \sqrt{\text{Var}(T)} = \frac{a}{\sqrt{3}} \tag{5.8}$$

bzw. für das konkrete Beispiel von ±3 K:

$$u(y) = \sqrt{\text{Var}(y)} = \frac{3\text{K}}{\sqrt{3}} = 1{,}73\text{K}. \tag{5.9}$$

5.6 Grenzabweichungen

Für viele Standardmessinstrumente und –maßverkörperungen gibt es **technische Normen oder einfach Herstellerspezifikationen**, in denen **Höchstwerte für Abweichungen (genannt Fehlergrenzen) der Anzeige** bzw. Ausgabe einer Messeinrichtung vom richtigen Wert festgelegt sind. Herausgeber solcher technischen Normen sind z. B.:

- Nationale Normen: DIN – Deutsches Institut für Normung, VDE – Verband der Elektrotechnik Elektronik Informationstechnik
- Europäische Normen (EN): EU-Richtlinien des Europäischen Parlaments und des Rates, CEN – Committee for Standardization, CENELEG – European Committee for Electrotechnical Standardization, ETSI – European Telecommunications Standards Institute
- Internationale Normen: ISO – International Organization for Standardization, IEC – International Electrotechnical Commission.

Die Normen geben typischerweise den Herausgeber der Norm und das Jahr der letzten Revision an. An der Normnummer lässt sich erkennen, welchen Ursprung eine Norm hat, z. B.:

- DIN (z. B. DIN 5032 Lichtmessung): DIN-Norm, die ausschließlich oder überwiegend nationale Bedeutung hat oder als Vorstufe zu einem übernationalen Dokument veröffentlicht wird.
- DIN EN (z. B. DIN EN 472 Druckmessgeräte – Begriffe): Deutsche Übernahme einer Europäischen Norm. Europäische Normen müssen, wenn sie übernommen werden, unverändert von den Mitgliedern von CEN und CENELEC übernommen werden.
- DIN ISO (z. B. DIN ISO 2768 Allgemeintoleranzen): Unveränderte deutsche Übernahme einer ISO-Norm.
- DIN VDE (z. B. DIN VDE 0404-1 Prüf- und Messeinrichtungen zum Prüfen der elektrischen Sicherheit von elektrischen Geräten - Allgemeine Anforderungen): Normen im Bereich der Elektrotechnik, Elektronik und Informationstechnik, die gemeinsam von DIN und VDE durch die DKE (Deutscher Kalibrierdienst) bearbeitet werden.

Der Einfachheit halber werden wir für die Bezeichnung „Höchstwerte bzw. Grenzwerte für Messabweichungen" die Kurzform **„Grenzabweichungen"** verwenden, wie sie häufig von den Herstellern der Messinstrumente benutzt wird.

In der praktischen Messtechnik gelten die Grenzabweichungen in der Regel als **symmetrische Fehlergrenzen** und sie **werden ohne Vorzeichen angegeben**. Aus den Fehlergrenzen lassen sich dann die Standardabweichungen und Varianzen in analoger Weise wie für die technischen Daten in einem Datenblatt berechnen (**Absch. 5.1**).

In den Tab. 5.4 und 5.5 sind Beispiele für Grenzabweichungen von Strichmaßstäben aus Stahl (Stahllineale) und von Platin-Messwiderständen zusammengestellt. Weitere Beispiele finden sich im Kapitel 25.

Tab. 5.4: Grenzabweichungen von Strichmaßstäben aus Stahl [22].

Gesamtteilungslänge	Form A (Abstand von 5 mm zwischen Stirnfläche und Skalenwert 0)	Form B (Stirnfläche fällt mit dem ersten Teilungsstrich, d. h. dem Skalenwert 0, zusammen)
500 mm; 1000 mm	0,04 mm	0,10 mm
1500 mm; 2000 mm	0,06 mm	0,15 mm
3000 mm	0,08 mm	0,20 mm

Tab. 5.5: Grenzabweichungen von Platin-Messwiderständen [23]. $|t|$ ist der Zahlenwert der Temperatur in °C ohne Berücksichtigung des Vorzeichens.

Klasse	Temperaturbereich		Grenzabweichung
	Drahtgewickelte Widerstände	Dünnschichtmesswiderstände	
AA	−50 °C ... +250 °C	0 ... +150 °C	0,10 °C + 0,0017 ·$|t|$
A	−100 °C ... +450 °C	−30 °C ... +300 °C	0,15 °C + 0,0020 ·$|t|$
B	−196 °C ... +600 °C	−50 °C ... +500 °C	0,30 °C + 0,0050 ·$|t|$
C	−196 °C ... +600 °C	−50 °C ... +600 °C	0,60 °C + 0,0100 ·$|t|$

5.7 Wiederholtes Messen

Wie bereits im Beispiel der Messung der Körpergröße in Abschn. 2.3 erwähnt, lässt man im Praktischen häufig der ersten Messung zur Kontrolle eine zweite und gegebenenfalls noch weitere folgen. Bestätigt sich – im Praktischen natürlich mit einer als sinnvoll betrachteten Toleranz – der gemessene Messwert, dann wird er landläufig als verlässlich betrachtet. Man kann natürlich den Messvorgang auch ganz gezielt viele Male wiederholen, um durch statistische Auswertung den Einfluss zufälliger Prozesse (z. B. durch Rauschen) noch weiter zu verringern. Außerdem kann man aus einer Messreihe Aussagen über den Erwartungswert $E(y)$ der Messgröße, nämlich den arithmetischen Mittelwert, und die Streuung der einzelnen Werte um den Mittelwert gewinnen.

Wir wollen hier folgende Annahmen treffen, die im Praktischen häufig auch gerechtfertigt sind:

- Die Messungen erfolgen unter gleichen Bedingungen. Dies entspricht der Wiederholpräzision von Abschn. 4.4 (siehe auch Tab. 4.2). Die Messwerte gehören damit statistisch gesehen der gleichen Grundgesamtheit an und können somit mit den Methoden der Stochastik ausgewertet werden.
- Wir nehmen an, dass die durch wiederholtes Messen gewonnenen Messwerte normalverteilt sind. Dies ist umso besser erfüllt, je größer die Zahl der Messwerte ist. Der zentrale Grenzwertsatz der Statistik besagt ja, dass sich die Verteilung der Stichprobenmittelwerte mehrerer Stichproben mit wachsendem Stichprobenumfang einer Normalverteilung annähert. Dabei spielt es keine Rolle, welche Verteilung die Messwerte in der Grundgesamtheit haben.
- In der Praxis liegt allerdings immer nur eine endliche Zahl von N Messwerten vor. Dann treten mehr oder weniger große Abweichungen von der Normalverteilung auf und es müsste die Student- oder t-Verteilung angewendet werden [19, 20]. In der Praxis kann man ab 10 Messwerten trotzdem in guter Näherung mit der Normalverteilung arbeiten.

Für die **Normalverteilung** und andere symmetrische Verteilungen ist nun bei N Messwerten der **Mittelwert $\overline{y_i}$** der beste Schätzwert für den Erwartungswert E(y_i):

$$\overline{y_i} = \frac{1}{N} \sum_{j=1}^{N} y_{i,j}. \tag{5.10}$$

Der beste Schätzwert für die Streuung ist die mittlere quadratische Abweichung $s^2(y_i)$ bzw. die Varianz Var(y_i):

$$s^2(y_i) = \text{Var}(y_i) = \frac{1}{N} \sum_{j=1}^{N} (y_{i,j} - \overline{y_i})^2. \tag{5.11}$$

Wegen der Berechnung des Mittelwertes $\overline{y_i}$ in Gl. (5.10) sind in Gl. (5.11) nur noch $N-1$ Abweichungen unabhängig voneinander, so dass die Zahl der statistischen Freiheitsgrade um eins reduziert ist. Aus diesem Grund wird in der Praxis statt der Varianz die sogenannte **empirische Varianz** oder Stichproben-Varianz benutzt:

$$s^2(y_i) = \text{Var}(y_i) = \frac{1}{N-1} \sum_{j=1}^{N} (y_{i,j} - \overline{y_i})^2. \tag{5.12}$$

Je größer die Zahl N der Messwerte ist, desto geringer ist der Unterschied zwischen der Varianz von Gl. (5.11) und der empirischen Varianz von Gl. (5.12).

Nun sagt die in Gl. (5.12) genutzte Standardabweichung $s(y_i)$ nur aus, wie sehr die einzelnen Werte der Stichprobe um ihren Mittelwert streuen. **Allerdings wollen wir nicht wissen, wie sehr die einzelnen Werte der Stichprobe um ihren Mittelwert streuen, sondern wie groß die mittlere Abweichung des Mittelwerts einer Stichprobe vom tatsächlichen Mittelwert der Grundgesamtheit ist.** Diese **mittlere Abweichung des Mittelwerts** $s(\overline{y_i})$ ergibt sich aus $s(y_i)$ über die Beziehung:

$$s(\overline{y_i}) = \frac{s(y_i)}{\sqrt{N}},$$

(5.13)

sodass wir aus Gl. (5.12) erhalten:

$$s^2(\overline{y_i}) = \mathrm{Var}(\overline{y_i}) = \frac{1}{N(N-1)} \sum_{j=1}^{N} (y_{i,j} - \overline{y_i})^2.$$

(5.14)

Der Einfachheit halber werden wir im Folgenden immer stillschweigend die empirischen Streuungen und empirischen Varianzen gemäß Gl. (5.14) verwenden und sie auch nur als Streuungen und Varianzen bezeichnen. Außerdem verzichten wir – wie in den meisten Büchern zur Messunsicherheit üblich – auf die Mittelwertstriche bei $s(\overline{y_i})$ und $\mathrm{Var}(\overline{y_i})$ und schreiben nur $s(y_i)$ und $\mathrm{Var}(y_i)$!

Beispielhaft soll noch einmal unser Beispiel der Messung der Körpergröße aus Kapitel 2 betrachtet werden. Im Fall 3 von Abschn. 2.3 sei die Messung insgesamt 10 mal wiederholt worden. Die konkret abgelesenen Messwerte sind in Tab. 5.6 aufgelistet. Natürlich könnte man prinzipiell die 10 Messwerte in einem Diagramm als Häufigkeitsstatistik zur Veranschaulichung der Wahrscheinlichkeitsdichteverteilung auftragen. Für diese geringe Zahl von Messwerten macht dies jedoch noch wenig Sinn.

Tab. 5.6: Mittelwert und Streuung der Köpergröße bei 10-facher Messung gemäß Beispiel aus Tab. 2.3.

Messwerte $y_{1,j}$ für Körpergröße in cm	Mittelwert $\overline{y_1}$ nach Gl. (5.10)	Empirische Standardabweichung des Einzelwerts nach Gl. (5.12)	Empirische Standardabweichung des Mittelwerts nach Gl. (5.13)
182,3 181,8 182,7 181,7 181,8 182,1 182,8 182,4 182,5 181,9	182,2 cm	0,397 cm	0,126 cm

Der Mittelwert $\overline{y_1}$ für die 10 Messwerte $y_{1,j}$ beträgt entsprechend Gl. (5.10) 182,2 cm, die Standardabweichung $s(y_1)$ beziffert sich auf 0,397 cm (empirische Standardabweichung des Einzelwerts) bzw. 0,126 cm (empirische Standardabweichung des Mittelwerts). Für die Berechnung der Messunsicherheit interessiert uns nur der letztere Wert!

6 Vorgehen bei der Ermittlung der Messunsicherheit

6.1 Allgemeiner Berechnungsablauf

Zum Ende von Abschn. 4.5 hatten wir einige Feststellungen getroffen, die wir hier noch einmal wiederholen wollen. Sie sind die Grundlage dafür, wie wir beim Ermitteln der Messunsicherheit vorgehen wollen:

- Der wahre Wert der Messgröße x ist grundsätzlich unbestimmbar und muss deshalb geschätzt werden. Der beste Schätzwert berechnet sich mit dem Messmodell aus den besten Schätzwerten aller Einflussgrößen y_i (vgl. Abb. 4.3).
- Zur Bestimmung der Messunsicherheit $u(x)$ werden die Varianzen $\mathrm{Var}(y_i)$ als Streuungsmaß aller Einflussgrößen y_i, d. h. des Messwertes y und der Störgrößen z_i, verwendet (vgl. Abb. 4.4).
- Die kombinierte Messunsicherheit $u_c(x)$ ist das Maß für die Unsicherheit der Messgröße x. Sie ist ein nichtnegativer Parameter, die der Messgröße auf der Grundlage der benutzten, unvollkommenen Informationen beigeordnet wird.
- Die Gesamt- (kombinierte) Varianz $\mathrm{Var}(x)$ der Messgröße x ist die Summe aller Einzelvarianzen $\mathrm{Var}(x(y_i))$ der Einflussgrößen y_i, d. h., dass sich die Teilvarianzen linear addieren.
- Die kombinierte Messunsicherheit $u_c(x)$ der Messgröße ergibt sich aus der Wurzel der Gesamtvarianz.
- Sind Einflussgrößen korreliert, ist die Summe der Varianzen um die betreffenden Kovarianzen zu ergänzen.
- Technische Bedeutung hat die erweiterte Messunsicherheit $U(x) = k \cdot u_c(x)$, bei der die kombinierte Messunsicherheit $u_c(x)$ mit einem Erweiterungsfaktor k multipliziert wird. Der Wert des Erweiterungsfaktors k steht für eine bestimmte Vertrauenswahrscheinlichkeit, mit der der Messwert x im Bereich $\pm k u_c$ um den besten Schätzwert für die Messgröße x liegt.

Daraus leiten sich die folgenden **6 Schritte** ab, mit denen wir den wahrscheinlichsten Wert für die Messgröße und die beigeordnete Messunsicherheit bestimmen (i. Allg. als **6 Schritte zur Bestimmung der Messunsicherheit** bezeichnet) [24]:

1.	Darlegen der Kenntnisse über die Messung und die beteiligten Eingangsgrößen,
2.	Modellieren der Messung,
3.	Bewerten der relevanten Eingangsgrößen: zugeordnete Messunsicherheiten,
4.	Kombinieren der Erwartungswerte und Standardunsicherheiten,
5.	Bestimmen der erweiterten Messunsicherheit,
6.	Angeben und Bewerten des vollständigen Messergebnisse.

https://doi.org/10.1515/9783110500264-006

Dieses Vorgehen entspricht dem im GUM (Guide to the Expression of Uncertainty in Measurement) [6] vorgeschlagenen Procedere, wobei dort – so wie in einigen anderen Publikationen zur Bestimmung der Messunsicherheit auch – die Zahl und die Einteilung der Schritte etwas anders ist.

Abb. 6.1 illustriert noch einmal das Vorgehen in den sechs Schritten, wie wir es hier in diesem Buch im Weiteren einheitlich verwenden werden.

Der rechte Teil von Abb. 6.1 beschäftigt sich mit der Ermittlung des Erweiterungsfaktors k, mit dem das Streuungsmaß „kombinierte Messunsicherheit" u_c in ein technisch sinnvolles Streuungsmaß – die erweiterte Messunsicherheit U – überführt wird:

- Der GUM selbst empfiehlt Werte für den Erweiterungsfaktor zwischen 2 und 3 [6].
- Für übliche Messaufgaben wird meistens ein Wert $k = 2$ verwendet. Diese Vorgehensweise ist naheliegend, wenn für den Messvorgang Normalverteilungen angenommen werden können. Dann entspricht dies einem 2σ-Vertrauensintervall mit einer Wahrscheinlichkeit von 95,45 % (siehe Tab. 4.3).
- Für Messaufgaben mit höheren Sicherheitsanforderungen können größere Erweiterungsfaktoren k verwendet werden, z. B. 3 oder 4.

Für andere Verteilungen, z. B. Rechteckverteilungen, und für wiederholte Messungen mit sehr kleiner Anzahl von Messwerten von unter 10, wenn die Studentverteilung von der Normalverteilung zu stark abweicht, ergeben sich für Vertrauenswahrscheinlichkeiten von 95,45 % andere k-Werte als 2. In letzterem Fall ist das dadurch verursacht, dass der statistische Freiheitsgrad v nicht unendlich, sondern sehr klein ist. Dieser Fall kommt in der Praxis recht selten vor und wird deshalb separat im **Kap. 8** abgehandelt.

Dieses standardisierte Vorgehen, wie es vom GUM vorgeschlagen wurde und wie es in Abb. 6.1 gezeigt ist, weist gegenüber früheren bzw. anderen Ansätzen eine Reihe von Vorteilen auf:

- Das Verfahren beruht auf einer einheitlichen, probabilistischen (wahrscheinlichkeitsbasierten) Beschreibung von Kenntnissen über die Messung und die relevanten Einflussgrößen.
- Es schließt die systematische und konsistente Behandlung jeglicher Kenntnisse, auch von nichtstatistischer Information, ein.
- Es verwendet ein deterministisches mathematisches Modell der Auswertung (Messmodell), um alle am Messprozess beteiligten Größen einschließlich der Ergebnisgröße und der Stör- bzw. Einflussgrößen zu verknüpfen.
- Es ermöglicht ein konsistentes, schrittweises Verfahren zur Bewertung und Angabe der Messunsicherheit.
- Es ermöglicht, dass die ermittelten besten Schätzwerte für die Messgröße und deren Messunsicherheit sich direkt weiter verwenden lassen, wenn der Sensor oder das Messgerät selbst Teil eines übergeordneten Messsystems oder –aufbaus werden.

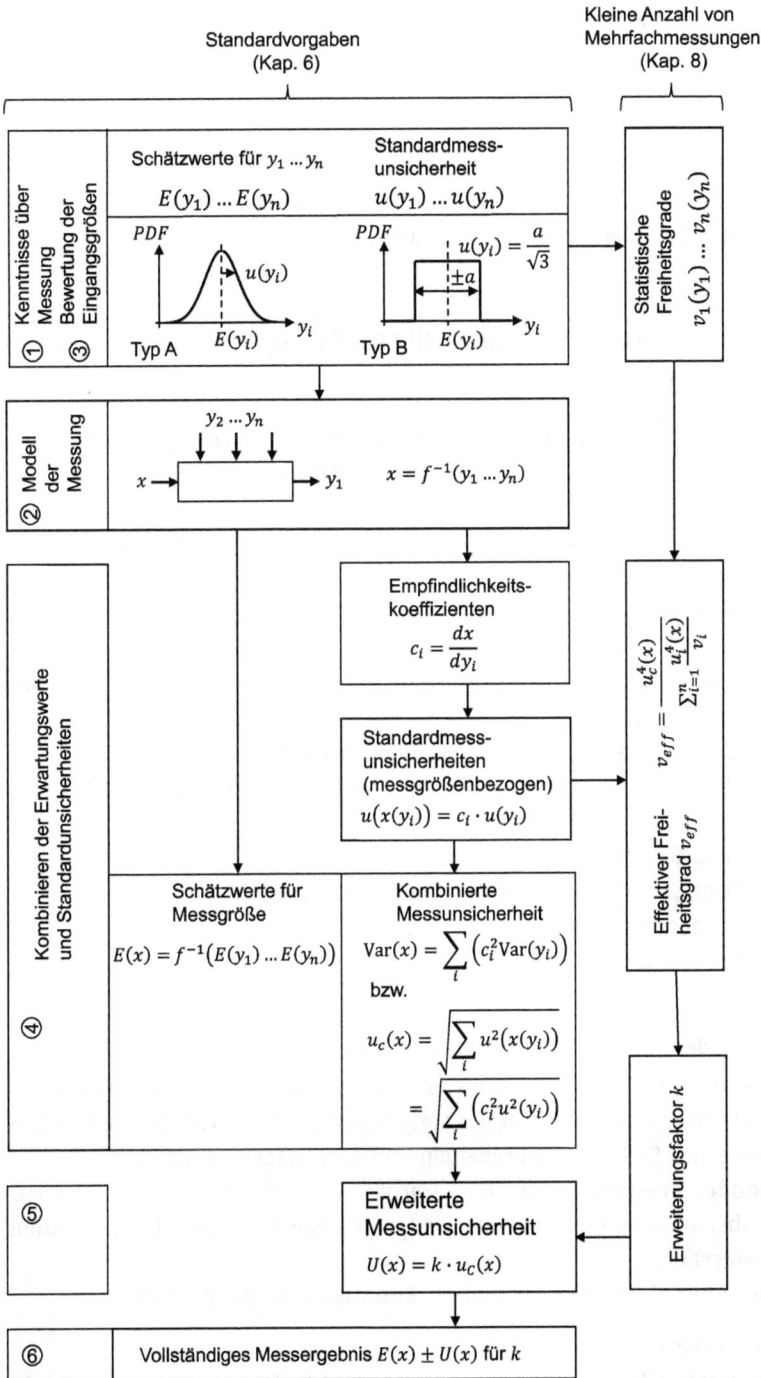

Abb. 6.1: Vorgehen zum Bestimmen des besten Schätzwerts für die Messgröße und deren Messunsicherheit [24, 14].

– Durch seinen systematische Aufbau eröffnet es außerdem die Möglichkeit zu einer relativ einfachen computergestützten Messunsicherheitsberechnung, wie sie beispielhaft im **Kap. 9** vorgestellt wird..

Im Folgenden sollen nun die oben genannten sechs Schritte zur Bestimmung der Messunsicherheit im Einzelnen behandelt werden. Dazu wollen wir noch einmal das **Beispiel der Messung der Körpergröße** von **Abschn. 2.3** nutzen.

6.2 Darlegen der Kenntnisse über die Messung und die beteiligten Eingangsgrößen

Wichtige darzulegende Kenntnisse über den Messprozess sind (siehe Abschn. 3.2):
– die Messaufgabe mit der zu messenden Größe und dem Messwert,
– die Messmethode,
– das zugrunde liegende Messprinzip, d. h. die physikalische Basis der Messung,
– eine sinnvolle Aufgliederung in funktionale Bestandteile, wie z. B. Einflussgrößen, Übertragungs- und Wandler-Elemente sowie Anzeigen und Signalausgaben.

Die konkrete Ausgestaltung des Messverfahrens kann z. B. mit einer Skizze in Form einer Messkette verdeutlicht werden.
Kenntnisse können unterschiedlichen Quellen entstammen:
– Ergebnisse direkter Messungen (einmalig oder wiederholt, siehe Abschn. 5.7),
– Herstellerangaben (siehe Abschn. 5.1),
– Werte aus Kalibrier-/Prüfscheinen (siehe Abschn. 5.2),
– Erfahrungswerte, subjektive Bewertungen (siehe z. B. Abschn. 5.3, 5.4),
– Ergebnisse vorangegangener Auswertungen,
– Tabellen- oder Literaturwerte.

Beispiel Messung der Körpergröße (siehe Kap. 2):
Messaufgabe: Es soll die Körpergröße einer Person ermittelt werden. Unter Körpergröße x wird dabei die Körpergröße des ausgeruhten Menschen am Morgen als Längendifferenz zwischen Fußsohle und Scheitelpunkt des Schädels verstanden.
Messmethode, Messprinzip: Die Körpergröße wird mittels eines Holzzollstocks (Gliedermaßstabs) durch direkte Messung der Länge gemessen (Abb. 2.1). Die Messung wird 10 mal wiederholt.
Kenntnisse über die Messgröße und die beteiligten Eingangsgrößen:

Wiederholte Messung:
– Die 10 Messwerte y_1 für die 10 Messungen mit dem Gliedermaßstab sind in Tab. 5.6 aufgeführt. Der Mittelwert aller dieser 10 Messungen beträgt 182,2 cm, die Standardabweichung $s(y_1)$ 0,126 cm.

Messobjekt:
- Die Messung erfolgt nachmittags. Da sich die Körpergröße x im Laufe des Tages durch die Belastung der Bandscheiben und die Schwerkraft um bis zu 3 cm verringert, wird die Körpergröße früh größer sein als nachmittags. Diese tageszeitabhängige Abweichung y_t am Nachmittag gegenüber dem Wert am Morgen wird etwa 2/3 der maximal zu erwartenden Verringerung am Abend (negatives Vorzeichen!) von 3 cm sein, also ca. −2 cm. Dieser Wert ist natürlich unsicher, da wir ihn nicht gemessen haben. Wir können aber in guter Näherung davon ausgehen, dass er im Bereich zwischen −1 cm und −3 cm liegt. Die tageszeitabhängige Abweichung y_t wird also im Bereich (−2 ± 1) cm liegen.
- Die Dicke S der Schuhsohlen wurde nicht gemessen. Wir müssen ihn also schätzen: (2 ± 1/2) cm.
- Die Dicke H des Kopfhaars wird ebenfalls aus dem visuellen Eindruck abgeschätzt: (1 ± 1/2) cm.

Messinstrument:
- Der verwendete Gliedermaßstab fällt entsprechend der europäische Richtlinie 2014/32/
  EU [12] in die Genauigkeitsklasse 3 (Holz, Kunststoff). Für eine Zollstocklänge von 2 m beträgt die Grenzabweichung (siehe Abschn. 5.5) bzw. maximale Messtoleranz y_{Z1} dann (0 ± 1,4) mm bzw. (0 ± 0,14) cm. Die maximale Messtoleranz y_{Z1} bewirkt keine Verfälschung der Körpergröße x, hat also einen Erwartungswert von Null.
- Die Skala des Gliedermaßstabs hat eine Millimetereinteilung. Die Ablesetoleranz y_{Z2} beträgt damit (0 ± 0,5) mm bzw. (0 ± 0,05) cm. Auch die Ablesetoleranz y_{Z2} bewirkt keine Verfälschung der Körpergröße x, so dass der Erwartungswert wieder Null ist.

Messumgebung:
- Der Einfluss der Umgebungsbedingungen wird als vernachlässigbar eingeschätzt. Signifikante Temperatureinflüsse sind nicht erkennbar.

Beobachter:
- Da der Beobachter etwas kleiner als die Person ist, von der die Körpergröße bestimmt wird, schaut er schräg auf den Zollstock. Der Betrachtungswinkel φ wird zu 10° ± 5° abgeschätzt.
- Der Wandabstand d zwischen höchstem Punkt des Kopfes und dem Zollstock beträgt etwa 10 cm, wobei der Wert um ±1 cm schwanken dürfte.

6.3 Modellieren der Messung

Der Messwert y als Ergebnis der Messung beinhaltet die im Messprozess gesuchten Informationen über die Messgröße x, wird aber auch durch eine Reihe von Störgrößen

z_i beeinflusst. Die mathematische Beziehung zwischen allen diesen Größen, von denen man weiß, dass sie an einer Messung beteiligt sind, ist das sogenannte Modell der Messung. Die Messfunktion f beschreibt die Ursache-Wirkungskette, also den Einfluss der Messgröße x und der Einflussgrößen $z_1 \ldots z_N$ auf den Ablesewert y:

$$y = f(x, z_i, \ldots, z_N). \tag{6.1}$$

Es ist Ziel der Messung, mit Hilfe des mathematischen Modells aus dem Ablesewert y auf die Messgröße x rückzuschließen. Diese erhält man aus der Wirkung-Ursachenkette, d. h. aus der invertierten Messfunktion f^{-1}:

$$x = f^{-1}(y, z_1, \ldots, z_N). \tag{6.2}$$

Verallgemeinert können wir den Ablesewert y und die Störgrößen z_i, über die wir ja gewisse – wenn auch unzureichende – Kenntnisse haben, als Einflussgrößen y_i zusammenfassen. Damit ergibt sich aus Gl. (6.2) für das Modell der Messung:

$$x = f^{-1}(y_1, \ldots, y_n). \tag{6.3}$$

In der Praxis lehnt sich die Modellbildung an die des Anwendungsgebietes für die Messung an, läuft also z. B. über geometrische Beziehungen, im Bereich der mechanischen Messgrößen über Kräftegleichgewichte oder bei elektrischen Schaltungen über die Anwendung der Kirchhoff'schen Regeln.

Prinzipiell erfordert die Modellbildung ein grundlegendes physikalisch-technisches Verständnis der Messaufgabe, um den Ursache-Wirkungszusammenhang einer Messung zu erkennen und diesen dann zur Messgleichung zu invertieren.

Beispiel Messung der Körpergröße (siehe Kap. 2):
Aus Abb. 2.1 erkennen wir:
– Der Ablesewert y ist größer als die zu bestimmende Köpergröße x, und zwar um die Dicke S der Schuhsohlen, die Dicke H des Kopfhaars und den Ablesefehler infolge des geneigten Blickwinkels φ.
– Dieser Ablesefehler y_φ ergibt sich aus dem Blickwinkel φ und dem Wandabstand d:

$$y_\varphi = d \cdot \tan \varphi \tag{6.4}$$

– Außerdem ist die tageszeitabhängige Abweichung y_t zu korrigieren.
– Zusätzlich müssen die Messtoleranz y_{Z1} und die Ablesetoleranz y_{Z2} einbezogen werden, deren Erwartungswerte zwar Null betragen, die aber Toleranzbeiträge verursachen, die die Gesamtmessunsicherheit vergrößern.

Im konkreten Fall ergibt sich aus diesen Zusammenhängen die folgende geometrische Beziehung:

$$y = x + y_\mathrm{t} + S + H + d \cdot \tan \varphi + y_\mathrm{Z1} + y_\mathrm{Z2}. \qquad (6.5)$$

Bei der Messtoleranz y_Z1 und der Ablesetoleranz y_Z2 könnte in Gl. (6.5) statt des Pluszeichens auch ein Minuszeichen gewählt werden, weil der Erwartungswert ja Null ist. Trotzdem müssen wir beide unbedingt im Modell berücksichtigen, da beide mit einer Unsicherheit behaftet sind. Die Umformung von Gl. (6.5) nach x liefert uns das Modell der Auswertung für den gesuchten Wirkungs-Ursache-Zusammenhang:

$$x = y - y_\mathrm{t} - S - H - d \cdot \tan \varphi - y_\mathrm{Z1} - y_\mathrm{Z2}. \qquad (6.6)$$

6.4 Bewerten der relevanten Eingangsgrößen: zugeordnete Messunsicherheiten

Die dritte Teilaufgabe des Vorgehens betrifft die quantitative Bewertung der Kenntnisse zu den relevanten Eingangsgrößen y_1 bis y_n in unserer Modellgleichung (6.3). Ziel ist die Zuweisung jeweils
- eines **Erwartungswertes E(y_i)** (Mittelwert), der uns den besten Schätzwert für den unbekannten wahren Wert liefert, und
- einer **diesem zugeordneten Standardmessunsicherheit $u(y_i)$**, die als Streuungsparameter die eingeschränkte Kenntnis der entsprechenden Einflussgröße beschreibt.

Dabei lassen sich gemäß Tab. 6.1 **drei Fälle** unterscheiden, wobei in allen Fällen Wahrscheinlichkeitsdichteverteilungen zugrunde gelegt werden, aus denen dann die Schätzwerte für den Erwartungswert E(y_i) und die zugeordnete Standardmessunsicherheit $s(y_i)$ bzw. die Varianz Var(y_i) $= s^2(y_i)$ gewonnen werden. Der GUM selbst unterscheidet insbesondere, ob **die Kenntnisse statistischer oder nichtstatistischer Art sind**, also nach **Typ A** oder **Typ B**. Praktisch bedeutsam ist die Frage, **welche Wahrscheinlichkeitsdichteverteilung** auftritt. Große Bedeutung haben die folgenden Wahrscheinlichkeitsdichteverteilungen [24, 20]:
- **Student-** bzw. **t-Verteilung**: Diese tritt häufig bei Messreihen mit begrenzter Anzahl N an Messwerten auf. Sie ist der Normalverteilung sehr ähnlich und geht für $N \to \infty$ in diese über. Für mehr als 10 Messwerte kann man in guter Näherung die Studentverteilung als **Normalverteilung** betrachten (Fall 1 in Tab. 6.1). Bei kleinerer Anzahl von Messwerten ist der Bereich, in dem der Erwartungswert mit einer bestimmten Wahrscheinlichkeit liegt, deutlich größer als bei einer Normalverteilung, der Wert also unsicherer. Aus diesem Grund muss dies später bei der Bestimmung des Erweiterungsfaktors k für die Berechnung der erweiterten Messunsicher-

Tab. 6.1: Kenntnisse über Einflussgrößen und Bestimmung des Erwartungswerts und der Streuungsmaße Standardmessunsicherheit $s(y_i)$ bzw. Varianz $\mathbf{Var}(y_i) = s^2(y_i)$.

Typ nach GUM	Fall	Wahrscheinlichkeitsverteilung	Erwartungswert, Streuungsmaße
Typ A: Kenntnisse statistischer Art	1. Messreihe mit N Messwerten (siehe Abschnitt 5.7)	Normalverteilung	$E(y_i) = \bar{y_i} = \dfrac{1}{N}\displaystyle\sum_{j=1}^{N} y_{ij}$ (6.7) $s^2(y_i) = \text{Var}(y_i) = \dfrac{1}{N(N-1)}\displaystyle\sum_{j=1}^{N}(y_{ij} - \bar{y_i})^2$ (6.8)
	2. Kenntnis unterer und oberer Grenzen a_+ und a_-, (siehe Abschnitte 5.1, 5.4, 5.5, 5.6)	Rechteckverteilung	$E(y_i) = \dfrac{a_+ - a_-}{2}$ (6.9) $s^2(y_i) = \text{Var}(y_i) = \dfrac{\sigma^2}{3} = \dfrac{(a_+ - a_-)^2}{12}$ (6.10) bzw. $s(y_i) = \dfrac{a}{\sqrt{3}} = \dfrac{a_+ - a_-}{\sqrt{12}}$ (6.11)
Typ B: Kenntnisse nicht-statistischer Art	3. Messwerte dicht gedrängt um Erwartungswert (siehe Abschnitt 5.3)	Dreieckverteilung	$E(y_i) = \dfrac{a_+ - a_-}{2}$ (6.12) $s^2(y_i) = \text{Var}(y_i) = \dfrac{\sigma^2}{6} = \dfrac{(a_+ - a_-)^2}{24}$ (6.13) bzw. $s(y_i) = \dfrac{a}{\sqrt{6}} = \dfrac{a_+ - a_-}{\sqrt{24}}$ (6.14)
	4. Angaben im Kalibrierschein (siehe Abschnitt 5.2)	Normalverteilung z.B. $P = 95\,\%$	$E(y_i)$ $u(y_i) = \dfrac{U(y_i)}{k} = s(y_i) = \sqrt{\text{Var}(y_i)}$ (6.15)

heit (Abschn. 6.6) berücksichtigt werden. Das passiert auf der Basis des statistischen Freiheitsgrads v, der sich aus der Anzahl N der Messwerte ergibt:

$$v = N - 1. \tag{6.16}$$

Wegen der Berechnung des Mittelwertes $\overline{y_i}$ in Gl. (6.7) sind für die Berechnung der Standardabweichung $s(y_i)$ bzw. der Varianz $\mathrm{Var}(y_i)$ nur noch $N - 1$ Abweichungen unabhängig voneinander. Die Zahl der statistischen Freiheitsgrade ist damit um eins reduziert. Aus diesem Grund wird in der Praxis die sogenannte **empirische Varianz** benutzt, wie sie in Gl. (6.8) definiert ist. Wir werden im Folgenden deshalb bei wiederholten Messungen unter der Varianz immer die empirische Varianz verstehen.

– **Normalverteilung:** Normalverteilungen können angenommen werden, wenn wir Messreihen mit einer großen Anzahl N an Messwerten (Fall 1 in Tab. 6.1) haben oder wir Angaben nutzen, die auf eine Normalverteilung bezogen wurden (z. B. in Kalibrierscheinen: Fall 4 in Tab. 6.1). In letzterem Fall wird häufig eine erweiterte Unsicherheit $U(y_i)$ entsprechend Gl. (6.15) angegeben, aus der über den Erweiterungsfaktor k dann die einfache bzw. kombinierte Messunsicherheit (häufig $k = 2$ für eine Überdeckungswahrscheinlichkeit von 95,45 % gemäß Tab. 4.3) bestimmt werden muss.

– **Rechteckverteilung:** Häufig ist in praktischen Fällen nur ein Bereich mit einer unteren und einer oberen Grenze bekannt, in dem die Einflussgröße liegt (Fall 2 in Tab. 6.1). Dies können z. B. Angaben in Datenblättern (siehe Abschn. 5.1), Grenzabweichungen, die in technischen Normen definiert sind (siehe Abschn. 5.5), oder abgeschätzte Abweichungen von Störgrößen (siehe Abschn. 5.4) sein. Alle Messabweichungen in diesem Bereich sind dann gleich wahrscheinlich. Für den Erwartungswert und die Streuungsmaße ergeben sich dann die Beziehungen gemäß den Gln. (6.9) bis (6.11).

– **Dreieckverteilung** (Fall 3 in Tab. 6.1): Sie wird dort angewendet, wo vermutet wird, dass die Messwerte um den Erwartungswert besonders dicht gedrängt liegen. Dies betrifft insbesondere das Ablesen bei analogen Anzeigeinstrumenten. $2a$ ist dabei der Abstand zwischen zwei ablesbaren Markierungen.

In seltenen Fällen können noch andere Wahrscheinlichkeitsdichteverteilungen auftreten:

– **U-förmige Verteilungen** treten z. B. für die Verteilung des Phasenwinkels im Bereich $-\pi \ldots +\pi$ bei sinusförmigen Funktionen auf (siehe das Beispiel in Kap. 16: sinusförmige Abweichung der Temperatur des Endmaßes von der Bezugstemperatur).

– **Trapezverteilungen** entstehen, wenn eine Größe aus der Summe oder Differenz zweier Größer, die durch rechteckförmige Verteilungen charakterisiert sind, entsteht.

Die beiden letzteren Verteilungen treten sehr selten auf, so dass sie im Rahmen dieses Buches nicht separat behandelt werden.

Beispiel Messung der Körpergröße (siehe Kap. 2):
In Tab. 2.3 waren alle bekannten Informationen zu den Einflussgrößen bei der Messung der Körpergröße zusammengestellt worden. Tabelle 6.2 zeigt nun zusätzlich, welcher Art die Informationen sind und wie die jeweiligen Erwartungswerte sowie die zugehörigen Messunsicherheiten berechnet werden.

Tab. 6.2: Berechnung der Erwartungswerte und der Messunsicherheiten für die Einflussgrößen beim Messen der Körpergröße (vgl. Tab. 2.3).

y_i	Einflussgröße	Typ nach GUM	Fall nach Tab. 6.1	Erwartungswert/ Mittelwert $E(y_i)$	Toleranzband $\pm a(y_i)$	Standardabweichung $s(y_i)$	Messunsicherheit $u(y_i)$: $a(y_i)/\sqrt{3}$ oder $s(y_i)$	Berechnet mit Gl.
y_1	Abgelesener Messwert y	A	1	182,2 cm		0,126 cm	0,126 cm	(6.8)
y_2	Tageszeitabhängige Abweichung y_t	B	2	−2 cm	±1 cm		0,577 cm	(6.11)
y_3	Dicke S der Schuhsohlen	B	2	2 cm	±0,5 cm		0,289 cm	(6.11)
y_4	Dicke H des Kopfhaars	B	2	1 cm	±0,5 cm		0,289 cm	(6.11)
y_5	Betrachtungswinkel φ	B	2	$\pi/18$	$\pm\pi/36$		0,050	(6.11)
y_6	Messtoleranz y_{Z1}	B	2	0	±0,14 cm		0,081 cm	(6.11)
y_7	Ablesetoleranz y_{Z2}	B	2	0	±0,05 cm		0,029 cm	(6.11)
y_8	Wandabstand d	B	2	10 cm	±1 cm		0,577 cm	(6.11)

6.5 Kombinieren der Erwartungswerte und Standardunsicherheiten

6.5.1 Unkorrelierte Einflussgrößen

Ziel dieser Teilaufgabe ist, aus den Erwartungswerten $E(y_i)$ und den Messunsicherheiten $u(y_i)$ bzw. Varianzen $\mathrm{Var}(y_i) = u^2(y_i)$ aller betrachteten Einflussgrößen y_i den Erwartungswert $E(x)$ und die Messunsicherheit $u(x)$ der Messgröße zu bestimmen. Dies erfolgt für die beiden Kennwerte folgendermaßen:

- Der Erwartungswert $E(x)$ der Messgröße berechnet sich entsprechend dem Modell der Messung von Gl. (6.3) aus den Erwartungswerten $E(y_i)$ aller beteiligten Einflussgrößen:

$$E(x) = f^{-1}(E(y_1), \ldots, E(y_n)).$$

(6.17)

- Die kombinierte Varianz $\mathrm{Var}(x)$ der Messgröße x ergibt sich aus der gewichteten Summe der Varianzen $\mathrm{Var}(y_i) = u^2(y_i)$ aller betrachteten Einflussgrößen y_i:

$$\mathrm{Var}(x) = \sum_i \left[\left(\frac{\partial x}{\partial y_i} \right)^2 \mathrm{Var}(y_i) \right] = \sum_i [c_i^2 \cdot \mathrm{Var}(y_i)] = \sum_i [c_i^2 \cdot u^2(y_i)].$$

(6.18)

Die Gewichtung erfolgt dabei über die Sensitivitätskoeffizienten:

$$c_i = \frac{\partial x}{\partial y_i}.$$

(6.19)

Die Bedeutung der Sensitivitätskoeffizienten lässt sich an einem einfachen Beispiel verdeutlichen: Hat man Bargeld in Euro und US-Dollar und will den Gesamtbesitz in Euro ausdrücken, muss der Dollaranteil in Euro umgerechnet werden. Der Umrechnungsfaktor von Dollar in Euro entspricht dann dem Sensitivitätskoeffizienten.

Da sich die Sensitivitätskoeffizienten auf die Unsicherheitsbeiträge $u(y_i)$ beziehen, müssen sie bei der Addition der Varianzen natürlich quadratisch berücksichtigt werden.

Da die Varianzen die Quadrate der Standardunsicherheiten u sind, lässt sich Gl. (6.18) äquivalent auch so schreiben:

$$u_c(x) = \sqrt{\sum_i \left[\left(\frac{\partial x}{\partial y_i} \right)^2 u^2(y_i) \right]} = \sqrt{\sum_i [c_i^2 u^2(y_i)]} = \sqrt{\sum_i [c_i^2 \, \mathrm{Var}(y_i)]}.$$

(6.20)

u_c heißt dann die **kombinierte Messunsicherheit**, weil sie den Einfluss aller Messunsicherheitsbeiträge auf die Messgröße x kombiniert.

Beispiel Messung der Körpergröße (siehe Kap. 2):

Mit dem Modell der Auswertung für den gesuchten Wirkungs-Ursache-Zusammenhang von Gl. (6.6) lassen sich nun für die Werte aus Tab. 6.2 der Erwartungswert und die kombinierte Messunsicherheit bestimmen.

Der beste Schätzwert für die Körpergröße x am Tagesbeginn ergibt sich zu:

$$x = y - y_t - S - H - d \cdot \varphi - y_{Z1} - y_{Z2} = \left(182{,}2 + 2 - 2 - 10\frac{\pi}{18} - 1{,}8 - 0 - 0 \right) \mathrm{cm} = 179{,}456 \, \mathrm{cm}$$

(6.21)

Die kombinierte Messunsicherheit berechnet sich zu:

$$
\begin{aligned}
u_c(x) &= \sqrt{\left(0{,}016 + 0{,}333 + 0{,}084 + 0{,}084 + \frac{(10 \cdot \pi/36)^2}{3} + 0{,}006 + 0{,}001 + \frac{(1 \cdot \pi/18)^2}{3} \right) \mathrm{cm}^2} \\
&= \sqrt{(0{,}016 + 0{,}333 + 0{,}084 + 0{,}084 + 0{,}254 + 0{,}006 + 0{,}001 + 0{,}010) \mathrm{cm}^2} \\
&= \sqrt{0{,}788\,\mathrm{cm}^2} = 0{,}887\,\mathrm{cm}.
\end{aligned}
\tag{6.22}
$$

Die kombinierte Messunsicherheit $u_c(x)$ lässt sich aber auch einfach aus Tab. 6.2 ermitteln, indem die Quadrate der Messunsicherheitsbeiträge $u(y_i)$ addiert werden und aus der Summe die Wurzel gezogen wird. Dies ist in Tab. 6.3 verdeutlicht.

Tab. 6.3: Berechnung der Erwartungswerte und der Messunsicherheiten für die Einflussgrößen beim Messen der Körpergröße (vgl. Tab. 2.3).

y_i	Einflussgröße	Messunsicher-heit $u(y_i)$	Sensitivitäts-koeffizient c_i	$c_i^2 u^2(y_i)$
y_1	Abgelesener Messwert y	0,126 cm	1	0,016 cm^2
y_2	Tageszeitabhängige Abweichung y_t	0,577 cm	1	0,333 cm^2
y_3	Dicke S der Schuhsohlen	0,289 cm	1	0,084 cm^2
y_4	Dicke H des Kopfhaars	0,289 cm	1	0,084 cm^2
y_5	Betrachtungswinkel φ	$(\pi/36)/\sqrt{3} =$ 0,050	10 cm	0,254 cm^2
y_6	Messtoleranz y_{Z1}	0,081 cm	1	0,006 cm^2
y_7	Ablesetoleranz y_{Z2}	0,029 cm	1	0,001 cm^2
y_8	Wandabstand d	0,577 cm	$\pi/18$	0,010 cm^2
x	**Körpergröße**	$u_c(x) = \mathbf{0{,}887\,cm}$	$u_c^2(x) = \sum_i [c_i^2 u^2(y_i)] = 0{,}788\,\mathrm{cm}^2$	

6.5.2 Korrelierte Einflussgrößen

In den Gln. (6.18) und (6.20) wurde vorausgesetzt, dass die Messungen unabhängig voneinander sind. In der Praxis sind Mess- und Einflussgrößen aber oft über den Umweg gemeinsam genutzter Messgeräte, Normale oder Messverfahren korreliert. Das Gleiche tritt auf, wenn die Größen vom selben verwendeten, nicht stabilisierten Netzgerät beeinflusst werden. In diesem Fall müssen die beiden Gleichungen um die erforderlichen Korrelationsterme erweitert werden:

$$
\begin{aligned}
\mathrm{Var}(x) = u_c^2(x) &= \sum_{i=1}^{n} c_i^2 \,\mathrm{Var}(y_i) + 2 \sum_{i=1}^{n-1} \sum_{j=i+1}^{n} c_i c_j \,\mathrm{Cov}(y_i, y_j) \\
&= \sum_{i=1}^{n} c_i^2 u^2(y_i) + 2 \sum_{i=1}^{n-1} \sum_{j=i+1}^{n} c_i c_j u(y_i, y_j)
\end{aligned}
$$

$$= \sum_{i=1}^{n} c_i^2 u^2(y_i) + 2 \sum_{i=1}^{n-1} \sum_{j=i+1}^{n} c_i c_j u(y_1) u(y_j) r(y_i, y_j). \qquad (6.23)$$

In dieser Gleichung stellt der jeweils erste Term die bekannte **kombinierte Varianz** und der zweite die **Kovarianz** $\text{Cov}(y_i, y_j) = u(y_i, y_j)$ der korrelierten Größen y_i und y_j dar. Die Kovarianz zwischen zwei Größen y_i und y_j berechnet sich bei N Wiederholmessungen folgendermaßen:

$$\text{Cov}(y_i, y_j) = u(y_i, y_j) = u_{i,j} = \frac{1}{N(N-1)} \sum_{k=1}^{N} (y_{i,k} - \overline{y_i})(y_{j,k} - \overline{y_j}). \qquad (6.24)$$

Hier sind $\overline{y_i}$ und $\overline{y_j}$ die Mittelwerte der beiden Größen y_i und y_j.

Sind die Größen unabhängig voneinander, ist $u(y_i, y_j) = 0$. Wird y_i mit wachsendem y_j größer, ist $u_{i,j}$ positiv, ansonsten negativ. Die Kovarianz gibt allerdings primär nur Auskunft über die Richtung eines Zusammenhangs, nicht über die Stärke der Korrelation. Dafür eignet sich der **Korrelationskoeffizient** $r(y_i, y_j)$, wie er im letzten Teil der Gleichung (6.23) bereits eingeführt wurde:

$$r(y_i, y_j) = \frac{u(y_1, y_2)}{u(y_i) u(y_j)}. \qquad (6.25)$$

r kann Werte zwischen -1 und $+1$ annehmen. Sind die Größen unabhängig voneinander, dann ist $r = 0$. Wird y_i mit wachsendem y_j größer, ist r wiederum positiv, ansonsten negativ. Ist $r = 1$, erhält man z. B. für zwei Einflussgrößen y_1 und y_2 (d. h. $n = 2$) aus Gl. (6.23) den besonderen Fall:

$$u_c^2(x) = c_1^2 u^2(y_1) + c_2^2 u^2(y_2) + 2 c_1 c_2 u(y_1) u(y_2) = [c_1 u(y_1) + c_2 u(y_2)]^2 \qquad (6.26)$$

bzw.

$$u_c(x) = c_1 u(y_1) + c_2 u(y_2). \qquad (6.27)$$

Hier addieren sich die Standardmessunsicherheiten $u(y_1)$ und $u(y_2)$ – verursacht durch die „maximale" Korrelation zwischen diesen beiden Einflussgrößen – nicht quadratisch, sondern linear zur kombinierten Messunsicherheit $u_c(x)$. Diese lineare Addition der Standardmessunsicherheiten ist eine logische Folgerung aus der Tatsache, dass sich systematische Messabweichungen linear addieren.

Wie können die Korrelationskoeffizienten bestimmt werden?
- Mittels statistischer Analyse aus Experimenten gemäß Gl. (6.24).
- Verwendung von Erfahrungswerten: Werden zwei Eingangsgrößen mit demselben Messgerät gemessen, kann der Fall auftreten, dass die entsprechenden Abweichungen vollständig korreliert sind, d. h. es ist $r(y_i, y_j) = 1$. Dann hätten wir es mit systematischen Abweichungen zu tun.

– Allgemein kann man annehmen, dass zufällige Abweichungen und systematische Abweichungen (z. B. die Dicke der Schuhsohle und die Dicke des Kopfhaars in unserem Beispiel der Messung der Körpergröße von Kap. 2) nicht miteinander korreliert sind.
– Sind die funktionalen Zusammenhänge der korrelierten Größen bekannt, ist es oft möglich, sie in die Modellgleichungen „einzubauen", womit ihre Berücksichtigung bei der Unsicherheitsfortpflanzung von Gl. (6.23) hinfällig wird.
– Unsicherheiten auf der Basis statistischer Kenntnisse durch Messreihen (Typ-A-Unsicherheiten) sind per Definition nicht korreliert.
– Korrelationen können vernachlässigt werden, wenn bekannt ist, dass sie nur schwach ausgeprägt sind oder die korrelierten Unsicherheitsbeiträge nur einen geringen Einfluss auf die Gesamtmessunsicherheit besitzen.
– Korrelationen sind typischerweise vernachlässigbar, wenn die Datensätze aus verschiedenen, voneinander unabhängigen Experimenten stammen, die zu unterschiedlichen Zeitpunkten durchgeführt wurden.
– Unsicherheitsbeiträge infolge der Auflösung, der Reproduzierbarkeit und der Nichtlinearität sind in der Regel nicht korreliert.
– Bei manchen Messungen werden mehrere Einflussgrößen durch gemeinsame physikalische Umgebungsbedingungen (z. B. Temperatur, Luftfeuchtigkeit, Luftdruck) beeinflusst. Die dabei auftretenden Korrelationen sind allerdings in den meisten Fällen so klein, dass sie vernachlässigt werden können.
– Bei vielen einfachen Messaufgaben, z. B. beim physikalischen Praktikum an Hochschulen, treten Korrelationen zwischen Eingangsgrößen in der Regel nur selten auf oder können vernachlässigt werden.

Beispiel: Reihenschaltung von 10 elektrischen Widerständen[6]

Um einen elektrischen Widerstand R_{ges} von 10 kΩ zu erzielen, werden 10 Einzelwiderstände R_i von je ca. 1 kΩ zusammengeschaltet. Folgende Informationen sind gegeben:

– Der Widerstand der Verbindungsdrähte sei gegenüber diesen Widerständen vernachlässigbar.
– Zur Bestimmung der Messunsicherheit $u(R_{ges})$ des Gesamtwiderstands steht ein Normalwiderstand R_{Norm} zur Verfügung, mit dem alle Teilwiderstände verglichen werden. Die Messunsicherheit $u(R_{Norm})$ des Normalwiderstandes beträgt nach Kalibrierschein (siehe Abschn. 5.2) 100 mΩ.
– Andere Messunsicherheiten seien vernachlässigbar.

In diesem Fall kann man davon ausgehen, dass durch einen Vergleich aller Teilwiderstände mit dem Normalwiderstand eine Korrelation von eins vorliegt, d. h. in Gl. (6.23) alle Korrelationskoeffizienten $r(R_i, R_j) = 1$ sind.

Für das Modell der Messung gilt:

$$R_{ges} = f(R_1, \ldots, R_{10}) = \sum_{i=1}^{10} R_i. \tag{6.28}$$

---

6 Beispiel nach [20].

Die Sensitivitätskoeffizienten c_i für jeden der Widerstände R_i beträgt somit:

$$c(R_{i)} = \frac{\partial \sum R_i}{\partial R_i} = 1. \tag{6.29}$$

Aus Gl. (6.23) folgt dann für $r = 1$ mit den Betrachtungen von Gl. (6.26) bzw. (6.27) für die kombinierte Messunsicherheit des Gesamtwiderstands:

$$u_c(R_{\text{ges}}) = \sum_{i=1}^{10} u(R_i) = 10 \cdot 100 \,\text{m}\Omega = 1 \,\Omega. \tag{6.30}$$

Wären die Widerstände jeweils mit einem anderen Normalwiderstand verglichen worden, wären also unkorreliert ($r = 0$), würde die kombinierte Messunsicherheit des Gesamtwiderstands nach Gl. (6.23) bzw. Gl. (6.20)

$$u_c(R_{\text{ges}}) = \sqrt{\sum_{i=1}^{10} u^2(R_i)} = \sqrt{10 \cdot (100 \,\text{m}\Omega)^2} = \sqrt{10} \cdot 100 \,\text{m}\Omega = 0{,}316 \,\Omega \tag{6.31}$$

betragen. Sie wäre also nur etwa ein Drittel so groß.

Beispiel: Messung des Flächeninhalts eines DIN A4-Blatts
DIN EN ISO 216 [25] normt Papiergrößen. Das Format A0 hat einen Flächeninhalt von $1\,\text{m}^2$ und das Verhältnis der Kanten beträgt $1{:}\sqrt{2}$, sodass sich daraus Kantenlängen von 841 mm und 1189 mm ergeben.

Das Format A4 erhält man nun durch vierfaches Halbieren der Fläche eines A0-Blatts. Daraus ergeben sich in der Norm Kantenabmessungen von 210 mm und 297 mm. Der Flächeninhalt eines solchen Blattes beträgt damit normgerecht 62.370 mm². Um zum Format A0 zu gelangen, muss man diese Fläche mit 16 multiplizieren. Dabei ergibt sich allerdings ein Wert von 997.920 mm² statt dem der DIN zugrunde liegenden Wert von 1.000.000 mm². Diese Differenz ist auf Rundungsabweichungen in der Entwicklung der A-Formate zurückzuführen.

Es soll nun die Fläche eines A4-Blatts durch Messung der beiden Kantenlängen bestimmt und dabei insbesondere die Messunsicherheit betrachtet werden. Folgendes ist bekannt:
– Der Flächeninhalt A beträgt:

$$A = b \cdot l, \tag{6.32}$$

wobei b die Breite und l die Länge sind.
– Zur Messung wird ein Stahlmaßstab mit einer Gesamtteilungslänge von 500 mm der Form A verwendet (siehe Tab. 5.3 und 25.2). Die Grenzabweichung beträgt hier 0,04 mm und muss bei der Messung von b und l berücksichtigt werden (Δb_{Grenz}, Δl_{Grenz}, Gleichverteilung).

- Die Messwerte betragen $b = 210{,}2\,\text{mm}$ und $l = 296{,}8\,\text{mm}$.
- Breite b und Länge l des Blatts werden mit dem gleichen Stahlmaßstab gemessen. Die beiden Größen sind also korreliert. Wir können von einer vollständigen Korrelation ausgehen und den Korrelationskoeffizienten zu $r(l, b) = 1$ setzen.
- Die zufällige Abweichung beim Ablesen am Stahllineal wird für Breite und Länge auf $\Delta l_{\text{abl}} = \Delta b_{\text{abl}} = \pm\, 0{,}3\,\text{mm}$ abgeschätzt. Dabei wird eine Dreieckverteilung angenommen, der Mittelwert ist wiederum null (siehe Abschn. 5.4 und Tab. 6.1, Fall 3).
- Die zufällige Abweichung beim Anlegen des Stahllineals wird für Breite und Länge auf $\Delta l_{\text{anl}} = \Delta b_{\text{anl}} = \pm\, 0{,}5\,\text{mm}$ abgeschätzt. Dabei wird eine Rechteckverteilung angenommen, der Mittelwert ist null (siehe Tab. 6.1, Fall 2).

Damit erweitert sich das Messmodell von Gl. (6.32) zu:

$$A = (b + \Delta b_{\text{abl}} + \Delta b_{\text{anl}} + \Delta b_{\text{Grenz}})(l + \Delta l_{\text{abl}} + \Delta l_{\text{anl}} + \Delta l_{\text{Grenz}}). \tag{6.33}$$

Die Sensitivitätskoeffizienten c_i betragen:

$$c_{1...4} = c_b = \frac{\partial A}{\partial b} = (l + \Delta l_{\text{abl}} + \Delta l_{\text{anl}} + \Delta l_{\text{Grenz}}) = 296{,}8\,\text{mm}, \tag{6.34}$$

$$c_{5...8} = c_l = \frac{\partial A}{\partial l} = (b + \Delta b_{\text{abl}} + \Delta b_{\text{anl}} + \Delta b_{\text{Grenz}}) = 210{,}2\,\text{mm}. \tag{6.35}$$

Die sich daraus ergebenden Erwartungswerte und Toleranzen bzw. Messunsicherheiten für die Einflussgrößen sind in Tab. 6.4 zusammengestellt.

Aus Tab. 6.4 lassen sich eine Reihe von Schlussfolgerungen ziehen:
- Der Flächeninhalt des DIN A4-Blatts beträgt $(62.387 \pm 120)\,\text{mm}^2$.
- Der Normwert für die Fläche eines DIN A4-Blatts von $62.370\,\text{mm}^2$ liegt genau in diesem Bereich. Rundungsabweichungen in der DIN-Normreihe sind gegenüber der Messunsicherheit von $120\,\text{mm}^2$ vernachlässigbar.
- Würde man die Korrelation durch die Messung der Breite und der Länge mit demselben Lineal unberücksichtigt lassen, würde die Summe der Varianzen und Kovarianzen statt $13.084{,}13\,\text{mm}^2$ dann $13.077{,}50\,\text{mm}^4$ betragen. Die auf zwei Stellen gerundete kombinierte Messunsicherheit würde trotzdem auf den gleichen Wert von $120\,\text{mm}^2$ führen.
- Die in diesem Beispiel auftretende Korrelation kann also vernachlässigt werden, da sie nur schwach ausgeprägt ist und damit der korrelierte Unsicherheitsbeitrag nur einen geringen Einfluss auf die Gesamtmessunsicherheit besitzt.

Tab. 6.4: Zusammenstellung der Kenntnisse über die Messung und die beteiligten Eingangsgrößen bei der Bestimmung des Flächeninhalts eines DIN A4-Blatts.

y_i	Einflussgröße y_i	Bester Schätzwert	Toleranzband	Typ, Verteilung	$u(y_i)$	c_i	$[c_i u(y_i)]^2$
y_1	b	210,2 mm	–	–	0	296,8 mm	0
y_2	Δb_{abl}		±0,3 mm	B, Dreieck	$\frac{0,3\,mm}{\sqrt{6}}=0,122\,mm$	296,8 mm	1321,35 mm^4
y_3	Δb_{anl}		±0,5 mm	B, Rechteck	$\frac{0,5\,mm}{\sqrt{3}}=0,289\,mm$	296,8 mm	7340,85 mm^4
y_4	Δb_{Grenz}		±0,04 mm	B, Rechteck	$\frac{0,04\,mm}{\sqrt{3}}=0,023\,mm$	296,8 mm	46,98 mm^4
y_5	l	296,8 mm		–	0	210,2 mm	0
y_6	Δl_{anl}		±0,3 mm	B, Dreieck	$\frac{0,3\,mm}{\sqrt{6}}=0,122\,mm$	210,2 mm	662,76 mm^4
y_7	Δl_{anl}		±0,5 mm	B, Rechteck	$\frac{0,5\,mm}{\sqrt{3}}=0,289\,mm$	210,2 mm	3682,00 mm^4
y_8	Δl_{Grenz}		±0,04 mm	B, Rechteck	$\frac{0,04\,mm}{\sqrt{3}}=0,023\,mm$	210,2 mm	23,56 mm^4
				Kovarianz-Term: $2c_b c_l u(y_4) u(y_8) r(l,b) = 2bl \cdot u(b_{Grenz}) u(l_{Grenz}) \cdot 1 = 6,63\,mm^4$			
x	**Fläche A**	**62.387,36 mm^2**			$\sqrt{\Sigma}=114,38\,mm^2$		$\Sigma = \textbf{13.084,13 mm}^4$

Mit Berücksichtigung der maximal zwei Stellen bei der Messunsicherheit $u(A)$:

| x | **Fläche A** | **62.387 mm^2** | | | $u_c(A) = 120\,mm^2$ | | |

6.6 Bestimmen der erweiterten Messunsicherheit

In der Praxis wird für Entscheidungen häufig ein zuverlässiges Intervall für die Messgröße benötigt, welches den richtigen Wert der Messgröße enthalten soll. Da die Kenntnisse über die Eingangsgrößen durch Wahrscheinlichkeitsdichteverteilungen beschrieben wurden (siehe Kap. 5 und Abschn. 6.4), sind auch bzgl. der Ergebnisgröße nur Wahrscheinlichkeitsaussagen über Intervalle möglich. Im Zentrum stehen die folgenden beiden Fragen:
– Mit welcher Wahrscheinlichkeit ist der Wert der Messgröße in einem gegebenen Intervall zu erwarten?

oder
– Wie lautet ein passendes Intervall zu einer gegebenen Wahrscheinlichkeitsaussage?

Wir hatten die kombinierte Messunsicherheit $u_c(x)$ zwar als ein Maß zur Charakterisierung der Unvollkommenheit unserer Messung eingeführt, sie hat aber technisch zunächst keine Bedeutung. Für technische Zwecke wird deshalb die **erweiterte Messunsicherheit** $U(x)$ verwendet [7, Definition 2.35], bei der die obige Standardmessunsicherheit mit einem **Erweiterungsfaktor k** [7, Definition 2.38] multipliziert wird:

$$U(x) = k \cdot u_c(x). \tag{6.36}$$

Dies führt dann zu einem **Überdeckungsintervall** $[x - ku_c(x); x + ku_c(x)]$ bzw. $[x - U(x); x + U(x)]$ [7, Definition 2.36], das den wahren Wert einer Messgröße mit einer spezifizierten **Überdeckungswahrscheinlichkeit P** [7, Definition 2.37] enthält. Die erweiterte Messunsicherheit ist damit ein Maß der eigenen Überzeugung, wie gut man den Wert der Messgröße zu kennen glaubt.
Die Zusammenhänge sind in Abb. 6.2 zusammengefasst.
Prinzipiell lassen sich folgende Aussagen treffen:
– Je größer der Erweiterungsfaktor k ist, desto größer wird die Vertrauenswahrscheinlichkeit P sein, dass der Wert der Messgröße darin liegt (siehe z. B. Abb. 4.2).
– Je größer die geforderte Vertrauenswahrscheinlichkeit P ist, umso größer muss das Überdeckungsintervall $[x - ku_c(x); x + ku_c(x)]$ und damit der festzulegende Überdeckungsfaktor k gewählt werden (siehe z. B. Tab. 4.3).

Für die **Wahl des Erweiterungsfaktors k** empfiehlt der GUM [6, Annex G.6.6] unter der Annahme von Normalverteilungen bei hinreichend großen statistischen Freiheitsgraden v bzw. hinreichend großer Zahl von Messwerten bei Messreihen (über 10) Erweiterungsfaktoren von 2 oder 3. Üblicherweise finden in den verschiedenen Bereichen die folgenden Erweiterungsfaktoren Anwendung [27]:
– allgemeine Messtechnik, Eichwesen: $k = 2$: Dann definiert $U = 2u_c$ ein Intervall mit einem Vertrauensniveau von etwa 95 %.

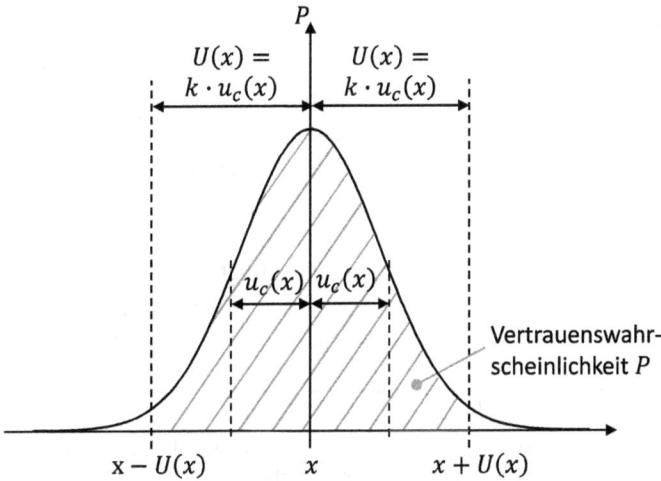

Abb. 6.2: Illustration der erweiterten Messunsicherheit $U(x)$ und der Bedeutung des Erweiterungsfaktors k.

- sicherheitsrelevante Bereiche: $k = 3$: Dann definiert $U = 3u_c$ ein Intervall mit einem Vertrauensniveau von etwa 99 %.
- Sicherheitstechnik, z. B. für die Explosionssicherheit: $k = 3\ldots4$: Dann definiert $U = 3u_c\ldots4u_c$ ein Intervall mit einem Vertrauensniveau von etwa $99,7\,\%\ldots99,99\,\%$.
- Medizin (z. B. Gerichtsmedizin, DNA-Analysen, Vaterschaftstest): $k = 5$: Dann definiert $U = 5u_c$ ein Intervall mit einem Vertrauensniveau von mindestens 99,9999 %.

Tab. 6.5 zeigt noch einmal den Zusammenhang zwischen der Vertrauenswahrscheinlichkeit P und dem Erweiterungsfaktor k.

Tab. 6.5: Zusammenhang zwischen der Vertrauenswahrscheinlichkeit P und dem Erweiterungsfaktor k (Normalverteilung).

Vertrauenswahr-scheinlichkeit P	Erweiterungs-faktor k
50 %	0,674
68,27 %	1
90 %	1,645
95 %	1,960
95,45 %	2
99 %	2,576
99,73 %	3
99,99 %	3,891
99,9937 %	4
99,99994 %	5

Beispiel Messung der Körpergröße (siehe Kap. 2):

In unserem Beispiel der Messung der Körpergröße x in Abschnitt 2.1 betrug der beste Schätzwert für die Körpergröße 179,4 cm, die kombinierte Unsicherheit $u_c(x)$ 0,882 cm. Da wir keine sicherheitskritische Anwendung haben, können wir als Erweiterungsfaktor $k = 2$ verwenden. Die erweiterte Messunsicherheit ergibt sich somit zu $U = 2u_c = 1,8$ cm. Der wahre Wert der Körpergröße liegt deshalb mit einer Vertrauenswahrscheinlichkeit von ca. 95 % im Bereich (179,4 ± 1,8)cm, d. h. zwischen 177,6 cm und 181,2 cm ($k = 2$). Der Wert für den Erweiterungsfaktor ist dabei unbedingt beizufügen, da gegebenenfalls der Wert für die Körpergröße für die Berechnung anderer Größen weiterverwendet wird, z. B. zur Bestimmung des Body-Mass-Indexes (siehe **Kap. 11**).

Wichtig zum Merken:

Zwischen der Standardmessunsicherheit u bzw. der kombinierten Messunsicherheit u_c auf der einen Seite und der erweiterten Messunsicherheit U auf der anderen Seite bestehen die folgenden Unterschiede:
- Die Standardmessunsicherheit u ist ein Maß für die Streuung einer Messgröße. Sie liefert keine Aussagen über Wahrscheinlichkeiten.
- Die erweiterte Messunsicherheit U beschreibt ein Intervall, in dem der Wert einer Messgröße mit einer bestimmten Vertrauenswahrscheinlichkeit P liegt. Sie (bzw. gleichbedeutend der Erweiterungsfaktor k) ist abhängig vom Wert der geforderten Vertrauenswahrscheinlichkeit und von der Wahrscheinlichkeitsdichteverteilung.
- Sie ist ebenfalls abhängig vom statistischen Freiheitsgrad v, wenn dieser nicht unendlich, sondern viel kleiner ist. Dieser Fall hat nur dann praktische Bedeutung, wenn bei Messreihen die Zahl der Messungen sehr klein (unter 10) ist (siehe **Kap. 8**).
- Technische Bedeutung hat nur die erweiterte Messunsicherheit.
- Die Standardmessunsicherheit u als Maß für die Streuung von Messgrößen kann für die Fortpflanzung von Messunsicherheiten direkt verwendet werden, die erweiterte Messunsicherheit U nicht. Letztere muss dafür erst wieder mit dem angegebenen Erweiterungsfaktor k über die Beziehung $u = U/k$ in die Standardmessunsicherheit u zurückberechnet werden. Deshalb ist es bei der Angabe der erweiterten Messunsicherheit notwendig, auch immer den Erweiterungsfaktor anzugeben.

6.7 Angeben und Bewerten des vollständigen Messergebnisses

6.7.1 Vollständiges Messergebnis

Ein (vollständiges) Messergebnis besteht aus
- dem besten Schätzwert x für die Messgröße X (einschließlich der Einheit),[7]
- der erweiterten Messunsicherheit $U(x)$ (ebenfalls einschließlich der Einheit) sowie
- der Angabe des Erweiterungsfaktors k (z. B. $k = 2$), der der Berechnung der erweiterten Messunsicherheit zugrunde gelegt ist, oder der entsprechenden Überdeckungswahrscheinlichkeit für das Überdeckungsintervall (z. B. 95 %).

---

7 An dieser Stelle soll zur besseren Unterscheidung zwischen der Messgröße X und dem besten Schätzwert x der Messgröße unterschieden werden.

Die erweiterte Messunsicherheit wird an den besten Schätzwert mit einem ±-Zeichen und in der gleichen Einheit angehängt. Sie kann dabei als Absolut- oder als Relativwert angegeben werden:

$$X = x \pm U(x),\tag{6.37}$$

$$X = x\left(1 \pm \frac{U(x)}{x}\right).\tag{6.38}$$

Beispiel Messung der Körpergröße (siehe Kap. 2):
In unserem Beispiel der Messung der Körpergröße x in Abschnitt 2.1 kann die Körpergröße in folgenden Varianten angegeben werden;
- $x = (179{,}4 \pm 1{,}8)$ cm ($k = 2$) oder
- $x = (1{,}794 \pm 0{,}018)$ m ($k = 2$) oder
- $x = 179{,}4$ cm $\pm 1{,}0\,\%$ ($k = 2$).

In wissenschaftlichen Veröffentlichungen ist alternativ auch eine weitere Schreibweise gebräuchlich. Bei dieser werden die gültigen Ziffern der erweiterten Messunsicherheit in Klammern hinter den Wert geschrieben. Für die Körpergröße könnte das Messergebnis dann statt $x = (1{,}794 \pm 0{,}018)$ m folgendermaßen angegeben werden: $x = 1{,}794(18)$ m.

Diese Schreibweise wird oft benutzt, wenn die Messunsicherheit sehr klein ist und in der Absolutschreibweise durch sehr viele Nullen nur schwer lesbar ist. In [26] wurde beispielsweise die Protonenmasse zu $1{,}007276466583 \pm 0{,}000000000032$ atomaren Masseneinheiten bestimmt. In Klammerschreibweise würde man das als $1{,}007276466583(32)$ atomare Masseneinheiten ausdrücken.

6.7.2 Stellenzahl bei der Angabe der Messunsicherheit

Um der „Unschärfe" der Messunsicherheit Rechnung zu tragen,
- soll sie mit **maximal zwei signifikanten Stellen** angegeben werden und
- sollen die kleinsten signifikanten Stellen von bestem Schätzwert und Messunsicherheit gleichwertig sein.

Dabei gelten zwei Regeln:
- Die Messgröße und die zugeordnete Unsicherheit werden immer **in derselben Größenordnung** angegeben (wie für die Körpergröße x in Abschn. 6.7.1).
- Um eine Unterschätzung der Unsicherheit infolge des Rundens auf die zwei signifikanten Stellen zu vermeiden, ist **immer aufzurunden**.

6.7.3 Korrekte Angabe des Messergebnisses

In Tab. 6.6 sind inkorrekte und korrekte Angaben des Messergebnisses zusammengestellt.

Tab. 6.6: Inkorrekte und korrekte Angabe des vollständigen Messergebnisses bei der Messung der Körpergröße von Abschn. 2.1.

Angabe	Beispiel	Anmerkung
Inkorrekt	$x = 179{,}4$	Einheit und Messunsicherheit fehlen
	$x = 179{,}4\,\mathrm{cm}$	Messunsicherheit fehlt
	$x = (179{,}4 \pm 1{,}8)\,\mathrm{cm}$	Erweiterungsfaktor fehlt
	$x = (179{,}4 \pm 1{,}764)\,\mathrm{cm}\ (k = 2)$	zu viele Nachkommastellen
	$x = (179{,}4 \pm 1{,}7)\,\mathrm{cm}\ (k = 2)$	Messunsicherheit abgerundet
Korrekt, aber ungünstig	$x = 1{,}794\,\mathrm{m} \pm 1{,}8\,\mathrm{cm}\ (k = 2)$	Messgröße und zugeordnete Unsicherheit mit unterschiedlicher Größenordnung
	$x = 179{,}4\,\mathrm{cm} \pm 1{,}8\,\mathrm{cm}$	Erweiterungsfaktor fehlt, Messunsicherheit kann als Toleranzangabe (Rechteck- statt Normalverteilung) verstanden werden
Korrekt	$x = (179{,}4 \pm 1{,}8)\,\mathrm{cm}\ (k = 2)$	
	$x = 179{,}4\,\mathrm{cm} \pm 1{,}8\,\mathrm{cm}\ (k = 2)$	
	$x = (1{,}794 \pm 0{,}018)\,\mathrm{m}\ (k = 2)$	
	$x = 179{,}4\,\mathrm{cm} \pm 1{,}0\,\% \ (k = 2)$	

6.7.4 Bewerten des vollständigen Messergebnisses

Das Bewerten des Messergebnisses muss anhand der Kriterien der Messaufgabe erfolgen. Dies könnte z. B. eine Konformitätsaussage sein, ob die Messgröße innerhalb eines bestimmten Spezifikationsbereichs liegt (siehe **Kap. 10**).

Fachliche Entscheidungen, auf welchem Wege Messunsicherheiten ggfs. verringert werden können oder welches die dominanten Ursachen für die Messunsicherheit sind, können aus der sogenannten Messunsicherheitsbilanz gewonnen werden, wie sie in den Tabellen 6.3 und 6.4 für die Beispiele der Messung der Körpergröße und die Bestimmung des Flächeninhalts eines DIN A4-Blatts gegeben sind. Allerdings ist dies nicht mehr Bestandteil des Vorgehens zur Bestimmung der Messunsicherheit nach GUM und soll deshalb im folgenden Kap. 7 gesondert behandelt werden.

6.8 Bemerkungen zum Vorgehen nach GUM

Das Verfahren des „Guide to the Expression of Uncertainty in Measurement – GUM" [14] gestattet eine praxisgerechte, schrittweise durchführbare Bestimmung der Messunsicherheit. Mit den in Abb. 6.1 angegebenen sechs Schritten lässt sich das Vorgehen formalisieren und damit mittels geeigneter Software-Tools unterstützen (siehe **Kap. 9**). Dies betrifft insbesondere die mathematisch anspruchsvolleren Teilaufgaben in den Schritten 3 bis 5.

Die Ableitung eines Modells der Messung im Schritt 2 (Abschn. 6.3) erweist sich häufig als schwierigster Teil, da zur fundierten Abschätzung der Messunsicherheit die physikalischen Zusammenhänge des Messverfahrens bekannt sein müssen. Aber auch dieser Schritt lässt sich durch Computerunterstützung vereinfachen. Teil 6 „Developing and using measurement models" des GUM [28] stellt hier einen Leitfaden zur Verfügung.

Dieses Lehrbuch stützt sich im **Teil II Beispiele** auf physikalische Versuche, wie sie typischerweise häufig in technischen und physikalischen Praktika an Universitäten und Hochschulen verwendet werden. Die entsprechenden Modelle sind deshalb relativ einfach überschaubar, wobei der Schwerpunkt auf der Analyse der die Messung bestimmenden Einflussfaktoren liegt.

Unter manchen Bedingungen kann es passieren, dass bestimmte Voraussetzungen für die Anwendung des GUM nicht erfüllt sind. Beispiele dafür sind [14]:

– Die Messfunktion ist nicht linear. Hier kann z.B. versucht werden, durch eine Taylor-Reihenentwicklung und Abbruch nach dem linearen Glied eine geeignete Linearisierung zu erreichen.

– Die Wahrscheinlichkeitsverteilungen für die Eingangsgrößen sind stark asymmetrisch. In solchen Fällen, die im Rahmen dieses Buches nicht betrachtet werden, können Monte-Carlo-Simulationen angewendet werden [14].

– Die Größenordnung der Unsicherheitsbeiträge $u(x(y_i)) = s_i u(y_i)$ sind sehr unterschiedlich. In der Praxis sind selbst dann die Bedingungen des zentralen Grenzwertsatzes, dass trotz unterschiedlicher Verteilungsfunktionen für die Einflussgrößen y_i für die Messgröße x eine Normalverteilung angenommen werden kann, meistens noch erfüllt [6, Annex G.2.2].

7 Messunsicherheitbudget

Beim Kombinieren der Erwartungswerte und Standardunsicherheiten im Schritt 4 bei der Bestimmung der Messunsicherheit nach GUM (siehe Abb. 6.1) hatten wir tabellarisch die Messunsicherheitsbeiträge $u(y_i)$, die Sensitivitätskoeffizienten c_i und schließlich die Varianzen $\text{Var}(x(y_i)) = c_i^2 u^2(y_i)$ für alle relevanten Einflussgrößen y_i zusammengestellt. Die Tabellen 6.3 und 6.4 zeigen dies für die Beispiele der Messung der Körpergröße und für die Bestimmung des Flächeninhalts eines DIN A4-Blatts.

Eine solche Auflistung der einzelnen Varianzen der verschiedenen Einflussgrößen y_i erlaubt die schnelle Analyse, welche der Mess- und Störgrößen die Messunsicherheit der Messgröße x am meisten beeinflussen und – in praktischer Hinsicht besonders wichtig – welche Maßnahmen sinnvollerweise am besten ergriffen werden sollten, um gegebenenfalls die Messunsicherheit zu verringern.

Beispiel Messung der Körpergröße (siehe Abschn. 2.1 bzw. Tab. 6.2 und 6.3):
In unserem Beispiel der Messung der Körpergröße x in Abschnitt 2.1 hatten wir den besten Schätzwert für die Körpergröße und die zugehörige kombinierte Messunsicherheit $u_c(x)$ auf der Grundlage der systematischen Zusammenstellung in den Tabellen 2.3 und 6.3 berechnet (Tab. 7.1).

Aus Tab. 7.1 lassen sich eine Reihe von Schlussfolgerungen ziehen:
- Die mit großem Abstand größten Varianz- (und damit Messunsicherheits-) Beiträge sind die tageszeitabhängige Abweichung y_t mit 0,333 cm² und der Betrachtungswinkel φ mit 0,254 cm². Sie machen zusammen fast 75 % der Gesamtvarianz $\text{Var}(x) = u_c^2(x) = \sum_i [c_i^2 u^2(y_i)]$ von 0,788 cm² aus.
- Könnte man beide Messunsicherheitsanteile zu null machen, würde sich die kombinierte Messunsicherheit $u_c(x)$ von 0,887 cm auf 0,448 cm, also auf die Hälfte, verringern.
- Würde man statt dieser beiden Hauptmessunsicherheitsbeiträge versuchen, durch eine genauere Abschätzung der Dicke S der Schuhsohlen und der Dicke H des Kopfhaars eine Verbesserung zu erreichen, käme man bei der kombinierten Messunsicherheit statt auf 0,887 cm nur auf 0,787 cm, also auf eine Verringerung um nur 11 %.
- Die Verringerung aller andern Messunsicherheitsbeiträge würde Reduktionen der kombinierten Messunsicherheit höchstens im Prozentbereich bewirken.

Verallgemeinerung:
Prinzipiell lässt sich schlussfolgern:
- Wegen der Summation der Teilvarianzen – was eine quadratische Summation der einzelnen Messunsicherheitsbeiträge $[c_i u(y_i)]$ bedeutet – beeinflussen die allergrößten Unsicherheitsbeiträge die kombinierte bzw. Gesamtmessunsicherheit in besonderem Maße.

https://doi.org/10.1515/9783110500264-007

Tab. 7.1: Berechnung der Erwartungswerte und der Messunsicherheiten für die Einflussgrößen beim Messen der Körpergröße (vgl. Tab. 2.3, 6.2 und 6.3).

y_i	Einflussgröße	Typ nach GUM	Fall nach Tab. 6.1	Erwartungswert/ Mittelwert $E(y_i)$	Toleranzband $\pm a(y_i)$	Standardabweichung $s(y_i)$	Messunsicherheit $u(y_i)$: $a(y_i)/\sqrt{3}$ oder $s(y_i)$	Berechnet mit Gl.
y_1	Abgelesener Messwert y	A	1	182,2 cm		0,126 cm	0,126 cm	(6.8)
y_2	Tageszeitabhängige Abweichung y_t	B	2	−2 cm	±1 cm		0,577 cm	(6.11)
y_3	Dicke S der Schuhsohlen	B	2	2 cm	±0,5 cm		0,289 cm	(6.11)
y_4	Dicke H des Kopfhaars	B	2	1 cm	±0,5 cm		0,289 cm	(6.11)
y_5	Betrachtungswinkel φ	B	2	$\pi/18$	$\pm\pi/36$		0,050	(6.11)
y_6	Messtoleranz y_{Z1}	B	2	0	±0,14 cm		0,081 cm	(6.11)
y_7	Ablesetoleranz y_{Z2}	B	2	0	±0,05 cm		0,029 cm	(6.11)
y_8	Wandabstand d	B	2	10 cm	±1 cm		0,577 cm	(6.11)

y_i	Einflussgröße	Messunsicherheit $u(y_i)$	Sensitivitätskoeffizient c_i	$c_i^2 u^2(y_i)$
y_1	Abgelesener Messwert y	0,4 cm	1	0,016 cm^2
y_2	Tageszeitabhängige Abweichung y_t	0,577 cm	1	0,333 cm^2
y_3	Dicke S der Schuhsohlen	0,289 cm	1	0,084 cm^2
y_4	Dicke H des Kopfhaars	0,289 cm	1	0,084 cm^2
y_5	Betrachtungswinkel φ	0,050	10 cm	0,254 cm^2
y_6	Messtoleranz y_{Z1}	0,081 cm	1	0,006 cm^2
y_7	Ablesetoleranz y_{Z2}	0,029 cm	1	0,001 cm^2
y_8	Wandabstand d	0,577 cm	$\pi/18$	0,010 cm^2
x	**Körpergröße**	$u_c(x) = \mathbf{0{,}887}$ **cm**	$u_c^2(x) = \sum_i [c_i^2 u^2(y_i)] = \mathbf{0{,}788}$ **cm^2**	

- Gäbe es zwei Einflussgrößen y_1 und y_2 mit Messunsicherheitsbeiträgen $u(y_1)$ von 2/3 und $u(y_2)$ von 1/3, würde die relative kombinierte Messunsicherheit $\sqrt{(2/3)^2+(1/3)^2} = \sqrt{5}/3 = 0{,}754$ betragen. Würde man nun den kleineren Teil $u(y_2)$ zu null machen können, würde sich die kombinierte Messunsicherheit auf $\sqrt{(2/3)^2} = 2/3 = 0{,}667$ reduzieren. Die Verringerung der Gesamtmessunsicherheit betrüge nur weniger als 12 %. Diese geringe Wirkung ergibt sich, obwohl der Einfluss von y_2 immerhin ein Drittel beträgt.

- Will man Maßnahmen zur Verringerung der kombinierten Messunsicherheit – und damit im nächsten Schritt der erweiterten Messunsicherheit – ergreifen, muss man sich gezielt auf die absolut dominierenden Messunsicherheitsbeiträge konzentrieren.

Aus der konsequenten Anwendung des Standard-GUM-Verfahrens erhält man zwangsläufig – quasi als „Nebenprodukt" – ein Messunsicherheitsbudget (wie Tab. 7.1), das alle erforderlichen Informationen zur Bewertung und Verbesserung des analysierten Messprozesses liefert. Vorteilhafterweise ist ein solches Messunsicherheitsbudget als Tabelle aufgebaut und enthält folgende Angaben [24]:

- die Bezeichnung aller Einflussgrößen y_i (Messwerte y und Störgrößen z_i), z. B. auch die Umgebungstemperatur,
- Kenntnisse über diese Größen, z. B. das Intervall der Werte, die diese Größen annehmen können,
- die diesen Größen zugeordneten Wahrscheinlichkeitsdichteverteilungen (Typ A oder B, Verteilungen entsprechend Tab. 6.1, z. B. Normal- oder Rechteckverteilung),
- die Erwartungswerte $E(y_i)$ der Größen,
- die beigeordneten Standardunsicherheiten $u(y_i)$,
- die Sensitivitätskoeffizienten $c_i = \partial x / \partial y_i$,
- die Varianzbeiträge $\text{Var}(x(y_i)) = c_i^2 u^2(y_i)$ der einzelnen Einflussgrößen y_i zur Gesamtvarianz $\text{Var}(x) = u_c^2(x) = \sum_i [c_i^2 u^2(y_i)]$ und
- gegebenenfalls relevante Kovarianzbeiträge (siehe Tab. 6.4).

8 Fall: Kleine Anzahl von Mehrfachmessungen

8.1 Allgemeines Vorgehen

Bei unserem Vorgehen zur Bestimmung der kombinierten Messunsicherheit für die gesuchte Messgröße gemäß Abb. 6.1 müssen wir in der Regel eine größere Anzahl von unterschiedlichen Messunsicherheitseinflüssen in einem gemeinsamen Budget zusammenbringen. Diese besitzen dabei in der Regel unterschiedliche Wahrscheinlichkeitsdichteverteilungen (siehe Tab. 6.1), meistens Student-, Normal- und Rechteckverteilungen, seltener Dreieck- oder andere Verteilungen. Bei der Kombination der unterschiedlichen Verteilungen bewirkt der zentrale Grenzwertsatz der Wahrscheinlichkeitstheorie, dass sich der Mittelwert (d. h. der wahrscheinlichste Wert) und die Summe unabhängig und identisch verteilter Zufallsvariablen (d. h. die Summe der Varianzen) auch bei beliebigen Verteilungen der unterschiedlichen Einflussgrößen mit zunehmendem Stichprobenumfang und etwa gleicher Wichtung der Normalverteilung annähern. Voraussetzung dafür ist, dass die Stichproben hinreichend groß sind. In diesem Kapitel wird nun beschrieben, wie bei sehr kleiner Anzahl von Messwerten bei Mehrfachmessungen vorzugehen ist. Der prinzipielle Ablauf ist im ganz rechten Teil von Abb. 6.1 illustriert und betrifft drei Punkte:

1. Für alle beteiligten Einflussgrößen y_i sind die entsprechenden statistischen Freiheitsgrade v_i zu bestimmen.
2. Aus den Messunsicherheitsbeiträgen $u(y_i)$ aller Einflussgrößen, der regulär berechneten kombinierten Messunsicherheit $u_c(x)$ und den statistischen Freiheitsgraden $v_i(y_i)$ wird mit der Welch-Sutterthwaite-Formel (siehe Abschn. 8.3) der effektive statistische Freiheitsgrad v_{eff} berechnet.
3. Mit diesem effektiven statistischen Freiheitsgrad v_{eff} findet man nun den für eine angestrebte Vertrauenswahrscheinlichkeit P entsprechenden Erweiterungsfaktor k und damit das zugehörige Überdeckungsintervall $[x - ku_c(x); x + ku_c(x)]$ bzw. $[x - U(x); x + U(x)]$.

8.2 Bestimmung der statistischen Freiheitsgrade v_i

Im ersten Schritt müssen wir den statistischen Freiheitsgrad v_i für jede der Einflussgrößen y_i mit ihrer jeweils spezifischen Wahrscheinlichkeitsdichteverteilung (vgl. Tab. 6.1) bestimmen:

- Normal-, Rechteck-, Dreieck- und andere kontinuierliche Verteilungen repräsentieren theoretisch eine unendliche Anzahl von Stichproben oder ein entsprechendes Vorwissen über die Größen, so dass der statistische Freiheitsgrad auch unendlich ist ($v = \infty$).
- Im Unterschied dazu ist bei Messreihen die Anzahl der Messwerte praktisch immer endlich und beträgt z. B. N. Dann liegt keine Normalverteilung mehr vor, sondern eine Student- bzw. t-Verteilung. Für die Bestimmung der Standardunsicherheit $s(y_i)$

https://doi.org/10.1515/9783110500264-008

bzw. Varianz $\text{Var}(y_i)$ der entsprechenden Einflussgröße y_i ist der Mittelwert $\overline{y}_i$ oder ein bester Schätzwert zu berechnen, so dass nur noch $N - 1$ Abweichungen voneinander unabhängig sind und statt der Varianz die empirische oder Stichproben-Varianz gemäß Gl. (5.12) benutzt wird. Der statistische Freiheitsgrad reduziert sich gemäß Gl. (6.16) um eins, wird also zu $v = N - 1$.

Ist der statistische Freiheitsgrad hinreichend groß (> 10), kann in der Regel die auftretende Studentverteilung näherungsweise als Normalverteilung angenommen werden. Ist allerdings die Stichprobenzahl geringer, muss für die Ermittlung der erweiterten Messunsicherheit $U(x)$ aus solchen Messunsicherheitsbeiträgen ein anderer Erweiterungsfaktor k gewählt werden, um gegenüber dem in Abschn. 6.6 beschriebenen Vorgehen ein Überdeckungsintervall $x - k u_c(x) \dots x + k u_c(x)$ zu finden, in dem der Wert der Messgröße mit der gleichen Vertrauenswahrscheinlichkeit P (von z. B. 95 %) liegt.

Tab. 8.1 stellt die Studentfaktoren t (entspricht den Erweiterungsfaktoren k) zusammen, mit denen sich für die Vertrauenswahrscheinlichkeiten von rund 68 %, 95 % und 99 % die entsprechenden Überdeckungsintervalle bzw. erweiterten Messunsicherheiten U bestimmen lassen. Man kann schnell erkennen, dass wir für die genannten Vertrauenswahrscheinlichkeiten die Werte $k = 1, 2$ bzw. 3 nur erreichen, wenn der statistische Freiheitsgrad v unendlich groß ist.

Tab. 8.1: Studentfaktoren t bzw. Erweiterungsfaktoren k für verschiedene statistische Freiheitsgrade v und Vertrauenswahrscheinlichkeiten P [6, Table G.2].

v bzw. v_{eff}	$P = 68,27\,\%$	$P = 95,45\,\%$	$P = 99,73\,\%$
1	1,84	13,97	235,80
2	1,32	4,53	19,21
3	1,20	3,31	9,22
4	1,14	2,87	6,62
5	1,11	2,65	5,51
10	1,05	2,28	3,96
15	1,03	2,18	3,59
20	1,03	2,13	3,42
25	1,02	2,11	3,33
50	1,01	2,05	3,16
100	1,005	2,025	3,077
∞	1,000	2,000	3,000

Aus Tab. 8.1 erkennen wir:
- Bei begrenzter Anzahl N von Messwerten bei wiederholten Messungen in Messreihen bestimmt der statistische Freiheitsgrad v den Studentfaktor t. Dieser wird umso größer, je kleiner N ist.
- Der Studentfaktor t ist später gleichbedeutend mit dem Erweiterungsfaktor k, der benutzt werden muss, um das für eine angestrebte Vertrauenswahrscheinlichkeit

P adäquate Überdeckungsintervall $x \pm k u_c(x) = x \pm U(x)$ zu finden. Je kleiner die Anzahl N der Wiederholungsmessungen und damit der statistische Freiheitsgrad v ist, desto größer ist der Erweiterungsfaktor k und damit das entsprechende Überdeckungsintervall $x \pm U(x)$ für die geforderte Vertrauenswahrscheinlichkeit P.

– Der Studentfaktor t nähert sich mit wachsendem Freiheitsgrad asymptotisch dem Wert für $v \to \infty$ an.

Ganz allgemein lässt sich sagen: Im Fall einer zu kleinen Anzahl von Messwerten steckt im Ergebnis „zu wenig Zufall". Für eine geforderte Vertrauenswahrscheinlichkeit ist der Studentfaktor t dann immer größer als für eine unendlich große Anzahl von Messwerten. Für den Fall, dass sich kein hinreichend großer statistischer Freiheitsgrad erreichen lässt, kann das Ergebnis gemäß dem zentralen Grenzwertsatz der Wahrscheinlichkeitstheorie trotzdem **näherungsweise als normalverteilt** betrachtet werden. Dann muss allerdings später ein entsprechend großes Überdeckungsintervall – und damit ein hinreichend größerer Erweiterungsfaktor k (entspricht dem Studentfaktor t) – gewählt werden.

8.3 Bestimmung des effektiven statistischen Freiheitsgrads v_{eff}

Haben wir im Messunsicherheitsbudget nun Fälle, wo Messreihen mit kleiner Anzahl von Messwerten N und damit kleinem statistischen Freiheitsgrad v einen dominanten Einfluss auf die kombinierte Messunsicherheit haben, müssen wir einen effektiven statistischen Freiheitsgrad v_{eff} abschätzen, der uns im dritten Schritt einen entsprechend großen Erweiterungsfaktor k für eine angestrebte Vertrauenswahrscheinlichkeit P liefert (siehe Tab. 8.1).

Verwendet wird dazu die Welch-Satterthwaite-Gleichung [6, Annex G.4], [29, 30]:

$$v_{eff} = \frac{u_c^4(x)}{\sum_{i=1}^{n} \frac{c_i^4 u_i^4(y_i)}{v_i}} = \frac{u_c^4(x)}{\sum_{i=1}^{n} \frac{u_i^4(x)}{v_i}}. \tag{8.1}$$

Die Welch-Satterthwaite-Gleichung basiert auf Welchs t-Tests, mit dem die Hypothese getestet wird, ob zwei Populationen denselben Mittelwert haben [31, 32]. Sie hat empirischen Charakter und ist nicht aus der Wahrscheinlichkeitstheorie herleitbar.

8.4 Bestimmung des Erweiterungsfaktors k

Im dritten Schritt geht es darum, mit diesem effektiven statistischen Freiheitsgrad v_{eff} den für eine angestrebte Vertrauenswahrscheinlichkeit P entsprechenden Erweiterungsfaktor k zu finden. Den können wir direkt aus Tab. 8.1 ablesen. Aus diesem ergibt sich dann das zugehörige Überdeckungsintervall $[x - ku_c(x); x + ku_c(x)]$ bzw. $[x - U(x); x + U(x)]$ für die Messgröße x.

Beträgt beispielsweise der effektive statistische Freiheitsgrad $v_{eff} = 10$, dann finden wir für eine Vertrauenswahrscheinlichkeit von ca. 95 % einen Wert von $k = 2{,}28$. Das zugehörige Überdeckungsintervall ist damit etwa 15 % größer als bei $v_{eff} \to \infty$. Für $v_{eff} = 25$ wäre $k = 2{,}11$ und das Überdeckungsintervall damit nur noch 5 % größer. Aus diesem Grund empfiehlt der GUM [6], dass man bei effektiven Freiheitsgraden $v_{eff} > 10$ die kombinierte Standardunsicherheit $u_c(x)$ aufgrund des zentralen Grenzwertsatzes als normalverteilt annehmen kann.

Ratschläge für die Praxis:
- Fälle, bei denen Messreihen nur wenige Beobachtungen N und damit einen kleinen statistischen Freiheitsgrad v haben, treten sehr selten auf.
- In diesen Fällen ist zur Bestimmung des Erweiterungsfaktors k der Weg über den effektiven Freiheitsgrad v_{eff} mittels der Welch-Satterthwaite-Gleichung (8.1) auch nur dann geboten, wenn der Einfluss des entsprechenden Messunsicherheitsbeitrags $u_i(x)$ einen dominanten Einfluss im Messunsicherheitsbudget für $u_c(x)$ hat.
- Für Messreihen mit mindestens 10, besser noch 25 Messwerten, kann Normalverteilung angenommen werden und für den Erweiterungsfaktor k zur Bestimmung des Überdeckungsintervalls $[x - ku_c(x); x + ku_c(x)]$ der entsprechende Wert für $v_{eff} \to \infty$ aus Tab. 8.1 verwendet werden.

8.5 Beispiel: Messreihe zur Messung der Breite eines DIN A4-Blatts

Im Beispiel der Messung des Flächeninhalts eines DIN A4-Blatts in Abschn. 6.5.2 hatten wir jeweils die Länge und die Breite des Blatts mit einem Stahlmaßstab gemessen. Wir wollen dieses Beispiel aufgreifen, allerdings nur für die Messung der Breite b (siehe Tab. 6.4).

Kenntnisse über die Messung und die Eingangsgrößen:
- Zur Messung wurde ein Stahlmaßstab mit einer Gesamtteilungslänge von 500 mm der Form A verwendet (siehe Tab. 5.3). Die Grenzabweichung beträgt 0,04 mm (Δb_{Grenz}, Gleichverteilung).
- Die Breite b wurde 3-, 5-, 10- und 25-mal gemessen.
- Der Mittelwert der abgelesenen Breite b_{abl} beträgt 210 mm, die Standardabweichung 0,3 mm.
- Die zufällige Abweichung beim Ablesen am Stahllineal wird auf $\Delta b_{abl} = \pm0{,}3$ mm abgeschätzt. Dabei wird eine Dreieckverteilung angenommen, der Mittelwert ist null.
- Die zufällige Abweichung beim Anlegen des Stahllineals wird auf $\Delta b_{anl} = \pm0{,}5$ mm abgeschätzt. Dabei wird eine Rechteckverteilung angenommen, der Mittelwert ist null.
- Die Sensitivitätskoeffizienten c_i betragen alle eins.

Modell der Messung:
Die Breite des DIN A4-Blatts ist:

$$b = b_{\mathrm{abl}} + \Delta b_{\mathrm{abl}} + \Delta b_{\mathrm{anl}} + \Delta b_{\mathrm{Grenz}}. \tag{8.2}$$

Bewerten der relevanten Eingangsgrößen: zugeordnete Messunsicherheiten:
Tab. 8.2 stellt die Kenntnisse über die Messung und die beteiligten Eingangsgrößen zusammen. Die Messreihe mit den $N = 3 \dots 25$ Messwerten ist Student-verteilt, der statistische Freiheitsgrad beträgt entsprechend $v_1 = N - 1 = 2 \dots 24$. Die statistischen Freiheitsgrade $v_{2\dots4}$ aller anderen Größen sind unendlich.

Tab. 8.2: Zusammenstellung der Kenntnisse über die Messung und die beteiligten Eingangsgrößen bei der Bestimmung der Breite eines DIN A4-Blatts.

y_i	Einfluss-größe y_i	Bester Schätzwert	Toleranz-band	Typ, Verteilung	$u(y_i)$	c_i	v	$[c_i u(y_i)]^2$
y_1	b_{abl}	210,2 mm	–	A, Student	0,3 mm	1	$N-1$	0,0900 mm^2
y_2	Δb_{abl}		±0,3 mm	B, Dreieck	$\frac{0,3\,\mathrm{mm}}{\sqrt{6}} = 0,122$ mm	1	∞	0,0149 mm^2
y_3	Δb_{anl}		±0,5 mm	B, Gleich	$\frac{0,5\,\mathrm{mm}}{\sqrt{3}} = 0,289$ mm	1	∞	0,0835 mm^2
y_4	Δb_{Grenz}		±0,04 mm	B, Gleich	$\frac{0,04\,\mathrm{mm}}{\sqrt{3}} = 0,023$ mm	1	∞	0,0005 mm^2
x	Breite b	**210,2 mm**			$u_c(x) = \sqrt{\sum} = \mathbf{0{,}435\,mm}$			$\sum = \mathbf{0{,}1889\,mm^2}$

In Tab. 8.2 sind weiterhin die Messunsicherheitsbeiträge c_i und die Varianzen $[c_i u(y_i)]^2$ aufgelistet.

Kombinieren der Erwartungswerte und Standardunsicherheiten:
Als bester Schätzwert für die Breite b ergibt sich mit Gl. (8.2) der Mittelwert der abgelesenen Messwerte, d. h. 210,2 mm.

Die kombinierte Messunsicherheit $u_c(b)$ für die Breite ergibt sich aus der Wurzel der Summe aller Varianzen in der rechten Spalte von Tab. 8.2. Sie beträgt 0,435 mm.

Bestimmen der erweiterten Messunsicherheit:
Die Bestimmung der erweiterten Messunsicherheit erfordert die folgenden Schritte:
– Berechnung des effektiven statistischen Freiheitsgrads v_{eff} mit Gl. (8.1),
– damit Bestimmung des Erweiterungsfaktors k aus Tab. 8.1 für die in der Messtechnik übliche Vertrauenswahrscheinlichkeit von 95 % und schließlich
– Berechnung der erweiterten Messunsicherheit $U(b)$.

Aus Gl. (8.1) folgt:

$$\nu_{eff} = \frac{u_c^4(b)}{\sum_{i=1}^{n} \frac{u_i^4(b)}{\nu_i}} = \frac{(0{,}417\,\text{mm})^4}{\frac{(0{,}3\,\text{mm})^4}{N-1} + \frac{(0{,}122\,\text{mm})^4}{\infty} + \frac{(0{,}289\,\text{mm})^4}{\infty} + \frac{(0{,}023\,\text{mm})^4}{\infty}}$$

$$= \frac{(0{,}417\,\text{mm})^4}{\frac{(0{,}3\,\text{mm})^4}{N-1} + 0 + 0 + 0} = \frac{(0{,}417\,\text{mm})^4}{\frac{(0{,}3\,\text{mm})^4}{N-1}} = (N-1)\frac{(0{,}417\,\text{mm})^4}{(0{,}3\,\text{mm})^4} = 3{,}733 \cdot (N-1). \quad (8.3)$$

In Tab. 8.3 sind nun für die unterschiedliche Anzahl N an Messwerten mit Tab. 8.1 die Erweiterungsfaktoren k und die entsprechenden erweiterten Messunsicherheitswerte $U(b)$ für eine Vertrauenswahrscheinlichkeit von 95,45 % berechnet.

Tab. 8.3: Abhängigkeit des Erweiterungsfaktors k und der erweiterten Messunsicherheit $U(b)$ von der Anzahl N der Messungen für eine Vertrauenswahrscheinlichkeit von 95 %(siehe Tab. 8.1).

N	ν_{eff}	k	$U(b)$	$U(b)$ (angepasste Stellenzahl)
3	7,5	2,40	1,044 mm	1,1 mm
5	15	2,18	0,948 mm	1,0 mm
10	34	2,07	0,897 mm	0,9 mm
25	90	2,03	0,883 mm	0,9 mm
∞	∞	2,00	0,870 mm	0,9 mm

Betrachtet man nun $U(b)$ als Funktion der Anzahl N der Messwerte – insbesondere bei an die 210,2 mm angepasste Stellenzahl – zeigt sich, dass sich die erweiterte Messunsicherheit ab $N = 10$ gar nicht mehr ändert. Auch bei kleinerer Anzahl war die Änderung nur sehr gering. Aus der Messunsicherheitsbilanz in Tab. 8.2 ist ersichtlich, dass es zwei dominierende Messunsicherheitsbeiträge gibt: die Streuung durch das N-malige Messen und die zufällige Abweichung Δb_{abl} beim Ablesen am Stahllineal, die beide fast gleich groß sind. Dadurch ist die Streuung durch die Messreihe nicht der eine, dominierende Einfluss, sondern einer von zweien, etwa gleich großen. Hier hätte also näherungsweise für b_{abl} statt mit einer Student- auch mit einer Normalverteilung und damit mit einem unendlich großen statistischen Freiheitsgrad gerechnet werden können.

9 Rechnergestützte Messunsicherheitsbestimmung: Beispiel GUM-Workbench

9.1 Software-Tools

Wie bereits in Abschn. 6.8 ausgeführt, gestattet das Verfahren des „Guide to the Expression of Uncertainty in Measurement – GUM" eine gut zu gliedernde Bestimmung der Messunsicherheit. Mit den in Abb. 6.1 angegebenen sechs Schritten lässt sich das Vorgehen weitgehend formalisieren und deshalb mittels geeigneter Software-Tools unterstützen.

In der englischsprachigen Wikipedia sind unter dem Stichpunkt „List of uncertainty propagation software" verfügbare Software-Tools zusammengestellt [33]. Viele der dort aufgeführten Programme sind vollständig freie Software, Freeware oder proprietäre Software, einige sind für die nichtkommerzielle und akademische Nutzung kostenfrei verfügbar. Sie unterscheiden sich im Funktionsumfang (z. B. ob Korrelationen zwischen Einflussgrößen berücksichtigt werden können), in der Programmiersprache und in den Möglichkeiten der Bedienung und Speicherung von Daten.

Einige der Software-Programme zur Messunsicherheitsberechnung wurden direkt durch nationale Metrologieinstitute entwickelt, z. B. durch das National Institute of Standards and Technology (NIST) in den USA [34] oder das Eidgenössische Institut für Metrologie (METAS) in der Schweiz [35], und sind öffentlich verfügbar.

9.2 GUM-Workbench

Eines der für Lehrzwecke zwar eingeschränkt, aber frei verfügbaren Programme zur GUM-Berechnung ist die *GUM Workbench* der Firma Metrodata GmbH, Braunschweig [36]. Sie wurde von ehemaligen Mitarbeitern (Wolfgang Kessel und Rüdiger Kessel) der Physikalisch-Technischen Bundesanstalt (PTB) in Braunschweig entwickelt [37] und später durch Metrodata kommerzialisiert. Die GUM Workbench ist in deutscher Sprache als Schulungsversion kostenfrei verfügbar. Deshalb soll sie in diesem Buch als Beispiel für die rechnergestützte Messunsicherheitsbestimmung verwendet werden. Grundlagen der Handhabung sind im Benutzerhandbuch dargestellt [38].

Mit der GUM Workbench wird die im GUM geforderte systematische Vorgehensweise bei der Erstellung einer Messunsicherheitsanalyse unterstützt, wofür eine grafische Benutzeroberfläche Verwendung findet (Abb. 9.1). Das Vorgehen erfolgt dann in den folgenden Schritten (Menüpunkte, Karteikarten und Eingabefelder in der grafischen Benutzeroberfläche *kursiv* gekennzeichnet), siehe [38]:

1. *Datei ▸ Neues Budget*: Start einer neuen Messunsicherheitsanalyse.
2. *Modell ▸ Allgemein*: Eingabe eines beschreibenden *Titels* und die *Allgemeine Beschreibung* des Messverfahrens.

https://doi.org/10.1515/9783110500264-009

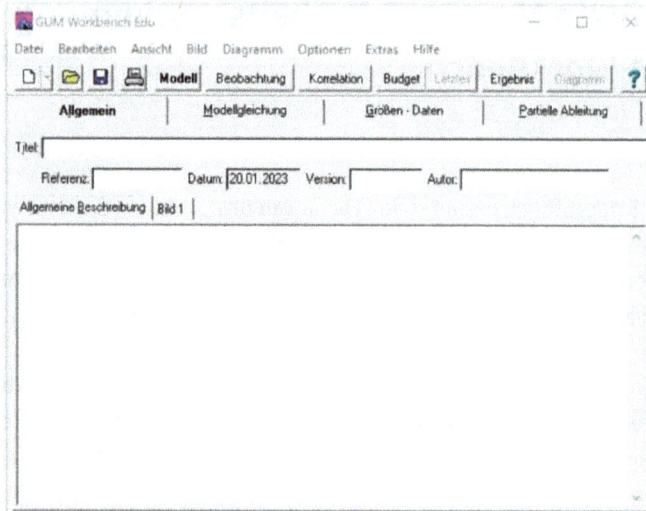

Abb. 9.1: Grafische Benutzeroberfläche für die Messunsicherheitsberechnung mit der GUM Work-bench [38].

3. *Modell ▸ Modellgleichung ▸ Gleichung*: Eingabe des mathematischen Modells der Auswertung (Messmodell nach Abschn. 6.3), in dem sich die physikalischen Zusammenhänge des jeweiligen Messprozesses als mathematisches Abbild widerspiegeln. Das Programm analysiert die Modellgleichung und erzeugt eine Symbolliste.

4. *Modell ▸ Größen–Daten*: Interaktive Eingabe der für die Analyse benötigten Informationen, d. h. der über die Messung und die beteiligten Eingangsgrößen vorliegenden Kenntnisse, wie z. B. die Standardmessunsicherheit oder die Verteilung der Werte der Eingangsgrößen (siehe Abschn. 6.2). Dabei wird unterstützt, welcher Art die Kenntnisse sind, z. B. von Typ A oder B bzw. welche Verteilungsfunktionen für die entsprechenden Einflussgrößen vorliegen.

5. *Korrelation*: Eingabe der Korrelationskoeffizienten für korrelierte Eingangsgrößen (siehe Abschn. 6.5.2).

6. *Budget*: Übersichtliches Messunsicherheitsbudget in Tabellenform als Ergebnis der Auswertung im Rahmen der Messunsicherheitsanalyse (siehe Kap. 7). Die Tabelle enthält die in der Auswertung verwendeten Größen mit ihren Größenbezeichnungen, ihren Werten, den beigeordneten Standardmessunsicherheiten, ihren effektiven Freiheitsgraden, den aus der Modellgleichung gewonnenen Sensitivitätskoeffizienten und den daraus gewonnen Unsicherheitsbeiträgen.

7. *Budget*: Diese Karte enthält abschließend auch das vollständige Messergebnis als Messwert mit der beigeordneten erweiterten Messunsicherheit für einen automatisch oder manuell gewählten Überdeckungsfaktor. Die Zahlenwerte werden bei der Ausgabe auf eine sinnvolle Anzahl von Stellen gerundet (siehe Abschn. 6.7).

8. *Ergebnis*: Hier ist – wie im unteren Teil der Karte Budget – noch einmal explizit das vollständige Messergebnis als Messwert mit der erweiterten Messunsicherheit sowie dem gewählten Überdeckungsfaktor und der entsprechenden Überdeckungswahrscheinlichkeit angegeben.
9. *Datei ▸ Speichern*: Speichern der Messunsicherheitsanalyse.

9.3 Beispiel aus Kapitel 2: Messung der Köpergröße

Im Folgenden soll anhand unseres Begleitbeispiels der Messung der Körpergröße von Kap. 2 das Vorgehen bei der Nutzung einer Messunsicherheitssoftware, hier der GUM Workbench, dargestellt werden. Dazu soll die Nummerierung in Abschn. 9.2 benutzt werden.

Schritte 1 und 2 *Datei ▸ Neues Budget ▸ Modell ▸ Allgemein*: Nach dem Start des Programms und Aufruf von *Datei*, *Neu* und *Neues Budget* finden wir die Eingabemaske *Allgemein*, wo wir den *Titel* eintragen und die *Allgemeine Beschreibung* der Messaufgabe vornehmen können (Abb. 9.2).

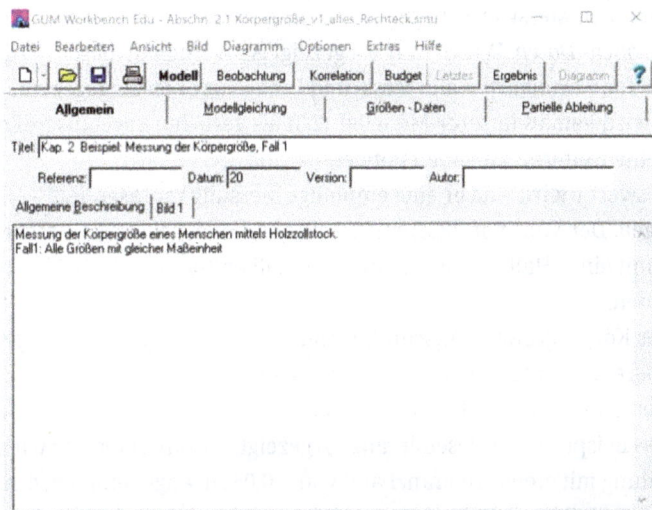

Abb. 9.2: Karteikarte *Allgemein* zur Beschreibung der Messaufgabe.

Schritt 3 *Modell ▸ Modellgleichung ▸ Gleichung*: Zentrale Bedeutung hat die Eingabe der *Modellgleichung*, da sie Grundlage für die gesamte weitere Messunsicherheitsberechnung ist. Als Modellgleichung wurde hier Gl. (2.3) verwendet (Abb. 9.3), es könnte aber auch Gl. (2.2) genutzt werden. Das Programm legt nun eine Liste mit allen in der

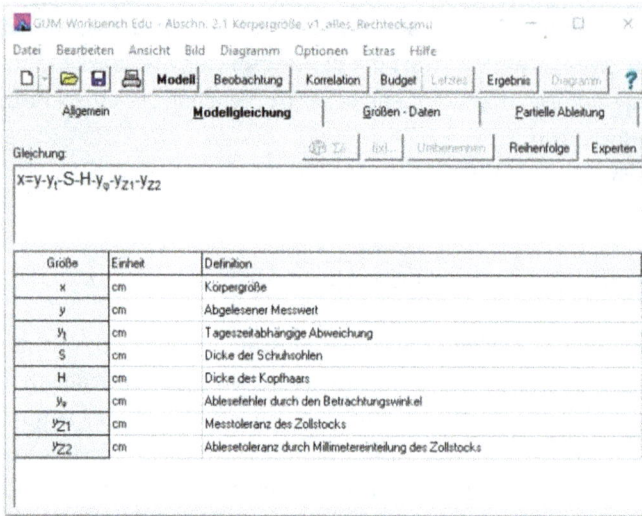

Abb. 9.3: Eingabe der Modellgleichung (2.3) für die Messung der Körpergröße gemäß Abschn. 2.1.

Modellgleichung auftretenden Größen – Messgröße (Messgröße x) und Einflussgrößen einschließlich des abgelesenen Messwerts y – an.

Schritt 4 *Modell ▸ Größen–Daten*: Wie in Abb. 9.4 gezeigt ist, werden in diesem Ordner auf den entsprechenden Karteikarten alle Mess- und Einflussgrößen eingegeben:

– Die Körpergröße x wird gemäß unserer Modellgl. (2.3) als gesuchte Ergebnisgröße definiert, so dass keine weiteren Eingaben notwendig sind.

– Der abgelesene Messwert y wird – da er eine einmalige Messung repräsentiert – als Konstante eingetragen. Der Wert von 182,2 cm könnte aber auch genauso als rechteckverteilte Größe mit einer Halbbreite der Grenzen (halber Toleranzbereich) von null betrachtet werden.

– Bei der Messung der Körpergröße in Abschn. 2.1 sind von allen Einflussgrößen gemäß Tab. 2.1 nur obere und unter Toleranzgrößen bekannt, d h. dass die Informationen in allen Fällen vom Typ B sind (siehe Tab. 6.1). In Abb. 9.4 unten ist nun die Dateneingabe für das Beispiel der Ablesetoleranz y_{Z2} gezeigt. Im konkreten Fall wird eine Rechteckverteilung mit einem Toleranzband von ± 0,05 cm angenommen, d. h. dass die einzutragende Halbbreite 0,05 cm beträgt. Im Feld *Verteilung* (Abb. 9.4 unten rechts) könnte alternativ auch eine Dreiecksverteilung gewählt werden, wie sie häufig für die Ablesung an analogen Anzeigen verwendet wird (siehe Abschn. 5.4).

Mit der Modellgleichung und den eingetragenen Werten stehen auch die Sensitivitätskoeffizienten $c_i = \partial x / \partial y_i$ gemäß Gl. (6.19) fest. Sie sind in Abb. 9.5 gezeigt. Betragsmäßig sind sie alle eins, da sich alle Einflussgrößen y_i in Tab. 2.1 auf die Körpergröße selbst beziehen. Das in den meisten Fällen auftretende negative Vorzeichen ist ohne Belang, da

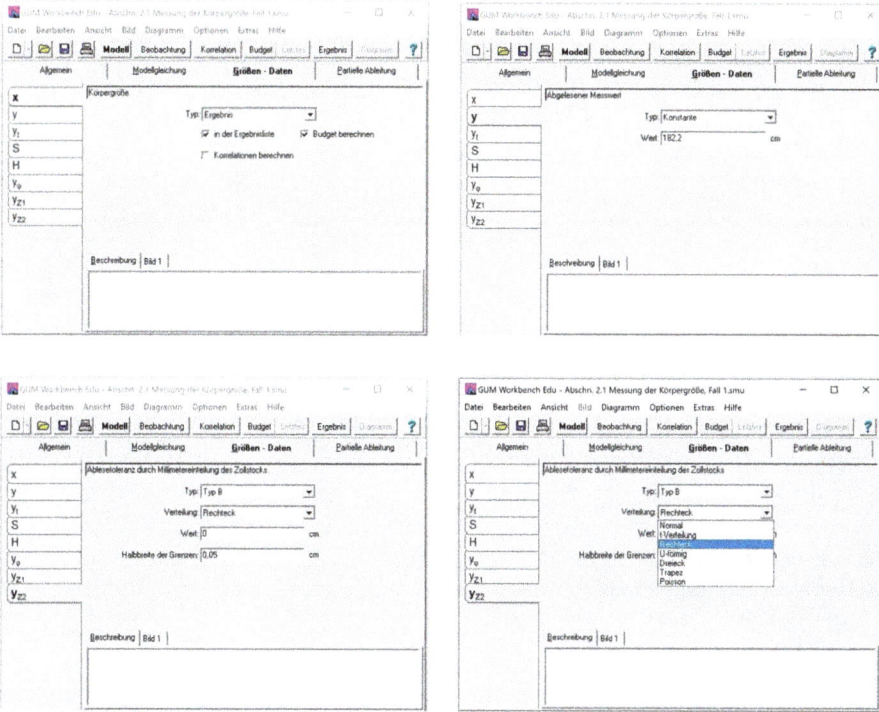

Abb. 9.4: Eingabe aller Mess-und Einflussgrößen für die Messung der Körpergröße gemäß Abschn. 2.1 (Erläuterungen im Text).

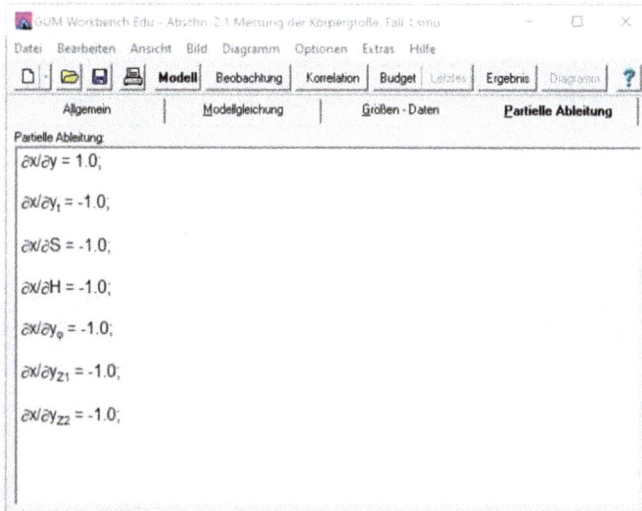

Abb. 9.5: Sensitivitätskoeffizienten c_i in der Karteikarte *Partielle Ableitung* für das Beispiel der Messung der Körpergröße von Abschn. 2.1.

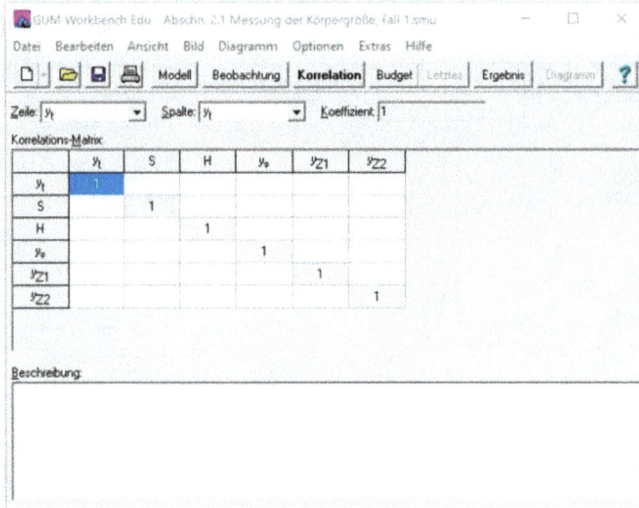

Abb. 9.6: Eingabe der Korrelationskoeffizienten $r(y_i, y_j)$ gemäß Gl. (6.25) in die Karteikarte *Korrelation* für das Beispiel der Messung der Körpergröße von Abschn. 2.1.

für die Berechnung der kombinierten Messunsicherheit das Quadrat aus den Produkten von Messunsicherheitsbeitrag und Sensitivitätskoeffizient benutzt wird (Gl. (6.18)).

Schritt 5 *Korrelation*: Hier sind die Korrelationskoeffizienten für gegebenenfalls korrelierte Eingangsgrößen (siehe Abschn. 6.5.2) einzutragen (Abb. 9.6). In unserem Beispiel in Kap. 2 sind alle Einflussgrößen unkorreliert. Damit besitzen auch nur die Korrelationskoeffizienten $r(y_i, y_j)$ für $i = j$ den Wert eins, für $i \neq j$ sind sie null.

Schritt 6 *Budget*: Im Menüpunkt *Budget* wird in übersichtlicher Weise das Messunsicherheitsbudget in Tabellenform präsentiert (Abb. 9.7), so wie wir es bereits in ähnlicher

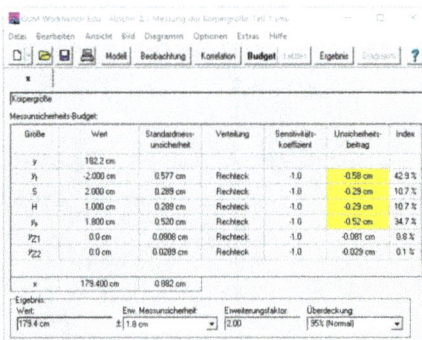

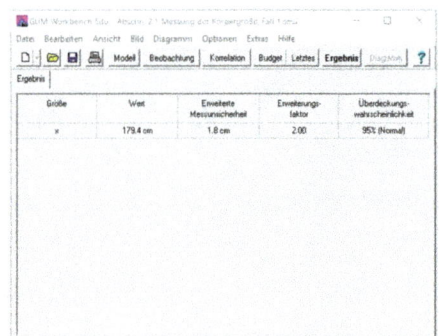

Abb. 9.7: Messunsicherheitsbudget (links) und vollständiges Messergebnis (links unten und rechts) für das Beispiel der Messung der Körpergröße von Abschn. 2.1.

Weise in den Tab. 2.1 und 7.1 vorgenommen hatten. Die Tabelle enthält

- die in der Auswertung verwendeten Größen (Variablen aus der zweiten Spalte in den Tab. 2.1 und 7.1),
- die Werte der Größen (3. Spalte in Tab. 2.1, 4. Spalte in Tab. 7.1),
- die den Größen beigeordneten Standardmessunsicherheiten (rechte Spalte in Tab. 2.1, 2. Spalte von rechts in Tab. 7.1),
- die zugrunde liegenden Verteilungsdichtefunktionen (siehe Tab. 6.1),
- die aus der Modellgleichung gewonnenen Sensitivitätskoeffizienten, die wir auch schon im Schritt 5 im Menüpunkt *Korrelation* gefunden hatten,
- den *Index* als Auflistung der Verhältnisse Var(y_i)/ Var(x), d. h. der Teilvarianzen Var(y_i) der einzelnen Einflussgrößen in Bezug zur Gesamtvarianz Var(x) = $\sum_i [c_i^2 u^2(y_i)]$ = $u_c^2(x)$ bzw. dem Quadrat der kombinierten Messunsicherheit. Aus dem Index lässt sich leicht ablesen, welche der Einflussgrößen den größten Einfluss auf die kombinierte Messunsicherheit $u_c(x)$ haben und damit im Fall einer gewünschten Reduktion der Messunsicherheit zuerst angegangen werden müssten. Diese sind hier gelb unterlegt.

Schritte 7 und 8 *Ergebnis*: Wir finden das vollständige Messergebnis sowohl im unteren Teil des Menüpunkts *Budget* als auch im separaten Menüpunkt *Ergebnis*. Der standardmäßig verwendete Erweiterungsfaktur ist $k = 2$, was einer Vertrauenswahrscheinlichkeit von 95 % entspricht. Der Erweiterungsfaktor kann bei Bedarf manuell verändert werden. Während im Messunsicherheitsbudget unter Budget noch mit einer großen Stellenzahl gerechnet wurde, um Rundungsfehler zu vermeiden, sind hier nur noch gemäß Abschn. 6.7.2 zwei Stellen für die erweiterte Messunsicherheit U und die entsprechend angepasste Stellenzahl für den Ergebniswert x angegeben.

Die Modellgleichung für das Messmodell kann natürlich viel komplexer sein als in Abb. 9.3 für Gl. (2.3) dargestellt. Abb. 9.8 zeigt die Modellgleichung für den modifizierten Fall, dass bei der Messung der Körpergröße der Betrachtungswinkel φ als weitere Einflussgröße in die Messunsicherheitsbestimmung einbezogen wird, so dass für das Messmodell jetzt statt Gl. (2.3) die Gl. (2.10) genutzt wird. Mit dieser Änderung erscheint in der Liste der Einflussgrößen eine Karteikarte für den Winkel φ, auf der nun die entsprechenden Kenntnisse eingetragen werden müssen (geschätzter Wert $\pi/18 = 0{,}1745$, Halbweite der Grenzen $\pi/36 = 0{,}0873$, Rechteckverteilung). Das weitere Vorgehen zur Berechnung der erweiterten Messunsicherheit ist dann identisch mit dem oben geschilderten.

Prinzipiell lassen sich auch Ergebnisse von Messreihen einfach in die GUM Workbench einarbeiten. Dies soll wieder am Beispiel der Messung der Körpergröße kurz erläutert werden. Im Fall 3 von Abschn. 2.3 war die Körpergröße 10 mal gemessen worden (Messwerte siehe in Tab. 5.6). Dazu werden in der Karteikarte der entsprechenden Einflussgröße (hier der abgelesene Messwert y) die entsprechenden Angaben vermerkt (Typ: A; Anzahl der Betrachtungen: 10; Ermittlung der Unsicherheit: Experimentell), sie-

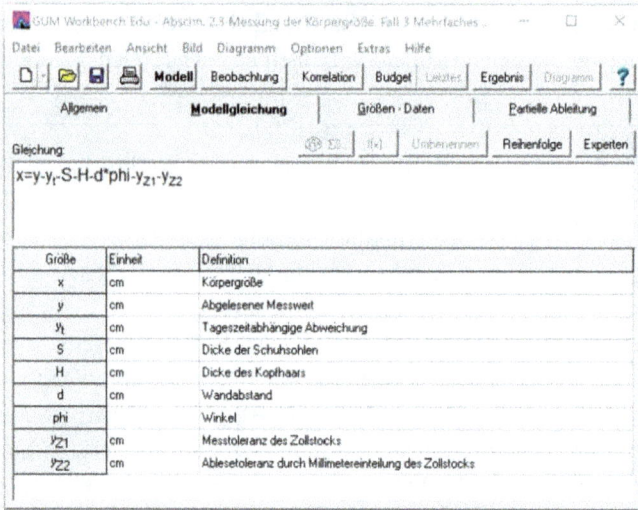

Abb. 9.8: Nutzung der Modellgleichung (2.9) für die Messung der Körpergröße nach Abschn. 2.2.

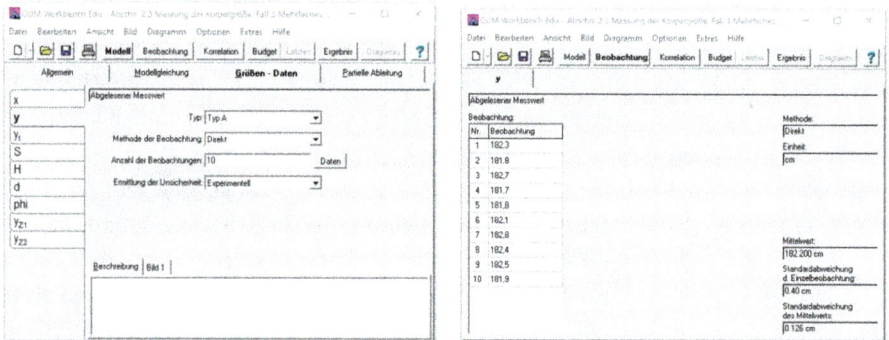

Abb. 9.9: Eingabe der Messdaten für die 10-fach wiederholte Messung der Körpergröße nach Abschn. 2.3 (Daten aus Tab. 5.6).

he Abb. 9.9 links. Durch Anklicken der Schaltfläche *Daten* kommt man dann auf eine Tabelle, in die sich die Messwerte direkt eingeben lassen (Abb. 9.9 rechts).

10 Anwendung der Messunsicherheit zur Konformitätsbewertung

10.1 Prüfen

Beim **Messen** werden ein oder mehrere Größenwerte der zu bestimmenden Größe und die zugehörige Messunsicherheit experimentell ermittelt (siehe Abschn. 1.1.1). Oft dient dann das Ergebnis solcher Messungen dazu, Entscheidungen zu treffen, z. B. für die Wahl der Bekleidung passend zur Außentemperatur, für die Abmessung der Zutaten beim Backen eines Kuchens oder für die Anpassung der Fahrzeuggeschwindigkeit in Abhängigkeit von der gerade zulässigen Geschwindigkeit.

In vielen praktischen Fällen kann die Entscheidungsfindung aber auch die Frage betreffen, ob ein bestimmter Prozess, Gegenstand oder Zustand vereinbarte, vorgeschriebene oder erwartete Bedingungen erfüllt, insbesondere, ob vorgegebene Toleranzen eingehalten sind. Man spricht dann von **Prüfen** bzw. im gesetzlich geregelten Bereich von Eichen. Dazu sind die entsprechenden Prüfbedingungen anzugeben.

Beispiel 1: Die DIN EN 50160:2020-11 beschreibt Qualitätskriterien für elektrische Energienetze. Dabei ist es wünschenswert, dass die Versorgungsspannung eine möglichst konstante Frequenz, eine möglichst konstante Höhe und eine möglichst gute Sinus-Kurvenform aufweist. Allerdings führen Lastschwankungen, Störeinflüsse und das Auftreten von Fehlern, z. B. von Kurzschlüssen, zu Änderungen dieser Merkmale. Tab. 10.1 listet einige der Kriterien auf, deren Einhaltung kontinuierlich geprüft werden muss. Gerade durch die zunehmend dezentralere Organisation heutiger Elektroenergienetze bekommen diese Eigenschaften immer größere Bedeutung für die Stabilität des Netzes.

Tab. 10.1: Auswahl an Qualitätskriterien für elektrische Energienetze im Niederspannungsbereich [39].

Kriterium	Zulässiger Bereich	Mess- und Auswerteparameter			
		Basisgröße	Integrations-intervall	Beobach-tungsperiode	Prozent-satz
Frequenz[a]	49,5 Hz–50,5 Hz (±1 %)	Mittelwert	10 s	1 Woche	95 %
	47 Hz–52 Hz (−6 %-+4 %)	MIttelwert	10 s	1 Woche	100 %
Langsame Spannungsänderungen	230 V ± 10 %	Effektivwert	10 min	1 Woche	95 %
Gesamtoberschwingungsgehalt[b]	8 %	Effektivwert	10 min	1 Woche	95 %

[a] Bei Verbindung zu einem Verbundnetz

[b] Verhältnis des Effektivwertes aller Oberschwingungen zum Effektivwert der Grundschwingung (THD Total Harmonic Distortion)

https://doi.org/10.1515/9783110500264-010

Beispiel 2: Für die Stromversorgung elektrischer Geräte werden Netzstecker zum Einstecken in handelsübliche Steckdosen verwendet. Ein relativ weit verbreiteter Steckertyp ist der sogenannte Eurostecker, der in die meisten Steckdosen Europas (außer in Irland, Malta, Zypern und Großbritannien) passt (Abb. 10.1) [40]. Er ist ein zweipoliger Stecker ohne Schutzkontakt vom Typ C, ist symmetrisch zweipolig und schließt schutzisolierte Geräte der Klasse II mit geringer Leistung bis zu einem Strom von maximal 2,5 A bei einer Wechselspannung von maximal 250 V ans Niederspannungsnetz an. Typ C-Stecker besitzen – im Gegensatz zu den US-amerikanischen Steckertypen A und B mit Flachstiften – Rundstifte.

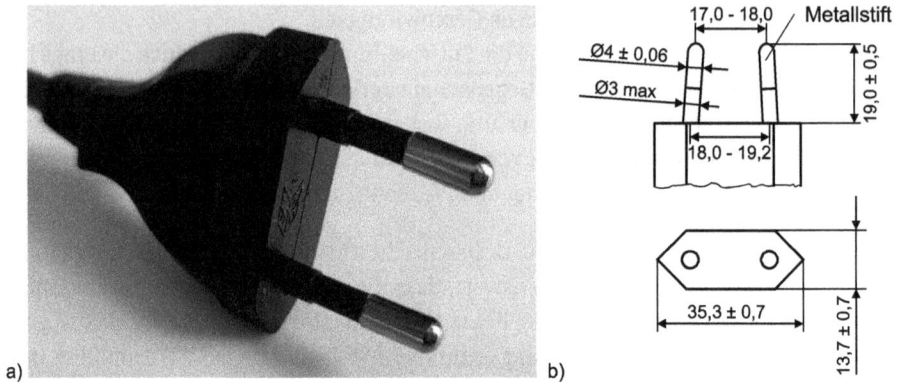

Abb. 10.1: a) Eurostecker nach [40] für die Stromversorgung elektrischer Geräte, b) Normabmessungen (in mm).

Für die praktische Nutzung von Steckern ist es wichtig, dass sie mühelos und ohne Beschädigung in die entsprechenden Steckdosen gesteckt werden können. Die in Abb. 10.1 aufgeführten geometrischen Spezifikationen für die Durchmesser und den Abstand der Steckerstifte, Steckerstiftabstand und Steckerabmessungen müssen deshalb eingehalten werden.

10.2 Prüfung der Konformität

In den beiden Beispielen von Abschn. 10.1 müssen nun die entsprechenden elektrischen bzw. geometrischen Größen gemessen werden, um objektiv entscheiden zu können, ob die Netzspannung oder der Eurostecker mit den Anforderung übereinstimmen (konform sind) oder nicht. Eine solche messtechnische Prüfung der Konformität umfasst dabei **allgemein drei Schritte**:

1. **Messung der interessierenden Eigenschaft(en).** Dies erfolgt entsprechend Kap. 6, wobei neben dem besten Schätzwert für die entsprechende Größe auch immer die Messunsicherheit bekannt sein muss (Kap. 6).

2. **Vergleich des Messergebnisses mit der vorgegebenen Anforderung.** Im Ergebnis dieses Schrittes muss entschieden werden, ob das Messobjekt, hier z. B. die Netzfrequenz der 230 V-Spannung oder der Abstand der beiden Kontaktstifte des Eurosteckers, im zulässigen Toleranzbereich liegen. Diese Entscheidung wird dadurch erschwert, dass ja alle unsere Messungen unvollkommen sind, was durch die Gesamt-, d. h. kombinierte Messunsicherheit ausgedrückt wird. Die Bewertung, ob nun – unter Berücksichtigung der Messunsicherheit – die gemessenen Merkmale der geforderten Spezifikation entsprechen, bezeichnet man als **Konformitätsbewertung** (Abschn. 10.3). Sie muss vorgegebenen Entscheidungsregeln unterliegen.

3. **Entscheidung über eine nachfolgende Aktion.** Dieser Schritt hängt von der Intention des Prüfprozesses ab und ist immer anwendungsspezifisch. Entscheidungen könnten z. B. die Nachbearbeitung eines Werkstückes oder die Reklamation eines gelieferten Produktes sein.

10.3 Konformitätsbewertung

In unseren beiden Beispielen von Abschn. 10.1 sind – hier durch die dahinterliegenden Normen – Toleranzbereiche für die Merkmale Netzfrequenz, Netzspannungsänderungen, Gesamtoberschwingungsgehalt, Abstand und Länge der Steckerstifte sowie weitere vereinbart. Praktisch ist in den meisten Fällen ein Toleranzintervall mit einer unteren Toleranzgrenze UTG und einer oberen Toleranzgrenze OTG vorgegeben (Abb. 10.2). In einigen Fällen kann es vorkommen, dass nur eine untere oder eine obere Toleranzgrenze auftritt. Für diese gelten alle folgenden Aussagen aber sinngemäß auch.

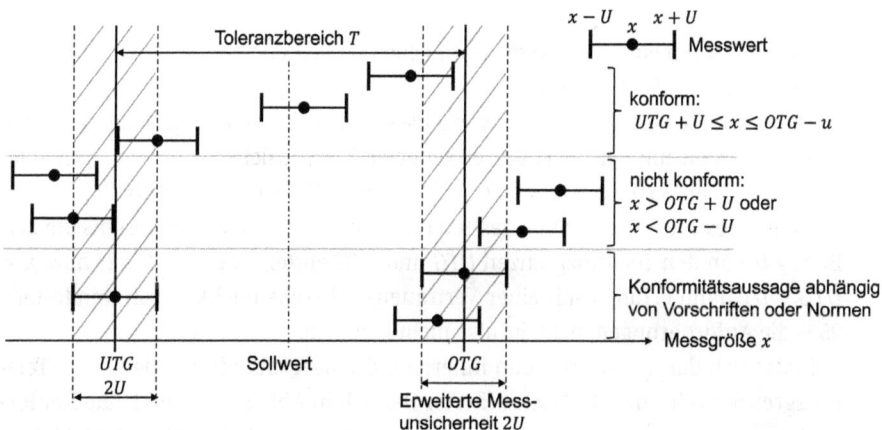

Abb. 10.2: Konformitätszonen bei einer Konformitätsprüfung, ob das Merkmal (Messgröße x) die Spezifikation erfüllt und im Toleranzbereich T liegt.

Bei der Konformitätsbewertung soll nun untersucht werden, ob bestimmte Merkmale

– eines Produkts (z. B. Abstand und Länge der Stifte des Eurosteckers),
– eines Prozesses (z. B. die Frequenz oder der Gesamtoberschwingungsgehalt der Netzspannung),
– eines Systems (z. B. Einhaltung der Anforderungen der Messmittelverordnung für ein Messsystem) oder
– einer Person (z. B. Körpertemperatur und Blutdruck)

gewisse Standards oder Bedingungen erfüllen. Konformität mit einer Spezifikation ist gegeben, wenn der Messwert innerhalb des Akzeptanzbereiches liegt.

Wie in Abb. 10.2 zu sehen ist, treten keine Probleme mit der Erfüllung der Bedingungen auf, wenn der Messwert weit weg von den Toleranzgrenzen UTG und OTG liegt. Schwieriger wird es allerdings, wenn der Messwert als bester Schätzwert der Merkmalsgröße in die Randbereiche des Toleranzintervalls kommt [41]. Unsicherheitsbereich heißt dabei der Bereich, der durch die erweiterte Messunsicherheit U gegeben ist. Dieser charakterisiert ja den Bereich, in dem der wahre Wert der Messgröße mit einer bestimmten Vertrauenswahrscheinlichkeit P liegt. Wie in Abschn. 6.6 ausgeführt, wird in der allgemeinen Messtechnik meist mit einer Vertrauenswahrscheinlichkeit von 95 % bzw. einem Erweiterungsfaktor $k = 2$ für die Festlegung der erweiterten Messunsicherheit U gearbeitet. Gemäß Abb. 10.2 gilt nun:

– Liegt der Messwert x innerhalb des Toleranzbereichs T und ist mindestens um den Betrag U von den Toleranzgrenzen UTG und OTG entfernt, d. h.

$$UTG + U \leq x \leq OTG - U, \tag{10.1}$$

dann erfüllt x mit einer Vertrauenswahrscheinlichkeit von mindestens 95 % die Anforderungen, ist also konform.
– Die Vertrauenswahrscheinlichkeit von 95 % ist genau für den Fall gegeben, dass der Messwert exakt um den Wert der erweiterten Messunsicherheit U von den Toleranzgrenzen entfernt liegt ($x = OTG - U$ bzw. $x = UTG + U$), siehe Abb. 10.3.
– Liegt der Messwert x außerhalb des Toleranzbereichs T und ist mindestens um den Betrag U von den Toleranzgrenzen UTG und OTG entfernt ($x > OTG + U$ bzw. $x < UTG - U$), dann erfüllt x mit einer Vertrauenswahrscheinlichkeit von mindestens 95 % die Anforderungen nicht, ist also nicht konform.
– Befindet sich der Messwert x nun innerhalb des Bereichs $\pm U$ um die beiden Toleranzgrenzen UTG und OTG (schraffierter Bereich in Abb. 10.2), kann keine Konformitätsaussage getroffen werden, da die Vertrauenswahrscheinlichkeit dann kleiner als 95 % ist. Fällt x z. B. genau auf eine der beiden Toleranzgrenzen UTG und OTG, dann beträgt infolge der Messunsicherheit die Wahrscheinlichkeit dafür, dass der Messwert innerhalb oder außerhalb des Toleranzbereichs liegt, jeweils genau 50 % (Abb. 10.3). Es besteht also ein beträchtliches Risiko eines Fehlentscheids.

Konformitäts-
bereich

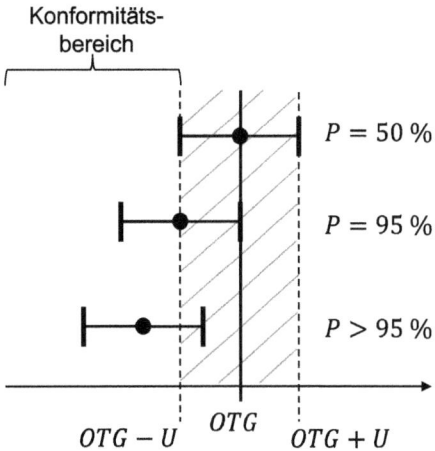

Abb. 10.3: Vertrauens- bzw. Konformitätswahrscheinlichkeit in Abhängigkeit von der Lage des Messwerts im Bereich der Toleranzgrenze.

Zusammengefasst lässt sich sagen:
- Eine Konformitätsbewertung ist eine systematische Prüfung über den Grad, bis zu dem eine Einheit (Produkt, Prozess, System, Person) spezielle Anforderungen erfüllt [42, 4.1.1], d. h. entsprechende Merkmale innerhalb eines vorgegebenen Toleranzbereichs liegen.
- Der Nachweis der Einhaltung der Anforderungen erfolgt auf der Grundlage von Messungen. Um eine gesicherte Aussage mit einer bestimmten Vertrauens- (Konformitäts-) Wahrscheinlichkeit zu treffen, muss unbedingt die Messunsicherheit berücksichtigt werden. Das Joint Committee for Guides in Metrology (JCGM) empfiehlt in [43] den GUM zur Quantifizierung der Messunsicherheit.
- Die Entscheidung, dass die Anforderung erfüllt ist bzw. dass der ermittelte Messwert mit den Anforderungen konform ist, lässt sich dann treffen, wenn der abgeschätzte wahre Wert der Messgröße mit einer festzulegenden Wahrscheinlichkeit innerhalb des Toleranzbereichs liegt.
- In [44] wird empfohlen, die Wahrscheinlichkeit für eine richtige Entscheidung bei Konformitätsprüfungen mit 95 % festzulegen. Dies entspricht einem Erweiterungsfaktor $k = 2$ bei der Festlegung der erweiterten Messunsicherheit U.
- Das bedeutet im Umkehrschluss, dass eine Wahrscheinlichkeit von 5 % für eine falsche Entscheidung im Hinblick auf eine Erfüllung der Spezifikation tolerierbar ist.
- Der Konformitäts- bzw. Akzeptanzbereich ist dann der Spezifikationsbereich T abzüglich der doppelten (erweiterten) Messunsicherheit U.
- Durch die Anwendung dieser Entscheidungsregel wird sichergestellt, dass das Vertrauensniveau der richtigen Entscheidung bei mindestens 95 % liegt.
- Allerdings lässt es die Norm [44] auch zu, dass man bei Bedarf andere Vertrauensniveaus vereinbart, wenn es im Konkreten als sinnvoll erachtet wird. Würde z. B eine Konformitätswahrscheinlichkeit von 50 % als angemessen angesehen, wären alle Messwerte innerhalb des gesamten Toleranzintervalls T zwischen den Toleranzgrenzen UTG und OTG konform (siehe Abb. 10.3).

Abb. 10.4 zeigt den Einfluss der erweiterten Messunsicherheit U auf die Größe des Akzeptanzbereichs bei der Konformitätsbewertung. Je größer die Messunsicherheit ist, desto kleiner wird der Konformitätsbereich, also der Teil des Toleranzintervalls T, wo

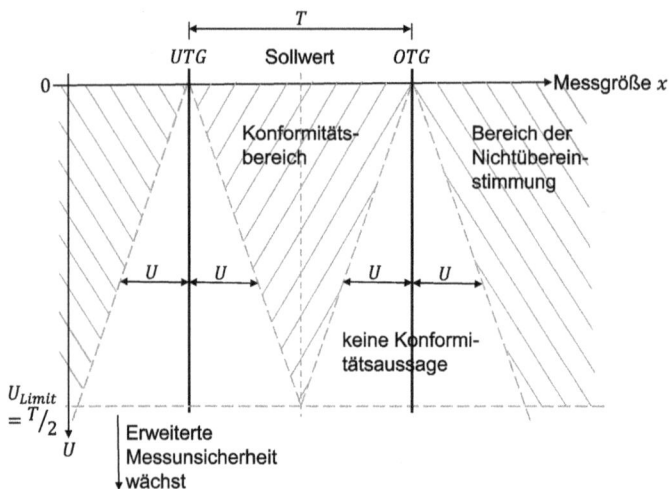

Abb. 10.4: Einfluss der Größe der Messunsicherheit U auf den Akzeptanzbereich bei Konformitätsbewertungen.

die Übereinstimmung des Messwerts mit den Anforderungen mit einer vorgegebenen Konformitätswahrscheinlichkeit von z. B. 95 % sicher ist. Ab einer gewissen Grenzunsicherheit

$$U_{\text{Limit}} = \frac{T}{2} \tag{10.2}$$

wird der Konformitätsbereich null und es lässt sich damit überhaupt keine positive Konformitätsaussage mehr machen. Hier ließe sich durch eine Verringerung der Messunsicherheit Abhilfe schaffen.

Der Konformitätsbewertung kommt bei Produktionsprozessen eine große Bedeutung zu, da der Lieferant ein gewisses Risiko trägt, dass ein Produkt durch den Inspektionsprozess fälschlicherweise als Ausschuss deklariert wird. Andererseits hat auch der Kunde oder Konsument ein gewisses Risiko, dass das gelieferte Produkt die Anforderungen nicht erfüllt, obwohl es im Inspektionsprozess als konform bewertet wurde. Das Lieferanden- und Kundenrisiko beträgt dabei jeweils 5 %. Beide Parteien haben also ein wirtschaftliches Interesse daran, dass die Messunsicherheit bei der Konformitätsbewertung möglichst klein ist. Es wird empfohlen, dass die erweiterte Messunsicherheit U kleiner als $0,1 \cdot T$, höchstens jedoch $0,3 \cdot T$, ist.

10.4 Beispiel: Klassifizierung des Ernährungszustands eines Erwachsenen anhand des Body-Mass-Indexes BMI

Im folgenden Kapitel 11 soll der Body-Mass-Index (BMI) der Person bestimmt werden, von der wir bereits in Kap. 2 die Köpergröße gemessen hatten. Der BMI wird – obwohl ursprünglich nur für den statistischen Vergleich des Ernährungszustands von Populationen eingeführt – von der Weltgesundheitsorganisation WHO als Maß zur Einschätzung des Ernährungszustands von Einzelpersonen verwendet. Er gibt gemäß Gl. (11.1) das Verhältnis zwischen der Körpermasse m und dem Quadrat der Körpergröße l an: $BMI = m/l^2$. Bei einem BMI zwischen 18,5 und 24,9 kg/m^2 gelten Erwachsene als normalgewichtig und zwischen 25,0 und 29,9 kg/m^2 als präadipös (siehe Tab. 11.1).

Bei dem in Abschn. 11.1 konkret betrachteten Beispiel war die Körpermasse m_A der betrachteten Person (gefrühstückt und bekleidet, für die BMI-Ermittlung berücksichtigt und korrigiert) als 85,5 kg abgelesen worden. Damit war dann der Body-Mass-Index BMI mit dem Erweiterungsfaktor $k = 2$ zu $(25{,}82 \pm 0{,}63)$ kg·m^{-2} bestimmt worden. Das heißt, dass mit einer Vertrauenswahrscheinlichkeit von 95 % der Body-Mass-Index der untersuchten Person im Bereich $(25{,}19 \dots 26{,}45)$ kg·m^{-2} liegt (Abb. 10.5).

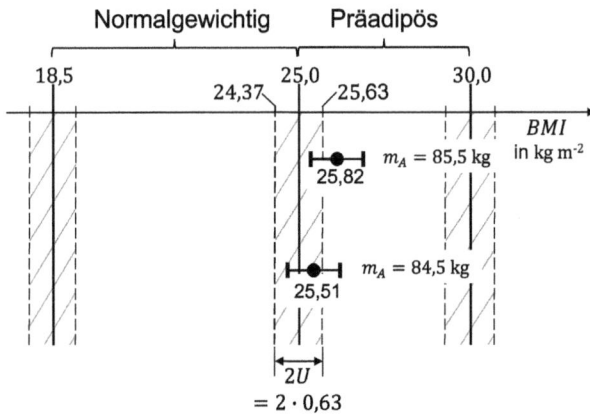

Abb. 10.5: Klassifizierung des Body-Mass-Indexes BMI für das Beispiel aus Kap. 11.

Mit der erweiterten Messunsicherheit $U = 0{,}63$ kg·m^{-2} liegt der Konformitätsbereich für Übergewicht (Präadipositas) damit zwischen 25,63 kg·m^{-2} und 29,37 kg·m^{-2}. Mit einer mehr als 95 %igen Konformitätswahrscheinlichkeit ist die betrachtete Person damit übergewichtig (präadipös).

Nun könnten wir uns beispielhaft vorstellen, dass der Erwachsene vor dem Frühstück eine größere Runde joggen war und dabei einen Liter Flüssigkeit ausgeschwitzt hat, den er beim Frühstück nicht hinreichend kompensiert hat. Die Körpermasse m_A wäre dann nur 84,5 kg und der sich nach der Berechnung in den Abschn. 11.2 bis 11.4 einstellende Body-Mass-Index $(25{,}51 \pm 0{,}63)$ kg·m^{-2}. Dieser Wert würde außerhalb des Konformitätsintervalls für Übergewicht liegen $((25{,}63 \dots 29{,}37)$ kg·m$^{-2})$, siehe Abb. 10.5. Damit könnte man nicht mehr mit eine Vertrauenswahrscheinlichkeit von 95 % behaupten, dass diese Person übergewichtig wäre, natürlich auch nicht, dass sie normalgewichtig sei. Hier lässt sich einfach keine klare Aussage mehr treffen, welche der beiden Bedingungen „normalgewichtig" oder „präadipös" erfüllt ist.

Teil II: **Beispiele**

11 Bestimmung des Body-Mass-Indexes

11.1 Messaufgabe

Der Body-Mass-Index (BMI) ist eine Maßzahl für die Klassifizierung des Körpergewichts eines Menschen in Relation zu seiner Körpergröße. Er gibt das Verhältnis zwischen der Körpermasse m und dem Quadrat der Körpergröße l an:

$$BMI = \frac{m}{l^2}. \tag{11.1}$$

Der Begriff BMI wurde von Ancel Keys [45] geprägt, wobei er ihn dort nur für den statistischen Vergleich von Populationen empfohlen hatte, nicht aber für die Beurteilung der Übergewichtigkeit von Einzelpersonen. Die Weltgesundheitsorganisation WHO nutzt ihn trotzdem als Maß zur Einschätzung des Ernährungszustands von Erwachsenen (Tab. 11.1) [46, 47].

Der Body-Mass-Index ist nun mit Kenntnis der Körperlänge l aus Kap. 2 durch Messung der Körpermasse m zu bestimmen.

Tab. 11.1: Der BMI als Maß der WHO für den Ernährungszustand für Erwachsene ab einem Alter von 20 Jahren [34, 35].

BMI in kg/m^2	Ernährungszustand
<18,5	Untergewichtig
18,5 ... 24,9	Normalgewichtig
25,0 ... 29,9	Präadipös
>30,0	Adipös

Abb. 11.1: Messung der Körpermasse zur Bestimmung des Body-Mass-Indexes *BMI*.

https://doi.org/10.1515/9783110500264-011

11.2 Kenntnisse über die Messung und die Eingangsgrößen

– Die Ermittlung des BMI erfolgt durch getrennte Messung der Körpergröße l und der Körpermasse m.
– Messung der Köpergröße l mittels Zollstock (Gliedermaßstab) entsprechend **Abschn. 2.3**: $l = (179,5 \pm 1,8)$ cm für $k = 2$
– Messung der Körpermasse m mit handelsüblicher Personenwaage ohne Schuhe: Nennbereich bis 180 kg, Einteilung 100 g (Angaben des Herstellers)
– Digitale Anzeige: $\Delta m_D = \pm 50$ g
– Selbstkalibrierung des Nullpunktes der Waage nach Inbetriebnahme
– Abgelesene Masse (einschließlich Kleidung, nach Frühstück): $m_A = 85,5$ kg
– Geschätzte Masse der Kleidung: $m_K = (2,0 \pm 0,5)$ kg
– Geschätzte Masse des Frühstücks: $m_F = (300 \pm 100)$ g
– Genauigkeit von Grobwaagen der Genauigkeitsklasse IIII (Tab. 25.7): $\Delta m_G = \pm 1\,\% \cdot m_A$

11.3 Modell der Messung

Um auf die Körpermasse m schließen zu können, müssen wir die abgelesene Masse m_A um die geschätzten Massen m_K und m_F für die Kleidung und das Frühstück korrigieren (Subtraktion). Außerdem sind die Auflösung Δm_D der digitalen Anzeige und die Genauigkeit der Waage Δm_G zu berücksichtigen. Damit ergibt sich:

$$m = m_A - m_K - m_F + \Delta m_G + \Delta m_D. \tag{11.2}$$

Daraus folgt mit Gl. (11.1):

$$BMI = \frac{m}{l^2} = \frac{m_A - m_K - m_F + \Delta m_G + \Delta m_D}{l^2}. \tag{11.3}$$

11.4 Bewerten der relevanten Eingangsgrößen: zugeordnete Messunsicherheiten

Für alle Eingangsgrößen sind nun die besten Schätzwerte und die Informationen zu den zugeordneten Messunsicherheiten zusammenzustellen. Dies erfolgt effizient und zweckmäßig in Tabellenform (**Tab. 11.1**), wie wir es bereits in unserem Einführungsbeispiel in **Kap. 2** gemacht hatten (**Tab. 2.1** bis **2.3**).

Die Körpermasse m_A ist nur einmal abgelesen worden, so dass hier kein Toleranzband und damit auch kein Messunsicherheitsbeitrag $u(y_1) = u(m_A)$ auftritt. Die Messunsicherheit für die Körpergröße ist in Gl. (2.8) gegeben. Hier darf natürlich nicht die erweiterte Messunsicherheit für $k = 2$ genutzt werden, sondern der Wert für die kombinierte Messunsicherheit für $k = 1$.

11.5 Kombinieren der Erwartungswerte und Standardunsicherheiten

Der Erwartungswert für den *BMI* lässt sich unter Nutzung des Modells der Messung von Gl. (11.3) mit den besten Schätzwerten aller Größen berechnen:

$$BMI = \frac{m_A - m_K - m_F + \Delta m_G + \Delta m_D}{l^2} = \frac{(85,5 - 2,0 - 0,3 + 0 + 0)\,\text{kg}}{(1,795\,\text{m})^2} = 25,822\,\frac{\text{kg}}{\text{m}^2}. \quad (11.4)$$

Dieser Wert ist bereits in **Tab. 11.2** eingetragen.

Tab. 11.2: Relevante Eingangsgrößen und zugeordnete Messunsicherheiten.

y_i	Größe	Wert	Typ	Toleranzband	$u(y_i)$
y_1	m_A	85,5 kg	B	0	0
y_2	m_K	2,0 kg	B	±0,5 kg	0,289 kg
y_3	m_F	0,3 kg	B	±100 g	0,058 kg
y_4	Δm_G	0	B	±1 % von 85,5 kg	0,493 kg
y_5	Δm_D	0	B	±50 g	0,029 kg
y_6	l	1,794 m	A	–	0,9 cm (für $k = 1$)
x	**BMI**	**25,822 kg·m^{-2}**			

Um die Messunsicherheiten kombinieren zu können, benötigen wir die zugehörigen Sensitivitätskoeffizienten.

$$c_{1\ldots5} = c_{m_A} = c_{m_K} = c_{m_F} = c_{\Delta m_G} = c_{\Delta m_{DG}} = \frac{\partial BMI}{\partial y_{1\ldots5}} = \frac{\partial BMI}{\partial m_i} = \frac{1}{l^2} = 0,3104\,\text{m}^{-2}. \quad (11.5)$$

Die Sensitivitätskoeffizienten sind dabei für alle fünf Größen gleich, da sie sich auf die Körpermasse beziehen. Für die Körpergröße ergibt sich:

$$c_6 = c_1 = \frac{\partial BMI}{\partial y_6} = \frac{\partial BMI}{\partial l} = \frac{-2m}{l^3} = \frac{-2 \cdot 83,3\,\text{kg}}{(1,795\,\text{m})^3} = -28,81\,\frac{\text{kg}}{\text{m}^3}. \quad (11.6)$$

Mit diesen Werten können wir nun unsere Tab. 11.3 ergänzen.

Die kombinierte Messunsicherheit $u_C(x)$ beträgt somit:

$$u_C(BMI) = \sqrt{\sum_1^6 u_C^2(y_i)} = \sqrt{9,910 \cdot 10^{-2}\text{kg}^2\,\text{m}^{-4}} = 0,315\,\text{kg·m}^{-2}. \quad (11.7)$$

Tab. 11.3: Messunsicherheitsbudget für die Ermittlung des BMI.

y_i	Größe	Wert	$u(y_i)$	$c(y_i)$	$(u(y_i)c(y_i))^2 = u_C^2(y_i)$	Beitrags-koeffizient[a)]
y_1	m_A	85,5 kg	0	0,3104 m^{-2}	0	0
y_2	m_K	2,0 kg	0,289 kg	0,3104 m^{-2}	$0,805 \cdot 10^{-2}$ kg$^2 \cdot$m^{-4}	8,1 %
y_3	m_F	0,3 kg	0,058 kg	0,3104 m^{-2}	$0,032 \cdot 10^{-2}$ kg$^2 \cdot$m^{-4}	0,3 %
y_4	Δm_G	0	0,493 kg	0,3104 m^{-2}	$2,342 \cdot 10^{-2}$ kg$^2 \cdot$m^{-4}	23,7 %
y_5	Δm_D	0	0,029 kg	0,3104 m^{-2}	$0,008 \cdot 10^{-2}$ kg$^2 \cdot$m^{-4}	0,1 %
y_6	l	1,795 m	0,009 m	$-28,81$ kg$\cdot$m^{-3}	$6,723 \cdot 10^{-2}$ kg$^2 \cdot$m^{-4}	67,8 %
x	**BMI**	**25,822 kg·m^{-2}**			**$\sum = 9,910 \cdot 10^{-2}$ kg$^2 \cdot$m^{-4}**	**100,0 %**

[a)] bezogen auf die kombinierte Varianz Var(BMI) = $u_C^2(BMI)$

11.6 Bestimmen der erweiterten Messunsicherheit

Die erweiterte Messunsicherheit $U(x)$ ergibt sich damit für einen Erweiterungsfaktor $k = 2$ zu:

$$U(BMI) = k \cdot u_C(BMI) = 0,63 \text{ kg·m}^{-2}. \tag{11.8}$$

11.7 Angeben und Bewerten des vollständigen Messergebnisses

Das vollständige Messergebnis für die Bestimmung des Body-Mass-Indexes BMI lautet nun für $k = 2$:

$$BMI = (25,82 \pm 0,63) \text{ kg·m}^{-2}. \tag{11.9}$$

Es beinhaltet eine auf zwei Stellen gerundete, erweiterte Messunsicherheit und einen daran angepassten Wert für den besten Schätzwert des BMI. Gl. (11.9) kann gleichermaßen geschrieben werden:

$$25,19 \text{ kg·m}^{-2} \leq BMI \leq 26,45 \text{ kg·m}^{-2}. \tag{11.10}$$

Das heißt, dass mit einer Vertrauenswahrscheinlichkeit von ca. 95 % der Body-Mass-Index der untersuchten Person im Bereich (25,19 ... 26,45) kg·m^{-2} liegt, so dass entsprechend **Tab. 11.1** ein leichtes Übergewicht vorliegt.

Aus dem Messunsicherheitsbudget von Tab. 11.3 ergeben sich weitere Schlussfolgerungen:

- Der größte Messunsicherheitsbeitrag wird von der Messung der Körpergröße l verursacht, der zweitgrößte durch die Verwendung der Personenwaage mit der eingeschränkten Genauigkeit von ±1 %.
- Für eine Verringerung der kombinierten Messunsicherheit müsste insbesondere die Messunsicherheit $u(l)$ bei der Körpergrößenmessung kleiner werden.

- Die Verwendung einer Waage mit vernachlässigbarer Messunsicherheit $u(\Delta m_G) \rightarrow$ 0 würde nur zu einer leicht kleineren kombinierten Messunsicherheit von $u(BMI) =$ 0,54 kg·m^{-2} führen.
- In diesem Beispiel war die Messung der Körpergröße separat erfolgt und das (Gesamt-)Ergebnis aus Gl. (2.8) übernommen worden. Selbstverständlich hätte man für die BMI-Messung auch die Köpergröße und die Körpermasse parallel messen können. Dann würde sich das Modell der Messung aus den Gln. (2.3) und (11.3) ergeben:

$$BMI = \frac{m_A - m_K - m_F + \Delta m_G + \Delta m_D}{(y - y_t - S - H - y_\varphi - y_{Z1} - y_{Z2})^2}. \qquad (11.11)$$

In den **Tab. 11.2** und **11.3** müsste dann die Zeile für die Körpergröße l durch Tabelle 2.1 ersetzt werden, wobei für alle Größen dort dann als Sensitivitätskoeffizient s_l von Gl. (11.6) zu nutzen wäre. Es ist der große Vorteil des Vorgehens zur Bestimmung der Messunsicherheit nach GUM, dass Modelle auch modularisiert werden können (siehe Abb. 3.5), wie es hier mit der Messung für die Körpergröße l in Gl. (11.3) der Fall war. Das einheitliche und konsistente Vorgehen nach GUM sorgt dafür, dass das Ergebnis gleich ausfällt.

12 Messung der Pendellänge eines Fadenpendels

12.1 Messaufgabe

Später im Kapitel 14 soll die Erdbeschleunigung mittels eines schwingenden Fadenpendels bestimmt werden. Der Aufbau des Versuchs besteht aus einer Kugel, die an
einem Faden hängt und schwingt (Abb. 12.1). Die Perioden- oder Schwingungsdauer
dieser schwingenden Kugel hängt bei hinreichend kleinen Auslenkungen nur von der
Pendellänge und der Erdbeschleunigung, nicht aber von der Masse der Kugel, ab (siehe Gl. (14.1)). Die Erdbeschleunigung kann also indirekt aus der Pendellänge und der
Schwingungsdauer des Fadenpendels berechnet werden. In diesem Kapitel soll nun zuerst einmal die Pendellänge des Fadenpendels ermittelt werden, bevor wir uns dann im
nächsten Kapitel 13 der Messung der Schwingungsdauer zuwenden. Mit der Kenntnis
beider Größen nebst ihrer Unsicherheiten lässt sich dann die Erdbeschleunigung g und
die dazugehörige Messunsicherheit bestimmen.

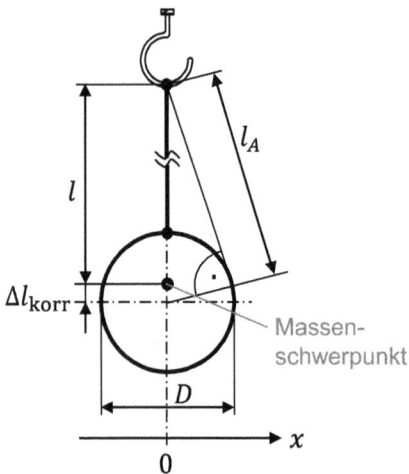

Abb. 12.1: Messung der Erdbeschleunigung g mittels eines schwingenden Fadenpendels.

12.2 Kenntnisse über die Messung und die Eingangsgrößen

- Der Faden des Pendels ist an einem festen Punkt – hier einem Haken – aufgehängt.
  Gesucht ist die effektive Pendellänge l zwischen der oberen Aufhängung am Haken
  und dem Massenschwerpunkt in der Mitte der Kugel.
- Es wird angenommen, dass die Öse des Fadens am Haken so fest sitzt, dass die Un-
  terseite des Hakens der obere Festpunkt des Fadens ist.
- Die Kugel des Fadenpendels hat den Durchmesser D.

https://doi.org/10.1515/9783110500264-012

- Durch die Befestigung des Fadens an der Kugel verlagert sich der Masseschwerpunkt der Kugel etwas nach oben. Dies schätzen wir ab zu $\Delta l_{korr} = (0{,}2 \pm 0{,}2\,\text{mm})$.
- Messung der Pendellänge mit einem Strichmaßstab (Stahllineal) der Länge 1 m (Form B), siehe Tab. 25.2. Dazu wird das Lineal mit der Stirnfläche am Haken angelegt und die Länge l_A dort abgelesen, wo die Kugel die Skala berührt.

Abgelesene Länge: $l_A = 98{,}4\,\text{cm}$ (einmalig abgelesen, damit ohne Streuung).
- Grenzabweichung des Stahllineals: $\Delta l_G = 0{,}10\,\text{mm}$ (Rechteckverteilung), siehe Tab. 25.2.
- Ablesegenauigkeit für das Stahllineal mit Millimeterteilung: $\Delta l_A = \pm 0{,}1\,\text{mm}$ (Dreiecksverteilung).
- Der Durchmesser der Kugel wurde mit einem Messschieber mit einem Messbereich von 200 mm und einem Noniuswert von 0,1 mm gemessen (einmalig abgelesen, damit ohne Streuung).

Abgelesener Wert $D = 50{,}00\,\text{mm}$.
- Grenzabweichung des Messschiebers: $\Delta D_G = 50\,\mu\text{m} = 0{,}05\,\text{mm}$ (Rechteckverteilung), siehe Tab. 25.3.
- Ablesegenauigkeit für den Messschieber mit Noniuswert von 0,1 mm: $\Delta D_A = \pm 0{,}05\,\text{mm}$ (Dreiecksverteilung).

12.3 Modell der Messung

Zwischen dem Abstand vom Haken bis zur Kugelmitte ($l + \Delta l_{korr}$), dem Kugelradius $D/2$ und der angezeigten Länge l_A spannt sich ein rechtwinkliges Dreieck auf, für das mit dem Satz des Pythagoras gilt:

$$(l + \Delta l_{korr})^2 = (l_A + \Delta l_G + \Delta l_A)^2 + \left(\frac{D + \Delta D_G + \Delta D_A}{2}\right)^2 \tag{12.1}$$

bzw. nach l umgestellt:

$$l = \sqrt{(l_A + \Delta l_G + \Delta l_A)^2 + \left(\frac{D + \Delta D_G + \Delta D_A}{2}\right)^2} - \Delta l_{korr}. \tag{12.2}$$

12.4 Bewerten der relevanten Eingangsgrößen: zugeordnete Messunsicherheiten

Für alle Eingangsgrößen sind nun in Tab. 12.1 die besten Schätzwerte und die Informationen zu den zugeordneten Messunsicherheiten zusammengestellt.

Tab. 12.1: Relevante Eingangsgrößen und zugeordnete Messunsicherheiten.

y_i	Größe	Wert	Typ	Toleranzband	$u(y_i)$
y_1	l_A	984,0 mm	B, Rechteck	0	0
y_2	Δl_G	0	B, Rechteck	±0,10 mm	0,0577 mm
y_3	Δl_A	0	B, Dreieck	±0,10 mm	0,0408 mm
y_4	D	50,00 mm	B, Rechteck	0	0
y_5	ΔD_G	0	B, Rechteck	±0,05 mm	0,0289 mm
y_6	ΔD_A	0	B, Dreieck	±0,05 mm	0,0204 mm
y_7	Δl_{korr}	0,2 mm	B, Rechteck	±0,2 mm	0,1155 mm
x	l	984,118 mm			

12.5 Kombinieren der Erwartungswerte und Standardunsicherheiten

Der Erwartungswert für die Pendellänge l berechnet sich unter Nutzung des Modells der Messung von Gl. (12.2) mit den besten Schätzwerten aller Größen:

$$l = \sqrt{(l_A + \Delta l_G + \Delta l_A)^2 + \left(\frac{D + \Delta D_G + \Delta D_A}{2}\right)^2} - \Delta l_{korr}$$

$$= \sqrt{(984\,\text{mm} + 0 + 0)^2 + \left(\frac{50\,\text{mm} + 0 + 0}{2}\right)^2} - 0{,}2\,\text{mm} = 984{,}118\,\text{mm}. \tag{12.3}$$

Dieser Wert ist bereits in Tab. 12.1 eingetragen.

Um die Messunsicherheiten kombinieren zu können, benötigen wir die zugehörigen Sensitivitätskoeffizienten:

$$c_{1\ldots3} = c_{l_A} = c_{\Delta l_G} = c_{\Delta l_A} = \frac{\partial l}{\partial y_{1\ldots3}} = \frac{l_A + \Delta l_G + \Delta l_A}{\sqrt{(l_A + \Delta l_G + \Delta l_A)^2 + (\frac{D + \Delta D_G + \Delta D_A}{2})^2}} = -1{,}0, \tag{12.4}$$

$$c_{4\ldots6} = c_D = c_{\Delta D_G} = c_{\Delta G_A} = \frac{\partial l}{\partial y_{4\ldots6}} = \frac{1}{2}\frac{\frac{D + \Delta D_G + \Delta D_A}{2}}{\sqrt{(l_A + \Delta l_G + \Delta l_A)^2 + (\frac{D + \Delta D_G + \Delta D_A}{2})^2}} = 0{,}013, \tag{12.5}$$

$$c_7 = c_{\Delta l_{korr}} = \frac{\partial l}{\partial y_7} = 1{,}0. \tag{12.6}$$

Mit diesen Werten können wir nun unsere Tab. 12.1 ergänzen und in Tab. 12.2 das Messunsicherheitsbudget aufstellen.

Die kombinierte Messunsicherheit $u_C(x)$ ist also:

$$u_C(l) = \sqrt{\sum_1^7 u_C^2(y_i)} = \sqrt{1{,}823 \cdot 10^{-2}\,\text{mm}^2} = 0{,}135\,\text{mm}. \tag{12.7}$$

Tab. 12.2: Messunsicherheitsbudget für die Ermittlung des Pendellänge *l*.

y_i	Größe	Wert	$u(y_i)$	$c(y_i)$	$(u(y_i)c(y_i))^2 = u_C^2(y_i)$	Beitrags-koeffizient[a)]
y_1	l_A	984,0 mm	0	–	0	0
y_2	Δl_G	0	0,0577 mm	1,0	$3{,}329 \cdot 10^{-3}$ mm^2	18,2 %
y_3	Δl_A	0	0,0408 mm	1,0	$1{,}665 \cdot 10^{-3}$ mm^2	9,1 %
y_4	D	50,00 mm	0	–	0	0
y_5	ΔD_G	0	0,0289 mm	0,013	$1{,}411 \cdot 10^{-7}$ mm^2	0,0 %
y_6	ΔD_A	0	0,0204 mm	0,013	$7{,}033 \cdot 10^{-8}$ mm^2	0,0 %
y_7	Δl_{korr}	0,2 mm	0,1155 mm	−1,0	$1{,}334 \cdot 10^{-2}$ mm^2	72,7 %
x	l	**984,118 mm**	**0,135 mm**		$\sum = \mathbf{1{,}823 \cdot 10^{-2}}$ **mm^2**	**100,0 %**

[a)] bezogen auf die kombinierte Varianz $\mathrm{Var}(l) = u_C^2(l)$

12.6 Bestimmen der erweiterten Messunsicherheit

Die erweiterte Messunsicherheit $U(x)$ ergibt sich für einen Erweiterungsfaktor $k = 2$ zu:

$$U(l) = k \cdot u_C(l) = 0{,}27 \,\text{mm}. \tag{12.8}$$

12.7 Angeben und Bewerten des vollständigen Messergebnisses

Das vollständige Messergebnis für die Bestimmung der Pendellänge des Fadenpendels l lautet nun für $k = 2$:

$$l = (984{,}12 \pm 0{,}27)\,\text{mm} = 984{,}12\,\text{mm}(1 \pm 0{,}028\,\%). \tag{12.9}$$

Wir hatten beim Ablesen der Länge l_A die Zehntelmillimeter nur abschätzen können, so dass wir die Pendellänge l auch nur in Zehntelmillimetern angeben sollten:

$$l = (984{,}1 \pm 0{,}3)\,\text{mm} = 984{,}1\,\text{mm}(1 \pm 0{,}03\,\%). \tag{12.10}$$

Aus dem Messunsicherheitsbudget von Tab. 12.2 ergeben sich folgende Schlussfolgerungen: Der größte Messunsicherheitsbeitrag wird von der Fadenaufhängung der Massekugel (Δl_{korr}) verursacht (ca. 73 %), der deutlich kleinere, zweitgrößte, durch die Grenzabweichung des verwendeten Stahllineals (ca. 18 %).

13 Messung der Schwingungsdauer eines Fadenpendels

13.1 Messaufgabe

Um im folgenden Kapitel 14 die Erdbeschleunigung mittels eines schwingenden Fadenpendels (siehe Abb. 12.1) bestimmen zu können, müssen gemäß Gl. (14.1) die Pendellänge l und die Perioden- oder Schwingungsdauer T dieser schwingenden Kugel bekannt sein. Nachdem im Kapitel 12 zuerst die Pendellänge ermittelt worden war, soll hier im nächsten Schritt die Schwingungsdauer gemessen werden.

13.2 Kenntnisse über die Messung und die Eingangsgrößen

- Die Messung der Schwingungsdauer T erfolgt durch Messung mit einer digitalen Handstoppuhr, wobei Start und Stopp der Messung im Umkehrpunkt der Schwingung erfolgen und bei der Zeitmessung 10 Schwingungen erfasst werden. Für die Messzeit gilt damit $T_M = 10 \cdot T$.
- Die Versuchsperson sei wenig erfahren, so dass gemäß Tab. 25.5 sowohl für Start als auch Stopp eine Reaktionszeit T_R von $\pm 0{,}1\,\text{s}$ angenommen werden kann. Dabei wird berücksichtigt, dass die Reaktionszeit systematischen Charakter hat und in der Differenz Start- minus Stoppzeit geringer ausfällt.
- Es wird abgeschätzt, dass die Grenzabweichungen der Stoppuhr ($0{,}01\ldots0{,}001\,\text{s}$) im Vergleich zur Reaktionszeit beim Auslösen der Stoppuhr vernachlässigbar ist.
- Die Messung wird 20 mal wiederholt. Die Messwerte sind in Tab. 13.1 zusammengestellt.

Tab. 13.1: Werte für die Messzeit T_M bei 20-maliger Wiederholung.

Gemessene Schwingungsdauern in s									
19,98	20,01	20,10	19,69	19,85	20,07	20,01	19,80	19,75	19,92
20,05	20,01	19,95	19,78	19,85	19,97	19,94	19,73	19,84	19,20

13.3 Modell der Messung

Die Messgleichung für die Schwingungsdauer T ergibt sich aus der Messzeit T_M und den Reaktionszeiten bei Start und Stopp der Zeitmessung:

$$10T = T_M - T_{R,\text{start}} - T_{R,\text{stopp}}. \tag{13.1}$$

https://doi.org/10.1515/9783110500264-013

13.4 Bewerten der relevanten Eingangsgrößen: zugeordnete Messunsicherheiten

Tab. 13.2 stellt für die genannten Eingangsgrößen die besten Schätzwerte und die Informationen zu den zugeordneten Messunsicherheiten zusammen. Der Erwartungswert für die Schwingungsdauer T ist aus den Erwartungswerten der beteiligten Größen gemäß Gl. (13.1) berechnet.

Tab. 13.2: Relevante Eingangsgrößen und zugeordnete Messunsicherheiten.

y_i	Größe	Wert	Typ	Toleranzband	$u(y_i)$
y_1	T_M	19,8750 s	A	–	0,0444 s
y_2	$T_{R,start}$	0	B, Rechteck	±0,1 s	0,0577 s
y_3	$T_{R,stopp}$	0	B, Rechteck	±0,1 s	0,0577 s
x	T	1,98750 s			

13.5 Kombinieren der Erwartungswerte und Standardunsicherheiten

Mit diesen Werten können wir nun unsere Tab. 13.2 ergänzen (Tab. 13.3), wobei für die Sensitivitätskoeffizienten gilt:

$$c_{1...3} = \frac{\partial T_M}{\partial T} = 0{,}1. \tag{13.2}$$

Die kombinierte Messunsicherheit $u_C(x)$ ergibt sich damit zu:

$$u_C(T) = \sqrt{\sum_1^3 u_C^2(y_i)} = \sqrt{8{,}6304 \cdot 10^{-5}\,\text{s}^2} = 0{,}00929\,\text{s}. \tag{13.3}$$

Tab. 13.3: Messunsicherheitsbudget bei der Messung der Schwingungsdauer T.

y_i	Größe	Wert	$u(y_i)$	$c(y_i)$	$(u(y_i)c(y_i))^2 = u_C^2(y_i)$	Beitrags-koeffizient
y_1	T_M	19,8750 s	0,0444 s	0,1	$1{,}9714 \cdot 10^{-5}\,\text{s}^2$	22,8 %
y_2	$T_{R,start}$	0	0,0577 s	0,1	$3{,}3293 \cdot 10^{-5}\,\text{s}^2$	38,6 %
y_3	$T_{R,stopp}$	0	0,0577 s	0,1	$3{,}3293 \cdot 10^{-5}\,\text{s}^2$	38,6 %
x	T	1,98750 s	0,00929 s		$\sum = 8{,}6304 \cdot 10^{-5}\,\text{s}^2$	100,0 %

13.6 Bestimmen der erweiterten Messunsicherheit

Die erweiterte Messunsicherheit $U(x)$ berechnet sich für einen Erweiterungsfaktor $k = 2$ zu:

$$U(T) = k \cdot u_C(T) = 0{,}01858 \text{ s.} \tag{13.4}$$

13.7 Angeben und Bewerten des vollständigen Messergebnisses

Das vollständige Messergebnis für die Bestimmung des Schwingungsdauer T lautet nun für $k = 2$:

$$T = (1{,}988 \pm 0{,}019) \text{ s} = 1{,}988 \text{ s}(1 \pm 0{,}96 \text{ \%}). \tag{13.5}$$

Die erweiterte Messunsicherheit $U(T)$ wird maßgeblich durch die Reaktionszeiten beim Bedienen der Stoppuhr bestimmt. Deren Einfluss könnte einfach reduziert werden, wenn eine Messung statt der hier genutzten 10 Schwingungen deutlich mehr umfassen würde.

14 Messung der Erdbeschleunigung mittels eines Pendels

14.1 Messaufgabe

Ziel ist es, die Erdbeschleunigung mittels eines schwingenden Fadenpendels zu bestimmen. Ein solches Fadenpendel wird auch mathematisches Pendel genannt. Wie in Abb. 12.1 dargestellt, besteht der Aufbau des Versuchs aus einem Pendelkörper, hier einer Kugel, der an einem Faden hängt und schwingt. Die Bewegung der Kugel beschreibt eine harmonische Schwingung, die sich durch die Bewegungsgleichung

$$x = \hat{x} \cdot \cos(\omega t + \varphi) \tag{14.1}$$

beschreiben lässt. Dabei ist x die Auslenkung, $\hat{x}$ die Amplitude der Schwingung, ω die Kreisfrequenz, t die Zeit und φ der Nullphasenwinkel zum Zeitpunkt $t = 0$, der aber hier keine Rolle spielt. Vorausgesetzt wird dabei,
- dass die Bewegungen des Pendelkörpers und des Fadens reibungsfrei verlaufen,
- dass die Masse des Fadens vernachlässigbar klein ist und
- dass der Pendelkörper anfangs nur eine kleine Strecke ausgelenkt wird, so dass der Sinus des Auslenkungswinkels des Pendels durch den Auslenkungswinkel selbst genähert werden kann ($\sin \phi = \phi$).

Wird das Pendel angestoßen und schwingt dann frei, stellt sich die Eigenkreisfrequenz ω_0 (bzw. Eigenfrequenz f_0) ein, die mit der Schwingungsdauer T folgendermaßen zusammenhängt:

$$T = \frac{1}{f_0} = \frac{2\pi}{\omega_0}. \tag{14.2}$$

Die Eigenkreisfrequenz ω_0 hängt dabei – unter den oben genannten Voraussetzungen – nur von der Pendellänge l und der Fall- bzw. Erdbeschleunigung g ab [48]:

$$\omega_0 = \sqrt{\frac{g}{l}}. \tag{14.3}$$

Aus den Gln. (14.2) und (14.3) lässt sich nun die Erdbeschleunigung berechnen:

$$g = 4\pi^2 \frac{l}{T^2}. \tag{14.4}$$

In den Kapiteln 12 und 13 hatten wir bereits die Pendellänge l und die Periodendauer T gemessen und dabei auch die zugehörigen kombinierten Messunsicherheiten $u_C(l)$ und $u_C(T)$ (Gln. (12.7) und (13.3)) sowie die erweiterten Messunsicherheiten $U(l)$ und $U(T)$ (Gln. (12.8) und (13.4)) bestimmt. Diese Kenntnis nutzen wir nun, um direkt

https://doi.org/10.1515/9783110500264-014

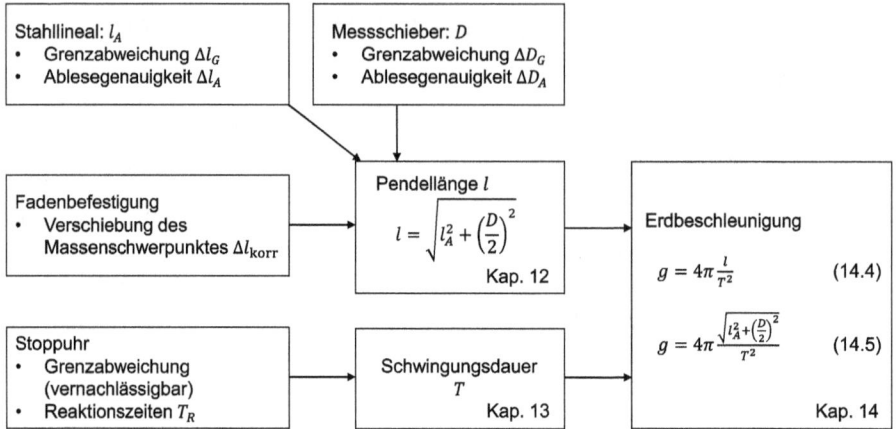

Abb. 14.1: Strukturiertes Vorgehen bei der Messung der Erdbeschleunigung unter Berücksichtigung der wesentlichen Einflussgrößen. Die Modularisierung des Vorgehens und des Messmodells erlaubt das schrittweise Vorgehen in den Kapiteln 12 bis 14.

aus l und T die Erdbeschleunigung g und die entsprechende kombinierte bzw. erweiterte Messunsicherheit zu berechnen. Dies ist in Abb. 14.1 verdeutlicht. Dabei machen wir von der Modularisierung des Messmodells entsprechend Abb. 3.5 Gebrauch. Natürlich ließe sich gleichberechtigt auch ein nichtmodulares Messmodell ableiten, indem die Beziehung von Gl. (14.5) genutzt wird. Berücksichtigte man dabei auch die in den Abschn. 12.1 und 13.1 beschriebenen Messunsicherheitseinflüsse, erhielten wir unter Berücksichtigung der Gln. (12.2) und (13.1) folgendes Messmodell:

$$g = 4\pi^2 \frac{\sqrt{(l_A + \Delta l_G + \Delta l_A)^2 + (\frac{D + \Delta D_G + \Delta D_A}{2})^2} - \Delta l_{korr}}{(\frac{T_M + T_{R,start} + T_{R,stopp}}{10})^2}. \tag{14.6}$$

Dies führte aber genauso zu dem gleichen Ergebnis, wie wir es im Folgenden unter Verwendung von Gl. (14.4) mit den vollständigen Messergebnissen für l und T erhalten.

14.2 Kenntnisse über die Messung und die Eingangsgrößen

– Die Pendellänge des Fadenpendels beträgt $l = (984{,}12 \pm 0{,}27)$ mm $(k = 2)$.
– Die Schwingungsdauer des Fadenpendels bemisst sich zu $T = (1{,}988 \pm 0{,}019)$ s $(k = 2)$.
– Weitere Einflussgrößen als die in den Tab. 12.1 und 13.2 gegebenen, die in die gerade genannten Messunsicherheiten eingeflossen sind, gibt es nicht.

14.3 Modell der Messung

Die Messgleichung für die Berechnung der Erdbeschleunigung g ist mit Gl. (14.4) gegeben.

14.4 Bewerten der relevanten Eingangsgrößen: zugeordnete Messunsicherheiten

Tab. 14.1 stellt die für die Pendellänge l und die Periodendauer T bekannten Kenntnisse aus Abschn. 14.2 zusammen.

Tab. 14.1: Relevante Eingangsgrößen und zugeordnete Messunsicherheiten.

y_i	Größe	Wert	Typ	$U(y_i)$ für $k = 2$
y_1	l	0,98412 m	B, Normalverteilung	0,00027 m
y_2	T	1,988 s	B, Normalverteilung	0,019 s
x	g	9,8305 ms^{-2}		

14.5 Kombinieren der Erwartungswerte und Standardunsicherheiten

Mit den Werten für l und T aus Tab. 14.1 lässt sich nun der beste Schätzwert für die Erdbeschleunigung berechnen:

$$g = 4\pi^2 \frac{l}{T^2} = 4\pi^2 \frac{0{,}98412 \text{ m}}{(1{,}991 \text{ s})^2} = 9{,}8305 \text{ ms}^{-2}. \tag{14.7}$$

Dieser Wert wurde bereits in Tab. 14.1 eingetragen.

Nun müssen noch die beiden Sensitivitätskoeffizienten für l und T berechnet werden:

$$c_1 = c_l = \frac{\partial g}{\partial l} = \frac{4\pi^2}{T^2} = \frac{39{,}478}{(1{,}991 \text{ s})^2} = 9{,}959 \text{ s}^{-2}, \tag{14.8}$$

$$c_2 = c_T = \frac{\partial g}{\partial T} = \frac{-2 \cdot 4\pi^2 l}{T^3} = \frac{-77{,}703}{(1{,}991\text{s})^3} = -9{,}845 \text{ m·s}^{-3}. \tag{14.9}$$

Nun können wir wieder unsere Messunsicherheitsbilanz aufstellen (Tab. 14.2).

Die kombinierte Messunsicherheit $u_C(g)$ ergibt sich damit zu:

$$u_C(g) = \sqrt{u_C^2(l) + u_C^2(T)} = \sqrt{8{,}7495 \cdot 10^{-3} \text{ s}^2} = 0{,}0940 \text{ s}. \tag{14.10}$$

Tab. 14.2: Messunsicherheitsbudget bei der Berechnung der Erdbeschleunigung g.

y_i	Größe	Wert	$u(y_i)$	$c(y_i)$	$(u(y_i)c(y_i))^2 = u_c^2(y_i)$	Beitrags-koeffizient
y_1	l	0,98412 m	0,000135 m	9,959 s^{-2}	$1,8076 \cdot 10^{-6}$ s^2	0,0 %
y_2	T	1,991 s	0,0095 s	$-9,8452$ ms^{-3}	$8,7477 \cdot 10^{-3}$ s^2	100,0 %
x	g	9,8305 ms^{-2}	0,0940 ms^{-2}		$\sum = 8,7495 \cdot 10^{-3}$ s^2	100,0 %

14.6 Bestimmen der erweiterten Messunsicherheit

Die erweiterte Messunsicherheit $U(g)$ berechnet sich für einen Erweiterungsfaktor $k = 2$ zu:

$$U(g) = k \cdot u_C(g) = 0{,}01880 \text{ ms}^{-2}. \tag{14.11}$$

14.7 Angeben und Bewerten des vollständigen Messergebnisses

Das vollständige Messergebnis für die Erdbeschleunigung g lautet nun für $k = 2$:

$$g = (9{,}83 \pm 0{,}19) \text{ ms}^{-2} = 9{,}83 \text{ ms}^{-2}(1 \pm 2{,}0 \text{ \%}). \tag{14.12}$$

Die erweiterte Messunsicherheit $U(g)$ wird maßgeblich durch die Unsicherheit der Schwingungsdauermessung und damit durch die Reaktionszeiten beim Bedienen der Stoppuhr bestimmt. Die erweiterte Messunsicherheit von knapp 1 % bei der Messung der Schwingungsdauer T ergibt für die Erdbeschleunigung durch die quadratische Abhängigkeit der Erdbeschleunigung (im Nenner) von T eine doppelt so große relative erweiterte Messunsicherheit $U(g)/g$ von 2 %.

Zur Verringerung der Messunsicherheit wären folgende Maßnahmen denkbar:
- Vergrößerung der Anzahl von Schwingungen pro Messung,
- mehr Messungen in der Messreihe zur Bestimmung der Schwingungsdauer,
- Ersatz der Handmessung per Stoppuhr durch genauere Messverfahren, z. B. mit magnetischen oder optischen Sensoren.

Bei der Nutzung der Gl. (14.4) zur Bestimmung der Erdbeschleunigung waren eine Reihe von Vernachlässigungen getroffen worden. Wie sich im Ergebnis der Messungen zeigt, waren diese gerechtfertigt.

15 Messung des Elastizitätsmoduls eines Stabes anhand einer Messreihe[8]

15.1 Messaufgabe

Ziel ist die Bestimmung des Elastizitätsmoduls von Messing. Der Elastizitätsmodul beschreibt – bei linear-elastischem Verhalten eines Materials – den proportionalen Zusammenhang zwischen Spannung und Dehnung bei der Verformung eines festen Körpers. Hier soll ein waagerecht einseitig fest eingespannter Messingstab mit konstantem, rechteckigem Querschnitt genutzt werden, der an seinem freien Ende mit Gewichtsstücken mit immer größer werdender Masse belastet wird, sich dadurch biegt und um den Weg s auslenkt (Abb. 15.1).

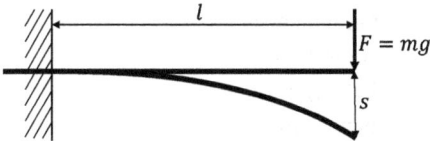

Abb. 15.1: Auslenkung s eines waagerecht einseitig fest eingespannten Messingstabes mit konstantem, rechteckigem Querschnitt unter Gewichtskraftbelastung.

Die Auslenkung s am Ende des Biegebalkens ist abhängig von der wirkenden Gewichtskraft F, die wiederum von der entsprechenden Masse m gemäß $F = mg$ abhängt (g Erdbeschleunigung). Sie beträgt [49]:

$$s = \frac{Fl^3}{3EI_y} = \frac{l^3 mg}{3EI_y}.$$

(15.1)

Dabei ist l die Länge des Stabes und g die Erdbeschleunigung. I_y ist das axiale Flächenträgheitsmoment des Biegebalkens. Es beträgt für einen rechteckigen Querschnitt mit der Höhe h und der Breite b:

$$I_y = \frac{bh^3}{12},$$

(15.2)

so dass sich für die Auslenkung ergibt:

$$s = \frac{4g}{Eb}\left(\frac{l}{h}\right)^3 m.$$

(15.3)

---

8 Beispiel adaptiert von [21, S. 48–51]. Von dort wurden auch die meisten Zahlenwerte übernommen oder adaptiert.

https://doi.org/10.1515/9783110500264-015

Der Elastizitätsmodul lässt sich somit aus der Kenntnis des Zusammenhangs s/m zwischen Auslenkung s und Masse m sowie der geometrischen Abmessungen l, h, b und der Erdbeschleunigung g bestimmen:

$$E = \frac{4g}{b}\left(\frac{l}{h}\right)^3 \frac{1}{s/m}. \tag{15.4}$$

Der Zusammenhang s/m soll durch eine Messreihe ermittelt werden, bei der die Masse am Balkenende schrittweise erhöht und die jeweils dazugehörige Auslenkung aufgenommen wird. Der Zusammenhang $s(m)$ kann für linear-elastischem Materialverhalten bei kleinen Auslenkungen als linear angenommen werden:

$$s = Am + s_0. \tag{15.5}$$

Die Parameter A und s_0 werden durch eine Ausgleichsrechnung bestimmt, wobei Gl. (15.5) die Regressionsgerade beschreibt. s_0 stellt einen Offset dar, der einer Parallelverschiebung der Kennlinie entspricht. Praktisch ist der hier allerdings bedeutungslos, da für die Bestimmung des Elastizitätsmoduls in Gl. (15.4) nur der Proportionalitätsfaktor A zwischen Auslenkungsänderung und Masseerhöhung von Belang ist. Dies wird sofort klar, wenn man in Gl. (15.4) den Term s/m durch den differentiellen Ausdruck $\partial s/\partial m$ ersetzt, der mit Gl. (15.5) sofort den Anstieg A ergibt:

$$E = \frac{4g}{b}\left(\frac{l}{h}\right)^3 \frac{1}{A}. \tag{15.6}$$

Die gewählte Methode hat den Vorteil, dass hier keine Messunsicherheiten der einzelnen Gewichtsstücke betrachtet werden brauchen, da diese in der Unsicherheit des Anstiegs A enthalten sind und sich durch die Ausgleichsrechnung bestimmen lässt (siehe Tabelle 15.2).

15.2 Kenntnisse über die Messung und die Eingangsgrößen

Bei der Messung der Geometrie des Messingstabes wurden folgende Werte bestimmt:
- Die Länge l des biegbaren Teils des Messingstabes ab fester Einspannung wurde mit einem Holzmaßstab der Klasse II gemessen. Die abgelesene Länge beträgt $l_A = 802{,}0$ mm (einmalig abgelesen, damit ohne Streuung).
- Grenzabweichung Δl_G für den Holzmaßstab: 0,5 mm (Rechteckverteilung), siehe Tab. 25.1.
- Ablesegenauigkeit Δl_A für den Holzmaßstab: 0,5 mm (Dreieckverteilung).
- Die Dicke h und die Breite b des Messingstabes wurden mit einer Bügelmessschraube (Grenzabweichung 4 μm; siehe Tab. 25.4) gemessen.
- Die abgelesenen Werte betragen $h_A = 5{,}989$ mm und $b_A = 5{,}998$ mm (einmalig abgelesen, damit ohne Streuung).

- Da für beide Messungen dieselbe Bügelmessschraube verwendet wurde, sind beide Messwerte korreliert. Der Korrelationskoeffizient ist $r = 1$.
- Grenzabweichungen $\Delta h_G = \Delta b_G$ für die Bügelmessschraube: 0,004 mm (Rechteckverteilung), siehe Tab. 25.4.
- Ablesegenauigkeit für die Bügelmessschraube: $\Delta h_A = \Delta b_A = 0{,}005$ mm (Dreieckverteilung).

Die lokale Erdbeschleunigung wird in Deutschland oft mit 9,81 m/s^2 angegeben, schwankt zwischen Norden und Süden aber wegen der Geoidform der Erde um $\pm 0{,}004$ m/s^2 [50]. Sie kann aber mit folgender Formel in Abhängigkeit vom örtlichen Breitengrad φ und der Höhe H_{MS} über dem Meeresspiegel genauer mit einer Unsicherheit von $\Delta g/g \sim 10^{-4}$ abgeschätzt werden [51]:

$$g = \{9{,}780327 \cdot [1 + 0{,}0053024 \cdot \sin^2 \varphi - 0{,}0000058 \cdot \sin^2(2\varphi)] - 0{,}00000308 \cdot H_{MS}/\text{m}\}\ \text{m/s}^2.$$
(15.7)

Diese Gleichung basiert auf dem mathematische Modell des Normalschwerefeldes gemäß des geodätisches Referenzsystems GRS80 von 1980. In [50] ist ein komfortabler Rechner zur Berechnung von Gl. (15.7) verfügbar. Beispielhaft beträgt der Breitengrad für Dresden 51,05° und liegt Dresden auf 113 m über Normalnull. Damit beträgt die Fallbeschleunigung dort $g = (9{,}81129 \pm 0{,}00098)$ m/s^2.

Für die Bestimmung der Abhängigkeit der Auslenkung von der Masse wurde eine Messreihe aufgenommen, bei der die angehängten Massen in 10 g-Schritten bis auf 150 g erhöht wurden. Die Messwerte sind in Tab. 15.1 zusammengestellt. Die Ausgleichsrechnung für eine lineare Ausgleichsfunktion gemäß Gl. (15.5) ergibt die Werte von Tab. 15.2.

Tab. 15.1: Messwerte für die Auslenkung s in Abhängigkeit von der angehängten Masse m.

m/g	10	20	30	40	50	60	70	80	90	100	110	120	130	140	150
s/mm	42,0	43,0	45,1	46,3	47,8	49,6	50,9	52,8	53,9	55,5	57,3	58,5	60,0	61,6	63,1

Tab. 15.2: Ergebnisse der linearen Ausgleichsrechnung für die Messwerte von Tab. 15.1 gemäß Gl. (15.5).

Parameter	Schätzwert	Standardunsicherheit
A	0,15211 mm/g	0,00111 mm/g
s_0	40,325 mm	0,101 mm

15.3 Modell der Messung

Aus Gl. (15.6) lässt sich nun mit den in Abschn. 15.1 gegebenen Informationen die Messgleichung für die Berechnung des Elastizitätsmoduls E ableiten:

$$E = \frac{4g}{(b_A + \Delta b_G + \Delta b_A)} \left[\frac{(l_A + \Delta l_G + \Delta l_A)}{(h_A + \Delta h_G + \Delta h_A)} \right]^3 \frac{1}{A}. \tag{15.8}$$

Darin werden für die geometrischen Abmessungen b, l und h die entsprechenden Grenz- (Index G; jeweils Rechteckverteilung: siehe Abschn. 5.6 und Tab. 6.1, Fall 2) und Ableseabweichungen (Index A; jeweils Dreieckverteilung: siehe Abschn. 5.4 und Tab. 6.1, Fall 3) berücksichtigt.

15.4 Bewerten der relevanten Eingangsgrößen: zugeordnete Messunsicherheiten

Für alle Eingangsgrößen sind nun in Tab. 15.3 die besten Schätzwerte und die Informationen zu den zugeordneten Messunsicherheiten zusammengestellt.

Tab. 15.3: Relevante Eingangsgrößen und zugeordnete Messunsicherheiten.

y_i	Größe	Wert	Typ	Toleranzband	$u(y_i)$
y_1	g	$9{,}81129 \, \text{m/s}^2$	B, Normal	–	$0{,}00098 \, \text{m/s}^2$
y_2	b_A	$5{,}998 \cdot 10^{-3} \, \text{m}$	B, Rechteck	0	0
y_3	Δb_G	0	B, Rechteck	$\pm 0{,}004 \, \text{mm}$	$2{,}309 \cdot 10^{-6} \, \text{m}$
y_4	Δb_A	0	B, Dreieck	$\pm 0{,}005 \, \text{mm}$	$2{,}041 \cdot 10^{-6} \, \text{m}$
y_5	l_A	$802{,}0 \, \text{mm}$	B, Rechteck	0	0
y_6	Δl_G	0	B, Rechteck	$\pm 0{,}5 \, \text{mm}$	$0{,}2887 \cdot 10^{-3} \, \text{m}$
y_7	Δl_A	0	B, Dreieck	$\pm 0{,}5 \, \text{mm}$	$0{,}2041 \cdot 10^{-3} \, \text{m}$
y_8	h_A	$5{,}989 \, \text{mm}$	B, Rechteck	0	0
y_9	Δh_G	0	B, Rechteck	$\pm 0{,}004 \, \text{mm}$	$2{,}309 \cdot 10^{-6} \, \text{m}$
y_{10}	Δh_A	0	B, Dreieck	$\pm 0{,}005 \, \text{mm}$	$2{,}041 \cdot 10^{-6} \, \text{m}$
y_{11}	A	$0{,}15211 \cdot 10^{-3} \, \text{m/g}$	B, Normal	–	$0{,}00111 \cdot 10^{-3} \, \text{m/g}$
x	E	$1{,}03292 \cdot 10^{14} \, \text{g/(ms}^2)$			

15.5 Kombinieren der Erwartungswerte und Standardunsicherheiten

Mit den Werten aus Tab. 15.3 lässt sich nun der beste Schätzwert für den Elastizitätsmodul E berechnen:

$$E = \frac{4g}{(b_A + \Delta b_G + \Delta b_A)}\left[\frac{(l_A + \Delta l_G + \Delta l_A)}{(h_A + \Delta h_G + \Delta h_A)}\right]^3 \frac{1}{A}$$

$$= \frac{4 \cdot 9{,}81129\,\frac{m}{s^2}}{(5{,}998 \cdot 10^{-3}\,m + 0 + 0)}\left[\frac{(802{,}0 \cdot 10^{-3}\,m + 0 + 0)}{(5{,}989 \cdot 10^{-3}\,m + 0 + 0)}\right]^3 \frac{1}{0{,}15211 \cdot 10^{-3}\,\frac{m}{g}}$$

$$= 1{,}03292 \cdot 10^{14}\,\frac{g}{ms^2} = 1{,}03292 \cdot 10^{11}\,\frac{kg}{ms^2} = 1{,}03292 \cdot 10^{11}\,Pa = 103{,}292\,GPa. \tag{15.9}$$

Dabei ist $1\,Pa = 1\,kg \cdot m^{-1} \cdot s^{-2}$ bzw. $1\,GPa = 10^{12}\,g \cdot m^{-1} \cdot s^{-2}$ Der in Gl. (15.9) berechnete Wert für E wurde bereits in Tab. 14.1 eingetragen.

Nun benötigen wir noch die Sensitivitätskoeffizienten für die Größen y_1 bis y_{11}:

$$c_1 = \frac{\partial E}{\partial g} = \frac{4}{b_A}\left[\frac{l_A}{h_A}\right]^3 \frac{1}{A} = 11 \cdot 10^{12}\,g \cdot m^{-2}, \tag{15.10}$$

$$c_2 = c_3 = c_4 = c_b = \frac{\partial E}{\partial b_A} = -\frac{4g}{b_A^2}\left[\frac{l_A}{h_A}\right]^3 \frac{1}{A} = -17 \cdot 10^{15}\,g \cdot m^{-2}\,s^{-2}. \tag{15.11}$$

$$c_5 = c_6 = c_7 = c_l = \frac{\partial E}{\partial l_A} = 3\frac{4g}{b_A}\frac{l_A^2}{h_A^3}\frac{1}{A} = -390 \cdot 10^{12}\,g \cdot m^{-2}\,s^{-2}. \tag{15.12}$$

$$c_8 = c_9 = c_{10} = c_h = \frac{\partial E}{\partial h_A} = -3\frac{4g}{b_A}\frac{l_A^3}{h_A^4}\frac{1}{A} = -52 \cdot 10^{15}\,g \cdot m^{-2}\,s^{-2}. \tag{15.13}$$

$$c_{11} = c_A = \frac{\partial E}{\partial A} = -\frac{4g}{b_A}\left(\frac{l_A}{h_A}\right)^3 \frac{1}{A^2} = -680 \cdot 10^{15}\,g^2 \cdot m^{-2}\,s^{-2}, \tag{15.14}$$

Damit können wir nun wieder unsere Messunsicherheitsbilanz aufstellen (Tab. 15.4).

Tab. 15.4: Messunsicherheitsbudget bei der Berechnung des Elastizitätsmoduls E.

y_i	Größe	Wert	$u(y_i)$	$c(y_i)$	$(u(y_i)c(y_i))^2 = u_c^2(y_i)$	Beitrags-koeffizient
y_1	g	$9{,}81129\,m/s^2$	$0{,}00098\,m/s^2$	c_g	$1{,}0 \cdot 10^{20}\,g^2/(m^2\,s^4)$	$0{,}0\,\%$
y_2	b_A	$5{,}998 \cdot 10^{-3}\,m$	0	c_b	0	$0{,}0\,\%$
y_3	Δb_G	0	$2{,}309 \cdot 10^{-3}\,m$	c_b	$1{,}6 \cdot 10^{21}\,g^2/(m^2\,s^4)$	$0{,}3\,\%$
y_4	Δb_A	0	$2{,}041 \cdot 10^{-3}\,m$	c_b	$1{,}23 \cdot 10^{21}\,g^2/(m^2\,s^4)$	$0{,}8\,\%$
y_5	l_A	$802{,}0\,mm$	0	c_l	0	$0{,}0\,\%$
y_6	Δl_G	0	$0{,}2887 \cdot 10^{-3}\,m$	c_l	$1{,}21 \cdot 10^{22}\,g^2/(m^2\,s^4)$	$2{,}0\,\%$
y_7	Δl_A	0	$0{,}2041 \cdot 10^{-3}\,m$	c_l	$6{,}24 \cdot 10^{21}\,g^2/(m^2\,s^4)$	$1{,}0\,\%$
y_8	h_A	$5{,}989\,mm$	0	c_h	0	$0{,}0\,\%$
y_9	Δh_G	0	$2{,}309 \cdot 10^{-3}\,m$	c_h	$1{,}44 \cdot 10^{22}\,g^2/(m^2\,s^4)$	$2{,}3\,\%$
y_{10}	Δh_A	0	$2{,}041 \cdot 10^{-3}\,m$	c_h	$1{,}21 \cdot 10^{22}\,g^2/(m^2\,s^4)$	$2{,}4\,\%$
y_{11}	A	$0{,}15211 \cdot 10^{-3}\,m/g$	$0{,}00111 \cdot 10^{-3}\,m/g$	c_A	$5{,}63 \cdot 10^{23}\,g^2/(m^2\,s^4)$	$91{,}3\,\%$
x	E	$103{,}296 \cdot 10^{12}\,g/(ms^2)$	$0{,}789 \cdot 10^{12}\,g/(ms^2)$		$\sum = 6{,}2252 \cdot 10^{23}\,g^2/(m^2\,s^4)$	$100{,}0\,\%$

Die kombinierte Messunsicherheit $u_C(g)$ ergibt sich damit zu:

$$u_C(E) = 0{,}789 \cdot 10^{12}\,\frac{g}{\text{m·s}^2} = 0{,}789\,\text{GPa}. \tag{15.15}$$

15.6 Bestimmen der erweiterten Messunsicherheit

Die erweiterte Messunsicherheit $U(E)$ berechnet sich für einen Erweiterungsfaktor $k = 2$ zu:

$$U(E) = k \cdot u_C(E) = 1{,}578\,\text{GPa}. \tag{15.16}$$

15.7 Angeben und Bewerten des vollständigen Messergebnisses

Das vollständige Messergebnis für den Elastizitätsmodul E lautet nun für $k = 2$ nach Berücksichtigung der richtigen Stellenzahl (siehe Abschn. 6.7.2):

$$E = (103{,}3 \pm 1{,}6)\,\text{GPa} = 103{,}3\,\text{GPa} \pm 1{,}6\,\%. \tag{15.17}$$

Aus dem Messunsicherheitsbudget von Tab. 15.4 lassen sich folgende Schlussfolgerungen ziehen:
-   Die erweiterte Messunsicherheit $U(E)$ wird maßgeblich durch die Unsicherheit der Bestimmung des Anstiegs A in der Ausgleichsrechnung bestimmt.
-   Die Grenzabweichungen von Holzmaßstab und Bügelmessschraube sowie die Ableseabweichungen spielen für die kombinierte Messunsicherheit eine vernachlässigbare Rolle.
-   Der Unsicherheitsbeitrag durch die Korrelation der Messung von Breite und Höhe des Messingstabes mit der Bügelmessschraube ist vernachlässigbar gering.
-   Die Abweichung der Erdbeschleunigung vom üblicherweise angenommenen Wert $9{,}81\,\text{m/s}^2$ spielt keine Rolle, so dass die Verwendung der komplizierten Gl. (15.7) hier nicht notwendig ist.

16 Kalibrierung eines Parallelendmaßes[9]

16.1 Messaufgabe

Ein Parallelendmaß (Index E) der Länge $l_E = 50$ mm soll mittels eines bekannten anderen Endmaßes der gleichen Länge (l_S) kalibriert werden, das wir zur besseren Unterscheidung hier Standard (Index S) nennen. Dazu wird ein Längenkomparator verwendet (siehe z. B. [52]). l_E und l_S sind dabei die Längen bei der Bezugstemperatur von 20 °C. Dabei sollen auch die prüfstandsbedingten Abweichungen θ_E und θ_S der Temperatur des Endmaßes und des Standards von der Bezugstemperatur berücksichtigt werden.

Gemessen wird die Differenz d zwischen den beiden Längen von Endmaß und Standard:

$$d = l_E(1 + \alpha_E\theta_E) - l_S(1 + \alpha_S\theta_S), \tag{16.1}$$

wobei α_E und α_S die thermischen Längenausdehnungskoeffizienten von Endmaß und Standard sind. Gesucht sind nun der beste Schätzwert und die dazugehörige erweiterte Messunsicherheit für die Länge l_E:

$$l_E = \frac{l_S(1 + \alpha_S\theta_S) + d}{(1 + \alpha_E\theta_E)} \approx l_S + d + l_S(\alpha_S\theta_S - \alpha_E\theta_E). \tag{16.2}$$

. Dabei wurde der Nennerausdruck $1/(1 + \alpha_E\theta_E)$ als Taylor-Reihe in $(1 + \alpha_E\theta_E) + \cdots$ entwickelt und die höheren Glieder wegen $\alpha_E\theta_E \ll 1$ vernachlässigt. Da vor allem die Differenzen zwischen den beiden Temperaturen:

$$\Delta\theta = \theta_E - \theta_S \tag{16.3}$$

und den beiden thermischen Längenausdehnungskoeffizienten von Endmaß und Standard:

$$\Delta\alpha = \alpha_E - \alpha_S \tag{16.4}$$

von Interesse sind, wird im Weiteren die Messgleichung in folgender Formulierung betrachtet:

$$l_E = l_S + d - l_S(\Delta\alpha \cdot \theta_E + \alpha_S \cdot \Delta\theta). \tag{16.5}$$

Das hier dargestellte Beispiel mutet im ersten Anblick vergleichsweise einfach an. Allerdings werden im Kalibrierzertifikat Messunsicherheitsbeiträge infolge von wiederholten Messungen, von zufälligen und von systematischen Effekten angegeben (sie-

---

9 Beispiel aus [6, Example H.1, S. 79–84]

https://doi.org/10.1515/9783110500264-016

he $u(d)$ im folgenden Abschnitt 16.2), die in die Abschätzung der Gesamtmessunsicherheit einfließen und die Berechnung dadurch für dieses Beispiel erheblich komplizieren. In der Praxis muss geschaut werden, inwieweit bestimmte Unsicherheitseinflüsse vernachlässigbar sind. Im Zweifelsfall sollten sie für die Bestimmung der kombinierten Messunsicherheit aber zunächst immer mit einbezogen werden.

16.2 Kenntnisse über die Messung und die Eingangsgrößen

Folgende Kenntnisse liegen für die Eingangsgrößen der Messgleichung (16.5) vor:

l_S – Länge des Standards:
-   Laut Kalibrationszertifikat beträgt bei der Referenztemperatur von 20 °C die Länge l_S des Vergleichsendmaßes 50,000 623 mm.
-   Die erweiterte Messunsicherheit des Standards beträgt $U(l_S)$ = 0,075 µm für einen Erweiterungsfaktor k = 3. Die einfache Standardunsicherheit beträgt damit $U(l_S)$ = $u(l_S)$ = 0,075 µm/3 = 0,025 µm = 25 nm.

d – Differenz zwischen den Längen von Endmaß und Standard
-   Die gepoolte Standardabweichung des Längenkomparators wurde aus 25 unabhängig wiederholten Messungen von zwei bekannten Endmaßen bestimmt und betrug 13 nm.
-   Für den Vergleich von l_E und l_S wurden fünf Wiederholungen ausgewählt, so dass sich die resultierende Messunsicherheit durch die Quadratwurzel dieser Zahl an Wiederholungen teilt und damit

$$u(\overline{d}) = s(\overline{d}) = 13\,\mu m / \sqrt{5} = 5{,}8\,nm \tag{16.6}$$

beträgt (siehe auch [6, Ziffer 4.2.4]).
-   Bei diesen fünf Wiederholungen wurde eine mittlere Differenz $\overline{d}$ von 215 nm ermittelt.
-   Die Unsicherheit des Längenkomparators aufgrund von zufälligen Messabweichungen beträgt gemäß Zertifikat ±0,01 µm (basierend auf sechs Wiederholungsmessungen; Vertrauensniveau 95 %). Der entsprechende t-Faktor lässt sich gemäß Tab. 8.1 bei ν = 6 – 1 = 5 Freiheitsgraden zu $t_{95}(5)$ = 2,57 abschätzen. Die Standardunsicherheit wird damit zu:

$$u(d_{zuf}) = 0{,}01\,\mu m / 2{,}57 = 3{,}9\,nm. \tag{16.7}$$

-   Im Kalibrierzertifikat des Längenkomparators wird außerdem eine Unsicherheit infolge systematischer Fehler in Höhe von 0,02 µm angegeben (3σ-Wert). Daraus resultiert ein Unsicherheitsbeitrag von

$$u(d_{sys}) = 0,02\,\mu m/3 = 6,7\,nm. \tag{16.8}$$

– Die gesamte Unsicherheit für die Differenz d zwischen den Längen von Endmaß und Standard ergibt sich nun aus der Summe der abgeschätzten Varianzen aus den Gln. (16.6) bis (16.8):

$$u^2(d) = u^2(\overline{d}) + d^2(d_{zuf}) + d^2(d_{sys}) = 93\,nm \tag{16.9}$$

bzw.

$$u(d) = 9,7\,nm. \tag{16.10}$$

Prinzipiell hätte in Gl. (16.5) die Variable d auch durch $\overline{d} + d_{zuf} + d_{sys}$ ersetzt werden können, wobei der Erwartungswert für die letzten drei Größen jeweils null wären. Dies würde allerdings genauso wieder auf den Wert von Gl. (16.10) für die kombinierte Messunsicherheit $u(d)$ führen.

α_S – Thermischer Längenausdehnungskoeffizient des Standards

Das Vergleichsendmaß besteht aus niedriglegiertem Stahl und hat einen thermischen Längenausdehnungskoeffizienten von $\alpha_S = (11,5 \pm 2,0) \cdot 10^{-6}\,K^{-1}$ (Rechteckverteilung).

θ_E – Abweichung der Temperatur des Endmaßes von der Bezugstemperatur von 20 °C

Die Temperatur des Prüfplatzes beträgt $(19,9 \pm 0,5)\,°C$, ist jedoch während der Messungen nicht mitgemessen worden. Die Temperaturschwankungen des Messplatzes sind durch die Temperaturregelung des thermostatierten Prüfplatzes hervorgerufen und deshalb zyklisch. Für solche näherungsweise sinusförmigen Änderungen gilt keine der in Tab. 6.1 aufgeführten Wahrscheinlichkeitsdichteverteilungen, sondern eine U-förmige Verteilung [24]. Die dazugehörige Standardunsicherheit ist hier:

$$u(\Delta\theta_E) = 0,5\,K/\sqrt{2} = 0,35\,K \tag{16.11}$$

Mit 19,9 °C weicht der Prüfstand im Mittel um −0,1 °C von der Bezugstemperatur von 20,0 °C ab. Laut Angaben zum Prüfplatz beträgt die Unsicherheit dieses Wertes von 19,9 °C selbst:

$$u(\overline{\theta_E}) = 0,2\,K. \tag{16.12}$$

Der beste Schätzwert für die Temperatur des Endmaßes θ_E beträgt damit 19,9 °C, die dazugehörige Standardunsicherheit ergibt sich mit den beiden Unsicherheitsbeiträgen der Gln. (16.11) und (16.12) zu:

$$u^2(\theta_E) = u^2(\Delta\theta_E) + u^2(\overline{\theta_E}) = 0{,}165\,\text{K} \qquad (16.13)$$

bzw. zu:

$$u(\theta_E) = 0{,}41\,\text{K}. \qquad (16.14)$$

Δα – Differenz der thermischen Längenausdehnungskoeffizienten von Endmaß und Standard

Die geschätzten Grenzen für den Wert der Differenz $\Delta\alpha$ der thermischen Längenausdehnungskoeffizienten von Endmaß und Standard, die beide aus dem gleichen Material bestehen, sind $\pm1 \cdot 10^{-6}\,\text{K}^{-1}$ (Rechteckverteilung).

Δθ – Differenz der Temperaturen von Endmaß und Standard

Man kann erwarten, dass die Temperaturdifferenz $\Delta\theta$ zwischen Endmaß und Standard viel kleiner als die Temperaturschwankungen des Prüfplatzes von $\pm0{,}5\,\text{K}$ sind. Sie werden zu $\pm0{,}05\,\text{K}$ abgeschätzt (Rechteckverteilung).

16.3 Modell der Messung

Als Modell der Messung können wir im Folgenden weiterhin Gl. (16.5) verwenden, da wir in Abschn. 16.1 dort, wo mehr als ein Unsicherheitseinfluss auf die jeweilige Eingangsgröße auftrat, diese zu einem zusammengefasst hatten, siehe Gln. (16.10) und (16.14).

16.4 Bewerten der relevanten Eingangsgrößen: zugeordnete Messunsicherheiten

Für alle Eingangsgrößen sind nun wieder die besten Schätzwerte und die Informationen zu den zugeordneten Messunsicherheiten zusammenzustellen. Dies erledigen wir abermals zweckmäßig in Tabellenform (Tab. 16.1).

Tab. 16.1: Eingangsgrößen bei der Kalibrierung eines Endmaßes und zugeordnete Messunsicherheiten.

y_i	Größe	Wert	Typ	Toleranzband	$u(y_i)$
y_1	l_S	50,000 623 mm	B, Normal	–	25 nm
y_2	d	0,000 215 mm	B, Normal	–	9,7 nm
y_3	α_S	$11{,}5 \cdot 10^{-6}\,\text{K}^{-1}$	B, Rechteck	$\pm2{,}0 \cdot 10^{-6}\,\text{K}^{-1}$	$1{,}15 \cdot 10^{-6}\,\text{K}^{-1}$
y_4	θ_E	0,1 K	B, Normal	–	0,41 K
y_5	$\Delta\alpha$	0	B, Rechteck	$\pm1 \cdot 10^{-6}\,\text{K}^{-1}$	$0{,}58 \cdot 10^{-6}\,\text{K}^{-1}$
y_6	$\Delta\theta$	0	B, Rechteck	$\pm0{,}05\,\text{K}$	0,029 K
x	l_E	50,000 838 mm			

16.5 Kombinieren der Erwartungswerte und Standardunsicherheiten

Der Erwartungswert für die Länge l_E des Endmaßes berechnet sich unter Nutzung des Modells von Gl. (16.5) mit den besten Schätzwerten aller Größen:

$$l_E = l_S + d - l_S(\Delta\alpha \cdot \theta_E + \alpha_S \cdot \Delta\theta) = l_S + d - l_S(0 \cdot \theta_E + \alpha_S \cdot 0) = l_S + d = 50{,}000838 \text{ mm.} \quad (16.15)$$

Dieser Wert ist bereits in Tab. 16.1 eingetragen.

Um die Messunsicherheiten kombinieren zu können, benötigen wir noch die zugehörigen Sensitivitätskoeffizienten:

$$c_1 = c_{l_S} = \frac{\partial l_E}{\partial l_S} = 1 - (\Delta\alpha \cdot \theta_E + \alpha_S \cdot \Delta\theta) = 1 - (0 \cdot \theta_E + \alpha_S \cdot 0) = 1, \quad (16.16)$$

$$c_2 = c_d = \frac{\partial l_E}{\partial d} = 1, \quad (16.17)$$

$$c_3 = c_{\alpha_S} = \frac{\partial l_E}{\partial \alpha_S} = -l_S\Delta\theta = 0, \quad (16.18)$$

$$c_4 = c_{\theta_E} = \frac{\partial l_E}{\partial \theta_E} = -l_S\Delta\alpha = 0, \quad (16.19)$$

$$c_5 = c_{\Delta\alpha} = \frac{\partial l_E}{\partial \Delta\alpha} = -l_S\theta_E = -5{,}001 \cdot 10^6 \text{ nm·K}, \quad (16.20)$$

$$c_6 = c_{\Delta\theta} = \frac{\partial l_E}{\partial \Delta\theta} = -l_S\alpha_S = -575{,}0 \text{ nm·K}^{-1}. \quad (16.21)$$

Damit können wir nun Tab. 16.1 entsprechend ergänzen (Tab. 16.2).

Tab. 16.2: Eingangsgrößen und zugeordnete Messunsicherheiten bei der Kalibrierung eines Endmaßes.

y_i	Größe	Wert	$u(y_i)$	$c(y_i)$	$(u(y_i)c(y_i))^2 = u_c^2(y_i)$	Beitrags- koeffizient
y_1	l_S	50,000 623 mm	25 nm	1	625 nm^2	62,3 %
y_2	d	0,000 215 mm	9,7 nm	1	94,1 nm^2	9,4 %
y_3	α_S	$11{,}5 \cdot 10^{-6}$ K^{-1}	$1{,}15 \cdot 10^{-6}$ K^{-1}	0	0	0 %
y_4	θ_E	0,1 K	0,41 K	0	0	0 %
y_5	$\Delta\alpha$	0	$0{,}58 \cdot 10^{-6}$ K^{-1}	$-5{,}001 \cdot 10^6$ nm·K	8,4 nm^2	0,8 %
y_6	$\Delta\theta$	0	0,029 K	$-575{,}0$ nm·K^{-1}	278 nm^2	27,5 %
x	l_E	**50,000 838 mm**	**31,7 nm**		**1005,5 nm^2**	**100,0 %**

Die kombinierte Messunsicherheit $u_C(x)$ ergibt sich somit zu:

$$u_C(l_E) = \sqrt{\sum_1^6 u_C^2(y_i)} = \sqrt{1005,5\,\text{nm}^2} = 31,7\,\text{nm} = 0,0000317\,\text{mm}. \qquad (16.22)$$

16.6 Bestimmen der erweiterten Messunsicherheit

Die erweiterte Messunsicherheit $U(l_E)$ ergibt sich daraus für einen Erweiterungsfaktor $k = 2$ zu:

$$U(l_E) = k \cdot u_C(l_E) = 0.000064\,\text{mm}. \qquad (16.23)$$

16.7 Angeben und Bewerten des vollständigen Messergebnisses

Das vollständige Messergebnis für die Bestimmung der Länge des Parallelendmaßes lautet nun für $k = 2$:

$$l_E = (50,000838 \pm 0,000064)\,\text{mm} = 50,000838(1 \pm 1,3 \cdot 10^{-6})\,\text{mm}. \qquad (16.24)$$

Für das Vergleichsendmaß (Standard) war die erweiterte Messunsicherheit für einen Erweiterungsfaktor für $k = 3$ angegeben worden (siehe Abschn. 16.1, Länge des Standards). Dann würde sich in Gl. (16.20) eine entsprechend größere erweiterte Messunsicherheit ergeben:

$$l_E = (50,000838 \pm 0,000095)\,\text{mm} = 50,000838(1 \pm 1,9 \cdot 10^{-6})\,\text{mm} \quad (\text{für } k = 3). \qquad (16.25)$$

Diese erweiterte Messunsicherheit von 95 nm ist natürlich größer als die Messunsicherheit von 25 nm des Vergleichsstandards, da sich die Messunsicherheit durch zusätzliche Messunsicherheitsbeiträge bei der Kalibrierung ja nicht verbessern kann. Positiv einzuschätzen ist, dass der Messunsicherheitsbeitrag durch das Vergleichsendmaß mit 62,3 % der dominierende ist und die durch die Messbedingungen beim Kalibrieren zusätzlich auftretenden Beiträge deutlich kleiner sind. Der zweitwichtigste Beitrag zur Messunsicherheit ergibt sich aus der möglichen Temperaturdifferenz zwischen dem zu kalibrierenden und dem Vergleichsendmaß.

Abschließend sei noch auf zwei Details hingewiesen, wo wir in den Betrachtungen hier in diesem Kapitel Vernachlässigungen vorgenommen hatten:

– In Gl. (16.2) war der Nennerausdruck in eine Taylorreihe umgeformt und dann nur der erste, lineare Term berücksichtigt worden. In [6], wo dieses Beispiel entnommen wurde, sind in Abschn. H.1.7 auch die Terme zweiter Ordnung berücksichtigt. Dadurch vergrößert sich die kombinierte Standardunsicherheit $u_C(l_E)$ in Gl. (16.22) von rund 32 nm auf 34 nm. Das kann also praktisch vernachlässigt werden.

– Für die Abschätzung der Messunsicherheitsbeiträge für die Differenz d zwischen den Längen von Endmaß und Standard in Abschn. 6.1 wurden Angaben aus dem Zertifikat des Längenkomparators verwenden. Diese stützten sich auf 25 bzw. 6 Beobachtungen, so dass hier für die Bestimmung der Unsicherheit gemäß Kap. 8 mit effektiven statistischen Freiheitsgraden ν_{eff} gerechnet werden müsste (ν_{eff} = 24 bzw. 5). Dies ist ebenfalls ausführlich in [6, Abschn. H.1.6] dargestellt. Dort sieht man auch, dass der Einfluss auf den Erweiterungsfaktor k für eine Vertrauenswahrscheinlichkeit von 99 % klein ist (k = 2,92 statt 3,0).

17 Kalibrierung einer nichtselbsttätigen elektronischen Präzisionswaage[10]

17.1 Messaufgabe

Betrachtet wird eine nichtselbsttätige elektronische Präzisionswaage (siehe Abschn. 25.3.1). Um korrekte Messungen zu gewährleisten, muss die Waage regelmäßig kalibriert werden. Dazu sollen verschiedene Tests durchgeführt werden. Das Vorgehen bei der Kalibrierung der Waage stützt sich auf [53] und basiert auf der DKD-Richtlinie R 7-2 zur Kalibrierung nichtselbsttätiger Waagen [54].

Die Tests im Rahmen der Kalibrierung umfassen hier die folgenden Punkte (vgl. Beispiel in Abschn. 5.2):

- Eckenlastprüfung: Zweck ist die Bestimmung des Einflusses einer außermittigen Belastung. Dazu wird die Referenzlast in folgender Reihenfolge auf fünf spezifizierten Stellen auf der Wägeplatte platziert: 1. in der Mitte der Wägeplatte, 2. vorne links, 3. hinten links, 4. hinten rechts, 5. vorne rechts. Die bei der Eckenlastprüfung verwendete Prüflast sollte mindestens 1/3 des Höchstgewichts der Waage betragen, wobei nur eine einzige Prüflast verwendet werden sollte.
- Wiederholbarkeitsprüfung der Anzeige: Dazu wird die gleiche Last mehrmals auf die gleiche Stelle der Wägeplatte gelegt, um Eckenlastfehler zu vermeiden. Die Prüfung ist unter gleichen, konstanten Bedingungen und mit identischer Handhabung durchzuführen. Das Gewicht der Last sollte nahe der Höchstlast des Geräts liegen.
- Testwägung: Ziel ist die Prüfung der Präzision der Waage in ihrem gesamten Messbereich in mehreren (z. B. fünf oder mehr) Schritten mit zunehmendem (und ggf. abnehmendem) Gewicht. Das höchste Gewicht der Last muss nahe der Höchstlast des Geräts liegen. In der Regel werden die Prüfpunkte so gewählt, dass sie gleichmäßig über den Messbereich verteilt sind.

Gesucht ist die erweiterte Messunsicherheit der Waage.

17.2 Kenntnisse über die Messung und die Eingangsgrößen

Die zu kalibrierende Präzisionswaage der Klasse II (siehe Tab. 25.6 und 25.7) hat folgende Eigenschaften:

- Messbereich: $0 \ldots 220\,g$
- Ablesbarkeit: $1\,mg$
- Mit letzterer ergeben sich durch die Digitalanzeige Anzeigetoleranzen von $\pm 0,5\,mg$ sowohl beim Nullabgleich als auch bei der Ablesung.

---

10 Dieses Beispiel orientiert sich an [17, S.121–124]

https://doi.org/10.1515/9783110500264-017

Für die Prüfungen wurden Gewichtsstücke der Genauigkeitsklasse F_2 verwendet (siehe Tab. 25.8 und 25.9).
– Die Grenzabweichung des größten Gewichtsstücks 200 g beträgt 0,2 mg (Tab. 25.9).

In den Tab. 17.1 bis 17.3 sind die Messergebnisse der durchgeführten Prüfungen zusammengestellt.

Tab. 17.1: Messergebnisse der Eckenlastprüfung (Index EL).

Messung	Prüflast	Anzeige
Mitte	100 g	99,998 g
Vorne links	100 g	99,999 g
Hinten links	100 g	99,999 g
Hinten rechts	100 g	99,998 g
Vorne rechts	100 g	99,999 g
Standardabweichung $u(\Delta m_{EL})$		**0,55 mg**

Tab. 17.2: Messergebnisse der Wiederholbarkeitsprüfung (Index W). Prüflast 200 g.

Anzeige				
199,992 g	199,993 g	199,995 g	199,994 g	199,995 g
199,994 g	199,994 g	199,993 g	199,994 g	199,995 g
Standardabweichung $u(\Delta m_W)$ = 0,99 mg				

Tab. 17.3: Messergebnisse der Testwägung im Messbereich der Präzisionswaage (Index MB).

Messung Nr.	Prüflast	Anzeige	Abweichung
1	0 g	0,000 g	0,0 mg
2	50 g	50,001 g	+0,1 mg
3	100 g	99,998 g	−0,2 mg
4	150 g	149,997 g	−0,3 mg
5	200 g	199,993 g	−0,7 mg
6	220 g	219,997 g	−0,3 mg
Standardabweichung $u(\Delta m_{MB})$ = 0,95 mg			

17.3 Modell der Messung

Die Gesamtabweichung Δm setzt sich aus den folgenden Unsicherheitsbeiträgen zusammen:

- Δm_{Gew} – Unsicherheitsbeitrag durch die Grenzabweichung der verwendeten Referenzgewichtsstücke ($\pm 0{,}2$ mg; Rechteckverteilung),
- Δm_{Anz} – Unsicherheitsbeitrag durch Auflösung der Digitalanzeige der Waage ($\pm 0{,}5$ mg; Rechteckverteilung),
- Δm_{Null} – Unsicherheitsbeitrag durch Auflösung der Anzeige der Waage beim Nullabgleich ($\pm 0{,}5$ mg; Rechteckverteilung),
- Δm_{EL} – Unsicherheitsbeitrag durch außermittige Belastung (Eckenlastprüfung),
- Δm_W – Unsicherheitsbeitrag durch Wiederholbarkeit (Wiederholbarkeitsprüfung der Anzeige),
- Δm_{MB} – Unsicherheitsbeitrag durch Präzision der Waage im Messbereich:

$$\Delta m = \Delta m_{Gew} + \Delta m_{Anz} + \Delta m_{Null} + \Delta m_{EL} + \Delta m_W + \Delta m_{MB}. \tag{17.1}$$

17.4 Bewerten der relevanten Eingangsgrößen: zugeordnete Messunsicherheiten

In Tab. 17.4 fassen wir nun für alle Eingangsgrößen die besten Schätzwerte und die Informationen zu den zugeordneten Messunsicherheiten zusammen.

Tab. 17.4: Relevante Eingangsgrößen und zugeordnete Messunsicherheiten bei der Kalibrierung der Präzisionswaage sowie Darstellung des Messunsicherheitsbudgets.

y_i	Größe	Wert	Typ	Toleranzband	$u(y_i)$	$u^2(y_i)$	Beitrags-koeffizient
y_1	Δm_{Gew}	0	B, Rechteck	$\pm 0{,}2$ mg	0,116 mg	0,0135 mg^2	0,6 %
y_2	Δm_{Anz}	0	B, Rechteck	$\pm 0{,}5$ mg	0,289 mg	0,0835 mg^2	3,5 %
y_3	Δm_{Null}	0	B, Rechteck	$\pm 0{,}5$ mg	0,289 mg	0,0835 mg^2	3,5 %
y_4	Δm_{EL}	0	A, Normal	–	0,55 mg	0,3025 mg^2	12,8 %
y_5	Δm_W	−6,1 mg	A, Normal	–	0,99 mg	0,9801 mg^2	41,4 %
y_6	Δm_{MB}	0	A, Normal	–	0,95 mg	0,9025 mg^2	38,2 %
x	Δm	−6,1 mg			1,538 mg	2,3656 mg^2	100,0 %

17.5 Kombinieren der Erwartungswerte und Standardunsicherheiten

Die Sensitivitätskoeffizienten c_i für die sechs Einflussgrößen in Tab. 17.4 sind gemäß unserer Messgleichung (17.1) alle eins und deshalb nicht gesondert berechnet. Die kombinierte Messunsicherheit $u_C(\Delta m)$ lässt sich aus diesem Grund einfach aus der Summe der Quadrate der sechs Unsicherheitsbeiträge berechnen, die gleich mit in Tab. 17.4 eingetragen wurden:

$$u_C(\Delta m) = \sqrt{\sum_1^6 u_C^2(y_i)} = \sqrt{2{,}3656 \cdot mg^2} = 1{,}538 \, mg. \qquad (17.2)$$

17.6 Bestimmen der erweiterten Messunsicherheit

Die erweiterte Messunsicherheit $U(\Delta m)$ ergibt sich aus Gl. (17.2) für einen Erweiterungsfaktor $k = 2$ zu:

$$U(\Delta m) = k \cdot u_C(\Delta m) = 1{,}6 \, mg. \qquad (17.3)$$

17.7 Angeben und Bewerten des vollständigen Messergebnisses

Wir hatten uns in diesem Beispiel nur für die Bestimmung der Messunsicherheit der Präzisionswaage im Rahmen der Kalibrierung interessiert. Eine konkrete Messaufgabe lag nicht vor, so dass hier auch kein vollständiges Messergebnis angegeben werden kann. Trotzdem lassen sich für die Kalibrierung und die Eigenschaften der Waage einige Schlussfolgerungen ziehen:

- Die hier verwendeten Tests (Eckenlastprüfung, Wiederholbarkeitsprüfung und Prüfung der Präzision der Waage im Messbereich) haben mit rund 13 %, 41 % und 38 % den größten Einfluss auf die Messunsicherheit.
- Die Unsicherheitsbeiträge durch die Grenzabweichung der verwendeten Referenzgewichtsstücke und durch die Digitalanzeige der Waage sind mit 0,6 % und 3,5 % hinreichend klein.
- Waagen dieser Genauigkeitsklasse haben nach Datenblatt oft eine Reproduzierbarkeit und eine Unsicherheit durch außermittige Belastung von einem bis zu wenigen Milligramm. Diese Angaben wurden hier bestätigt.

18 Kalibrierung eines Messschiebers[11]

18.1 Messaufgabe

Im Beispiel von Kap. 19 wird ein Messschieber (Abb. 18.1) zur Messung der Länge (Außenmaß) eines Werkstücks verwendet. In Vorbereitung dazu soll er hier zunächst einmal auf seine Messunsicherheit hin geprüft werden. Dies erfolgt gemäß dem Vorgehen von VDI/VDE/DGQ 2618 Blatt 9.1 [55]. Für die Kalibrierung der Außenmessung von Messschiebern steht ein 3-teiliger Endmaßsatz aus Stahl mit den Längen 30 mm; 41,3 mm und 131,4 mm zur Verfügung. Die Eigenschaften von Endmaßen sind in der DIN EN ISO 3650:1999-02 [56] genormt. Im konkreten Fall wird das Endmaß mit der Länge 131,4 mm verwendet.

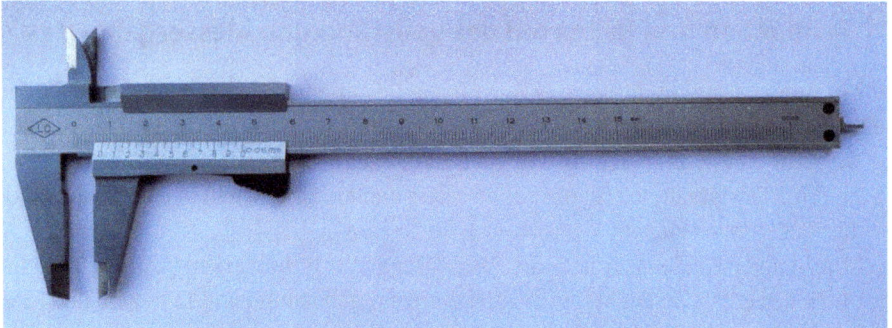

Abb. 18.1: Analoger Messschieber mit Außenmessschenkeln (unten) für die Außenmessung, Innenmessschenkeln (oben) für die Innenmessung und Tiefenmaß (rechts) zur Tiefenmessung.

18.2 Kenntnisse über die Messung und die Eingangsgrößen

Abgelesener Messwert: $l_A = 131,3\,\mu m$ (einmal gemessen, daher keine Streuung)

Endmaß der Toleranzklasse 1:
- Nennmaß der Länge: $l_N = 131,4002\,mm$ (laut aktuellem Kalibrierschein) mit Grenzabweichung $\pm 0,8\,\mu m$ (Rechteckverteilung) [56]
- Höchstzulässige Längenänderung je Jahr (Maßbeständigkeit): $\Delta l_t = \pm(0,05\,\mu m + 0,5 \cdot 10^{-6} \cdot l_N) = \pm 0,116\,\mu m$ (Rechteckverteilung) [56]

Temperatureinfluss:
- Referenztemperatur: 20 °C

---

[11] Dieses Beispiel orientiert sich an [17, S. 96–99]

https://doi.org/10.1515/9783110500264-018

- Temperaturschwankung von Endmaß und Messschieber um die Referenztemperatur: $\Delta T = \pm 1\,\mathrm{K}$ (Rechteckverteilung)
- Thermischer Längenausdehnungskoeffizient des Endmaßes aus Stahl: $a_\mathrm{N} = (11{,}5 \pm 1{,}0) \cdot 10^{-6}\,\mathrm{K}^{-1}$ (Temperaturbereich 10 °C … 30 °C) (Rechteckverteilung) [56]
- Thermischer Längenausdehnungskoeffizient des Messschiebers (aus Herstellerangaben): $a_\mathrm{M} = (0{,}8 \pm 1{,}5) \cdot 10^{-6}\,\mathrm{K}^{-1}$ (Rechteckverteilung)

Messschieber:
- Noniuswert (beste Auflösung des Nonius): $\Delta l_\mathrm{N} = \pm 50\,\mathrm{\mu m}$ (Tab. 25.3; Rechteckverteilung)
- Parallelitätsabweichung (Kippfehler) durch Verletzung des Abbe'schen Komparatorprinzips, nach dem die am Prüfling zu messende Strecke und der Maßstab des Messgerätes in einer Linie liegen sollten: $\Delta l_\mathrm{P} = \pm 10\,\mathrm{\mu m}$ (geschätzt; Rechteckverteilung)

Gesucht ist die Messabweichung $\Delta l_\mathrm{M} = l_\mathrm{A} - l_\mathrm{N}$ zwischen angezeigter Länge und Länge des Vergleichsnormals (Endmaß), insbesondere die Messunsicherheit.

18.3 Modell der Messung

Für die Messabweichung Δl_M zwischen angezeigter Länge l_A und Länge l_N des Vergleichsnormals gilt bei Einbeziehung der o. g. Messunsicherheitseinflüsse:

$$\Delta l_\mathrm{M} = l_\mathrm{A} + \Delta l_\mathrm{P} - (l_\mathrm{N} + \Delta l_t + \Delta l_\mathrm{N} + l_\mathrm{A} a_\mathrm{M} \Delta T + l_\mathrm{N} a_\mathrm{N} \Delta T). \tag{18.1}$$

18.4 Bewerten der relevanten Eingangsgrößen: zugeordnete Messunsicherheiten

Für alle Eingangsgrößen sind nun die besten Schätzwerte und die Informationen zu den zugeordneten Messunsicherheiten zusammenzustellen. Dies erfolgt in Tab. 18.1.

18.5 Kombinieren der Erwartungswerte und Standardunsicherheiten

Der Erwartungswert für die Messabweichung Δl_M lässt sich unter Nutzung des Modells der Messung von Gl. (18.1) mit den besten Schätzwerten aller Größen berechnen:

$$\Delta l_\mathrm{M} = l_\mathrm{A} + \Delta l_\mathrm{P} - (l_\mathrm{N} + \Delta l_t + \Delta l_\mathrm{N} + l_\mathrm{A} a_\mathrm{M} \Delta T + l_\mathrm{N} a_\mathrm{N} \Delta T) = 131{,}4\,\mathrm{mm} - 131{,}4002\,\mathrm{mm} = -0{,}2\,\mathrm{\mu m}. \tag{18.2}$$

Dieser Wert ist bereits in Tab. 18.1 eingetragen.

Tab. 18.1: Relevante Eingangsgrößen und zugeordnete Messunsicherheiten.

y_i	Größe	Wert	Typ	Toleranzband	$u(y_i)$
y_1	l_A	131,4 mm	B, Rechteck	0	0
y_2	l_N	131,4002 mm	B, Rechteck	±0,8 µm	0,462 µm
y_3	Δl_t	0	B, Rechteck	±0,116 µm	0,064 µm
y_4	Δl_N	0	B, Rechteck	±50 µm	28,87 µm
y_5	Δl_P	0	B, Rechteck	±10 µm	5,77 µm
y_6	α_M	$0,8 \cdot 10^{-6}$ K^{-1}	B, Rechteck	$±1,5 \cdot 10^{-6}$ K^{-1}	$0,866 \cdot 10^{-6}$ K^{-1}
y_7	α_N	$11,5 \cdot 10^{-6}$ K^{-1}	B, Rechteck	$±1,0 \cdot 10^{-6}$ K^{-1}	$0,577 \cdot 10^{-6}$ K^{-1}
y_8	ΔT	0	B, Rechteck	±1 K	0,577 K
x	Δl_M	−0,2 µm			

Um die Messunsicherheiten kombinieren zu können, benötigen wir die zugehörigen Sensitivitätskoeffizienten:

$$c_1 = -\frac{\partial \Delta l_M}{\partial y_1} = \frac{\partial \Delta l_M}{\partial l_A} = 1. \tag{18.3}$$

$$c_{2...4} = \frac{\partial \Delta l_M}{\partial y_{2...4}} = \frac{\partial \Delta l_M}{\partial l_N} = -1. \tag{18.4}$$

Die letzten drei Sensitivitätskoeffizienten sind dabei alle gleich groß, da sie sich auf die Länge l_N beziehen, während sich der Kippfehler Δl_P wieder auf die gemessene Länge am Messschieber bezieht:

$$c_5 = \frac{\partial \Delta l_M}{\partial y_5} = \frac{\partial \Delta l_M}{\partial l_A} = 1. \tag{18.5}$$

Für die anderen c_i ergibt sich:

$$c_6 = c_7 = \frac{\partial \Delta l_M}{\partial \alpha_{M,N}} = l_{A,N} \Delta T = 0. \tag{18.6}$$

$$c_8 = \frac{\partial \Delta l_M}{\partial \Delta T} = -(l_A \alpha_M + l_N \alpha_N) = -249,6 \cdot 10^{-6} \frac{µm}{K}. \tag{18.7}$$

Mit diesen Werten können wir nun unsere Tab. 18.1 ergänzen, so dass sich Tab. 18.2 ergibt.

Die kombinierte Messunsicherheit $u_C(x)$ beträgt somit:

$$u_C(\Delta l_M) = \sqrt{\sum_1^8 u_C^2(y_i)} = \sqrt{866,99 \text{ µm}} = 29,45 \text{ µm}. \tag{18.8}$$

Tab. 18.2: Messunsicherheitsbudget für die Ermittlung der Messabweichung Δl_M des Messschiebers.

y_i	Größe	Wert	$u(y_i)$	$c(y_i)$	$(u(y_i)c(y_i))^2 = u_C^2(y_i)$	Beitrags-koeffizient
y_1	l_A	131,4 mm	0	1	0	0
y_2	l_N	131,4002 mm	0,462 µm	−1	0,213 µm^2	0,0 %
y_3	Δl_t	0	0,064 µm	−1	0,004 µm^2	0,0 %
y_4	Δl_N	0	28,87 µm	−1	833,48 µm^2	96,0 %
y_5	Δl_P	0	5,77 µm	1	33,29 µm	3,8 %
y_6	a_M	$0{,}8 \cdot 10^{-6}$ K^{-1}	$0{,}866 \cdot 10^{-6}$ K^{-1}	0	0	0
y_7	a_N	$11{,}5 \cdot 10^{-6}$ K^{-1}	$0{,}577 \cdot 10^{-6}$ K^{-1}	0	0	0
y_8	ΔT	0	0,577 K	$-249{,}6 \cdot 10^{-6}$ µm·K^{-1}	$2{,}07 \cdot 10^{-8}$ µm^2	0,1 %
x	Δl_M	−0,2 µm	29,45 µm		$\sum = 866{,}99$ µm^2	100,0 %

18.6 Bestimmen der erweiterten Messunsicherheit

Die erweiterte Messunsicherheit $U(x)$ ergibt sich damit für einen Erweiterungsfaktor $k = 2$ zu:

$$U(\Delta l_M) = k \cdot u_C(\Delta l_M) = 58{,}9 \text{ µm.} \tag{18.9}$$

18.7 Angeben und Bewerten des vollständigen Messergebnisses

Das vollständige Messergebnis für die Messabweichung Δl_M zwischen angezeigter Länge l_A am Messschieber und Länge l_N des Vergleichsnormals lautet nun für $k = 2$:

$$\Delta l_M = (0 \pm 59) \text{ µm.} \tag{18.10}$$

Aus dem Messunsicherheitsbudget von Tab. 18.2 ergeben sich eine Reihe von Schlussfolgerungen:

- Bei der Prüfung des Messschiebers ergab sich als Erwartungswert für die Messabweichung Δl_M ein Wert von null. Nach Gl. (18.2) war zwar ein Wert von −0,2 µm ermittelt worden, allerdings musste die Stellenzahl dieses Ergebnisses an die Messunsicherheit von 59 µm angepasst werden.
- Ein Wert für die Messabweichung Δl_M ungleich von null hätte als Bias (systematische Abweichung) bei der Messung mit dem Messschieber berücksichtigt werden müssen, indem der Anzeigewert um diesen Wert korrigiert wird (siehe Abschn. 4.4).
- Der mit Abstand größte Messunsicherheitsbeitrag mit ca. 96 % wird von der Grenzabweichung $\Delta l_N = 50$ µm des Messschiebers infolge des Noniuswerts von 0,1 mm verursacht, der viel kleinere zweitgrößte durch den Kippfehler Δl_P infolge der Verletzung des Abbe'schen Komparatorprinzips (knapp 4 %).

Tab. 18.3: Messunsicherheitsbudget für die Ermittlung der Messabweichung Δl_M des Messschiebers in Abhängigkeit von dessen Noniuswert 0,1 mm (d. h. $\Delta l_N = \pm 50\,\mu m$) bzw. 0,02 mm (d. h. $\Delta l_N = \pm 30\,\mu m$) und vom Temperaturbereich ΔT. Die Variation der Einflussgrößen lässt sich einfach durch Nutzung eines geeigneten Software-Tools vornehmen (siehe Abschn. 9.2).

y_i	Größe	Beitragskoeffizient					
		$\Delta l_N = \pm 50\,\mu m$			$\Delta l_N = \pm 30\,\mu m$		
		$\Delta T = \pm 1\,K$	$\Delta T = \pm 5\,K$	$\Delta T = \pm 10\,K$	$\Delta T = \pm 1\,K$	$\Delta T = \pm 5\,K$	$\Delta T = \pm 10\,K$
y_1	l_A	0	0	0	0	0	0
y_2	l_N	0,0 %	0,0 %	0,0 %	0,0 %	0,0 %	0,0 %
y_3	Δl_t	0,0 %	0,0 %	0,0 %	0,0 %	0,0 %	0,0 %
y_4	Δl_N	96,0 %	93,8 %	87,4 %	89,7 %	84,4 %	71,3 %
y_5	Δl_P	3,8 %	3,8 %	3,5 %	10,0 %	9,4 %	7,9 %
y_6	a_M	0	0	0	0	0	0
y_7	a_N	0	0	0	0	0	0
y_8	ΔT	0,1 %	2,4 %	9,1 %	0,3 %	6,1 %	20,7 %
$U(\Delta l_M)$		59 μm	60 μm	62 μm	37 μm	38 μm	41 μm

- Für eine Verringerung der kombinierten Messunsicherheit müsste ein „besserer" Messschieber, z. B. mit einem Noniuswert von 0,02 mm oder ein digitaler mit einer Ziffernschrittweite von 0,01 mm, verwendet werden, siehe Tab. 25.2. Dies würde die erweiterte Messunsicherheit $U(\Delta l_M)$ von 59 μm auf 37 μm verringern (Tab. 18.3).

- Alle Messunsicherheitseinflüsse des Endmaßes (Grenzabmaß, Maßbeständigkeit) können gegenüber denen des Messschiebers vernachlässigt werden.

- Der Temperatureinfluss auf die Messunsicherheit ist sehr gering. Eine Erhöhung des zulässigen Temperaturbereiches auf ±5 K bzw. ±10 K würde nur zu einer geringfügigen Erhöhung der erweiterten Messunsicherheit $U(\Delta l_M)$ von 59 μm auf 60 μm bzw. 62 μm führen (Tab. 18.3).

19 Längenmessung mittels Messschieber

19.1 Messaufgabe

Im Beispiel von Kap. 18 hatten wir einen Messschieber auf seine Messunsicherheit hin geprüft. Die ermittelte erweiterte Messunsicherheit beträgt 59 µm (k = 2). Der Messschieber soll nun zur Längenmessung eingesetzt werden. Beispielhaft soll die Breite des Eurosteckers von Abb. 10.1 gemessen werden. Bei normgerechten Steckern beträgt diese (35,3 ±0,7) mm (siehe Abb. 10.1 b).

19.2 Kenntnisse über die Messung und die Eingangsgrößen

Zur Messung der Breite b des Eurosteckers wird der Messschieber aus Kap. 18 genutzt. Dessen Eigenschaften sind durch die in Abschn. 18.1 angegebenen Werte gekennzeichnet. Nur hinsichtlich der Messtemperatur gehen wir diesmal von einem Toleranzbereich von ±5 K aus.

Abgelesener Messwert:
- l_A = 35,1 mm (einmal gemessen, daher keine Streuung)

Temperatureinfluss:
- Referenztemperatur: 20 °C
- Temperaturschwankung um die Referenztemperatur: ΔT = ±5 K (Rechteckverteilung)
- Thermischer Längenausdehnungskoeffizient des Messschiebers (aus Herstellerangaben): $\alpha_M = (0,8 \pm 1,5) \cdot 10^{-6}\,\mathrm{K}^{-1}$ (Rechteckverteilung)

Messschieber:
- Messunsicherheit $U(\Delta l_M)$ = ±59 µm (k = 2).
- Noniuswert (beste Auflösung des Nonius): Δl_N = ±50 µm (Tab. 25.3; Rechteckverteilung)
- Parallelitätsabweichung (Kippfehler) durch Verletzung des Abbe'schen Komparatorprinzips, nach dem die am Prüfling zu messende Strecke und der Maßstab des Messgerätes in einer Linie liegen sollten: Δl_P = ±10 µm (geschätzt; Rechteckverteilung).

19.3 Modell der Messung

Für die Breite b des Eurosteckers gilt bei Einbeziehung der o. g. Messunsicherheitseinflüsse:

$$b = l_A + \Delta l_M + \Delta l_N + \Delta l_P + l_A \alpha_M \Delta T. \tag{19.1}$$

https://doi.org/10.1515/9783110500264-019

19.4 Bewerten der relevanten Eingangsgrößen: zugeordnete Messunsicherheiten

Für alle Eingangsgrößen werden wieder die besten Schätzwerte und die Informationen zu den zugeordneten Messunsicherheiten zusammengestellt. Dies erfolgt in Tab. 19.1.

Tab. 19.1: Relevante Eingangsgrößen und zugeordnete Messunsicherheiten.

y_i	Größe	Wert	Typ	Toleranzband	$u(y_i)$
y_1	l_A	35,0 mm	B, Rechteck	0	0
y_2	Δl_M	0	B, Normal	–	29,5 µm
y_3	Δl_N	0	B, Rechteck	±50 µm	28,87 µm
y_4	Δl_P	0	B, Rechteck	±10 µm	5,77 µm
y_5	α_M	$0,8 \cdot 10^{-6}\,\mathrm{K}^{-1}$	B, Rechteck	$\pm 1,5 \cdot 10^{-6}\,\mathrm{K}^{-1}$	$0,866 \cdot 10^{-6}\,\mathrm{K}^{-1}$
y_6	ΔT	0	B, Rechteck	±5 K	2,89 K
x	b	**35,0 mm**			

19.5 Kombinieren der Erwartungswerte und Standardunsicherheiten

Der Erwartungswert für die Steckerbreite b ergibt ich direkt aus Gl. (19.1) mit den besten Schätzwerten aller Größen:

$$b = l_A + \Delta l_M + \Delta l_N + \Delta l_P + l_A \alpha_M \Delta T = 35,0\,\mathrm{mm} + 0 + 0 + 0 + 0 = 35,0\,\mathrm{mm}. \tag{19.2}$$

Dieser Wert ist bereits in Tab. 19.1 eingetragen.

Die zur Berechnung der kombinierten Messunsicherheit notwendigen Sensitivitätskoeffizienten betragen:

$$c_{1\ldots4} = \frac{\partial b}{\partial y_{1\ldots4}} = 1, \tag{19.3}$$

$$c_5 = \frac{\partial b}{\partial \alpha_M} = b\Delta T = 0. \tag{19.4}$$

$$c_6 = \frac{\partial b}{\partial \Delta T} = l_A \alpha_M = 2,8 \cdot 10^{-5} \frac{\mu\mathrm{m}}{\mathrm{K}}. \tag{19.5}$$

Damit erhalten wir unser Messunsicherheitsbudget von Tab. 19.2.

Die kombinierte Messunsicherheit $u_C(x)$ beträgt somit:

$$u_C(b) = \sqrt{\sum_1^6 u_C^2(y_i)} = \sqrt{1737\,\mu\mathrm{m}^2} = 41,7\,\mu\mathrm{m}. \tag{19.6}$$

Tab. 19.2: Messunsicherheitsbudget für die Ermittlung der Steckerbreite b des Eurosteckers.

y_i	Größe	Wert	$u(y_i)$	$c(y_i)$	$(u(y_i)c(y_i))^2 = u_c^2(y_i)$	Beitrags-koeffizient
y_1	l_A	35,0 mm	0	1	0	0
y_2	Δl_M	0	29,5 μm	1	870,3 μm^2	50,1 %
y_3	Δl_N	0	28,87 μm	1	833,5 μm^2	48,0 %
y_4	Δl_P	0	5,77 μm	1	33,3 μm^2	1,9 %
y_5	a_M	$0{,}8 \cdot 10^{-6}$ K^{-1}	$0{,}866 \cdot 10^{-6}$ K^{-1}	0	0	0
y_6	ΔT	0	2,89 K	$2{,}8 \cdot 10^{-5}$ μm·K^{-1}	$6{,}55 \cdot 10^{-9}$ μm^2	0
x	b	**35,0 mm**	**41,7 μm**		$\Sigma = \mathbf{1737}$ **μm^2**	**100,0 %**

19.6 Bestimmen der erweiterten Messunsicherheit

Die erweiterte Messunsicherheit $U(x)$ ergibt sich damit für einen Erweiterungsfaktor $k = 2$ zu:

$$U(b) = k \cdot u_C(b) = 83{,}4 \text{ μm}. \tag{19.7}$$

19.7 Angeben und Bewerten des vollständigen Messergebnisses

Das vollständige Messergebnis für die Breite b des Eurosteckers lautet für $k = 2$:

$$b = (35{,}100 \pm 0{,}084) \text{ μm}. \tag{19.8}$$

Die Breite des Eurosteckers erfüllt damit die entsprechende Spezifikation der Norm (siehe Abb. 10.1 b: $(35{,}3 \pm 0{,}7)$ μm), ist also konform (siehe Abb. 10.2).

20 Spannungsmessung mittels Digitalvoltmeter

20.1 Messaufgabe

Mit einem Digitalvoltmeter (DVM) soll die Spannung einer AA-Alkali-Mangan- (Alkaline-) Batterie gemessen werden. Die Nennspannung einer solchen Alkaline-Batterie beträgt 1,5 V [57]. Die tatsächliche Leerlaufspannung einer frischen Zelle bei Raumtemperatur liegt typischerweise etwas darüber bei (1,57...1,63) V. Unter Last ist die Spannung deutlich kleiner als 1,5 V und liegt meist im Bereich (1,15...1,18) V. Unter (1,1...1,0) V gilt eine solche Batterie als entladen. Mit der Spannungsmessung soll nun auf einfache Weise der Entladungszustand der Batterie geprüft werden.

20.2 Kenntnisse über die Messung und die Eingangsgrößen

Die Messung der Spannung erfolgt mit dem Digitalmultimeter PeakTech 2005 A (siehe Tab. 25.17) bei Raumtemperatur (ca. 22 °C).

- Abgelesener Messwert: U_A = 1,597 V (einmal gemessen, daher keine Streuung)
- Grenzabweichung im Umgebungstemperaturbereich (25 ± 5) °C im Messbereich 2 V: ΔU_G = 0,5 % v. M. + 3 Digit. Ein Digit in diesem Messbereich $(-1,999\,\text{V}...+1,999\,\text{V})$ entspricht 0,001 V. Somit ist $\Delta U_G = \pm(0,5\,\%\,\text{v. M.} + 3 \cdot 0,001\,\text{V}) = \pm 0,011\,\text{V}$ (Rechteckverteilung).
- Aus der gerade genannten Auflösung infolge der Digitalanzeige resultiert eine Messunsicherheit von ±0,0005 V, die zweimal auftritt: am Nullpunkt und beim Messwert $(\Delta U_{NP}, \Delta U_{MW};$ jeweils Rechteckverteilung).
- Die Messung erfolgt bei Raumtemperatur, liegt also sicher im zugelassenen Umgebungstemperaturbereich von (25 ± 5) °C (siehe Tab. 25.17). Temperaturschwankungen brauchen hier also nicht extra berücksichtigt werden.

20.3 Modell der Messung

Für die Batteriespannung U der Batterie gilt nun bei Einbeziehung der o. g. drei Messunsicherheitseinflüsse:

$$U = U_A + \Delta U_G + \Delta U_{NP} + \Delta U_{MW}. \tag{20.1}$$

20.4 Bewerten der relevanten Eingangsgrößen: zugeordnete Messunsicherheiten

Für alle Eingangsgrößen werden wieder die besten Schätzwerte und die Informationen zu den zugeordneten Messunsicherheiten zusammengestellt (Tab. 20.1).

https://doi.org/10.1515/9783110500264-020

Tab. 20.1: Relevante Eingangsgrößen und zugeordnete Messunsicherheiten.

y_i	Größe	Wert	Typ	Toleranzband	$u(y_i)$
y_1	U_A	1,597 V	B, Rechteck	0	0
y_2	ΔU_G	0	B, Rechteck	±0,011 V	0,00635 V
y_3	ΔU_{NP}	0	B, Rechteck	±0,0005 V	0,00029 V
y_4	ΔU_{MW}	0	B, Rechteck	±0,0005 V	0,00029 V
x	U	1,597 V			

20.5 Kombinieren der Erwartungswerte und Standardunsicherheiten

Der Erwartungswert für die Steckerbreite b ergibt sich direkt aus Gl. (20.1) mit den besten Schätzwerten aller Größen, wobei nur der für die angezeigte Spannung unterschiedlich von null ist:

$$U = U_A + \Delta U_G + \Delta U_{NP} + \Delta U_{MW} = 1,597\,\text{V} + 0 + 0 + 0 = 1,597\,\text{V}. \tag{20.2}$$

Die zur Berechnung der kombinierten Messunsicherheit notwendigen Sensitivitätskoeffizienten betragen alle eins:

$$c_{1...4} = \frac{\partial U}{\partial y_{1...4}} = 1. \tag{20.3}$$

Damit können wir unser Messunsicherheitsbudget vervollständigen (Tab. 20.2).

Tab. 20.2: Messunsicherheitsbudget für die Ermittlung der Spannung U der AA_Alkaline-Batterie.

y_i	Größe	Wert	$u(y_i)$	$c(y_i)$	$(u(y_i)c(y_i))^2 = u_C^2(y_i)$	Beitrags-koeffizient
y_1	U_A	1,597 V	0	1	0	0
y_2	ΔU_G	0	0,00635 V	1	$4,04 \cdot 10^{-5}\,\text{V}^2$	99,6 %
y_3	ΔU_{NP}	0	0,00029 V	1	$8,41 \cdot 10^{-8}\,\text{V}^2$	0,2 %
y_4	ΔU_{MW}	0	0,00029 V	1	$8,41 \cdot 10^{-8}\,\text{V}^2$	0,2 %
x	U	1,597 V	0,00636 V		$\sum = 4,05 \cdot 10^{-5}\,\text{V}^2$	100,0 %

Die kombinierte Messunsicherheit $u_C(x)$ beträgt somit:

$$u_C(U) = \sqrt{\sum_1^4 u_C^2(y_i)} = \sqrt{4,05 \cdot 10^{-5}\,\text{V}^2} = 0,00636\,\text{V}. \tag{20.4}$$

20.6 Bestimmen der erweiterten Messunsicherheit

Die erweiterte Messunsicherheit $U(x)$ ergibt sich damit für einen Erweiterungsfaktor $k = 2$ zu:

$$U(U) = k \cdot u_C(U) = 0{,}0128 \text{ V}. \tag{20.5}$$

20.7 Angeben und Bewerten des vollständigen Messergebnisses

Das vollständige Messergebnis für die Spannung U der Alkaline-Batterie lautet für $k = 2$:

$$U = (1{,}597 \pm 0{,}013) \text{ V}. \tag{20.6}$$

Folgendes Fazit lässt sich ziehen:
- Die Grenzabweichung des DVM hat mit 99,6 % den absolut dominierenden Einfluss auf die Messunsicherheit.
- Der Einfluss der Auflösung der Digitalanzeige auf die Messunsicherheit ist vernachlässigbar gering. Das wird in der täglichen Messpraxis in der Mehrzahl der Fälle ähnlich sein. **Wir werden ihn deshalb in den weiteren Beispielen in diesem Buch vernachlässigen.**
- Ziel der Spannungsmessung in diesem Beispiel war die einfache Weise des Entladungszustands einer AA- Alkalinebatterie. Das Ergebnis von Gl. (20.6) zeigt, dass die Batterie frisch zu sein scheint.

21 Stromstärkemessung

21.1 Messaufgabe

Gemessen werden soll die in einem Kabel fließende elektrische Gleichstromstärke I_x (Abb. 21.1). Es ist bekannt, dass der Wert der Stromstärke in der Größenordnung von 10 A liegt.

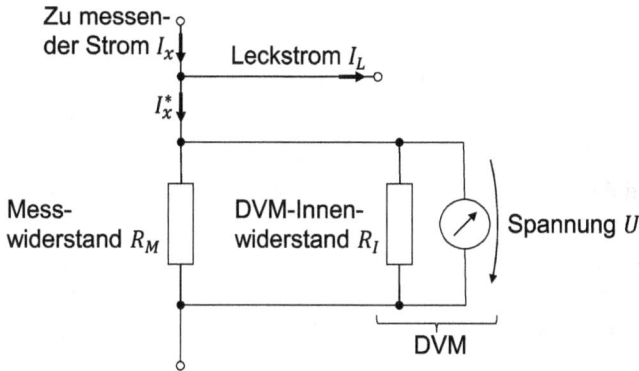

Abb. 21.1: Bestimmung der elektrischen Stromstärke I_x eines Gleichstroms durch Messung der elektrischen Spannung U_A über einem Messwiderstand R_M.

Die Stromstärke wird dadurch bestimmt, indem mit einem Digitalvoltmeter (DVM, siehe Kap. 20) die elektrische Spannung über einem Messwiderstand R_M (Normalwiderstand) gemessen wird. Das DVM kann elektrisch durch seinen hochohmigen Eingangswiderstand R_I abgebildet werden.

21.2 Kenntnisse über die Messung und die Eingangsgrößen

Folgende Dinge sind über die Messung bekannt:

Stromstärke:
- Die Stromstärke I_x des zu messenden Gleichstroms liegt in der Größenordnung von 10 A.
- Es wird vermutet, dass im Stromkabel Leckströme I_L von maximal bis zu 1 mA auftreten. Das bedeutet, dass die Leckströme zwischen 0 mA und 1 mA bzw. im Toleranzbereich $(0{,}5 \pm 0{,}5)$ mA liegen, da sie nur aus dem Kabel hinaus fließen können (Rechteckverteilung).

https://doi.org/10.1515/9783110500264-021

Messwiderstand

– Als Messwiderstand R_M wird ein Normalwiderstand verwendet. Sein Widerstandswert R_{M0} bei der Referenztemperatur T_0 = 23 °C beträgt gemäß Kalibrierschein
  $10{,}0180 \cdot (1 \pm 0{,}6 \cdot 10^{-3})$ mΩ für einen Erweiterungsfaktor k = 2.
– Der Widerstandstemperaturkoeffizient α des Messwiderstands R_M beträgt $50{,}0 \cdot 10^{-6}\,K^{-1}$ (±10 %).
– Die maximale Temperaturabweichung ΔT von der Referenztemperatur T_0 wird zu
  ±2 K abgeschätzt.

DVM:

– Es wird das Digitalmultimeter PeakTech 2005 A (siehe Tab. 25.17) verwendet.
– Die Messspannung U wird in der Größenordnung 10 A · 10 mΩ = 100 mV liegen, so
  dass der Spannungsmessbereich 200 mV verwendet wird.
– Der Innenwiderstand des DVM bei der Gleichspannungsmessung im Messbereich
  200 mV beträgt 10 MΩ (siehe Tab. 25.17).
– Grenzabweichung im Umgebungstemperaturbereich (25 ± 5) °C im Messbereich
  200 mV: ΔU_G = 0,5 % v. M. + 3 Digit. Ein Digit in diesem Messbereich (−199,9 mV …
  +199,9 mV) entspricht 0,1 mV. Somit ist $\Delta U_G \approx \pm(0{,}005 \cdot 100\,\text{mV} + 3 \cdot 0{,}1\,\text{mV}) = \pm 0{,}8\,\text{mV}$
  (Rechteckverteilung).
– Der Einfluss der Auflösung der Digitalanzeige des DVM wird als vernachlässigbar
  klein eingeschätzt (siehe Abschn. 20.7).
– Die am DVM abgelesene Spannung U_A wird 12-mal gemessen, um Rauschen raus
  zu filtern (Tab. 21.1). Als Verteilung wird wegen der hinreichend großen Zahl der
  Messwerte eine Normalverteilung angenommen (Typ A, siehe Tab. 6.1).

Tab. 21.1: Messwerte bei der wiederholten Messung der Spannung U_A.

Spannungswerte					
100,1 mV	100,0 mV	99,9 mV	100,1 mV	100,2 mV	99,9 mV
100,0 mV	99,9 mV	100,1 mV	100,2 mV	100,1 mV	99,9 mV

Mittelwert: 100,0333 mV
Streuung der Einzelbeobachtung s = 0,12 mV
Standardabweichung des Mittelwerts $u = \frac{s}{\sqrt{N}}$ = 0,0333 mV

21.3 Modell der Messung

Der zu messende Strom I_x teilt sich auf in den unerwünschten Leckstrom I_L und den
Stromanteil I_x^*:

$$I_x^* = I_x - I_L. \tag{21.1}$$

I_x^* fließt durch die Parallelschaltung $R_M \parallel R_I$ aus Messwiderstand R_M und DVM-Innenwiderstand R_I:

$$R_M \parallel R_I = \frac{R_M R_I}{R_M + R_I} = R_M \frac{1}{1+r} \qquad (21.2)$$

mit dem Widerstandsverhältnis

$$r = \frac{R_M}{R_I}. \qquad (21.3)$$

Die Spannung U ergibt sich nun aus dem Stromanteil I_x^*:

$$U = I_x^*(R_M \parallel R_I) = (I_x - I_L)R_M \frac{1}{1+r}. \qquad (21.4)$$

Der Widerstand R_M selbst ist über den Widerstandstemperaturkoeffizienten α temperaturabhängig:

$$R_M = R_{M0}(1 + \alpha \cdot \Delta T). \qquad (21.5)$$

Damit wird aus Gl. (21.4):

$$U = (I_x - I_L)R_{M0}\frac{1}{1+r}(1 + \alpha \cdot \Delta T). \qquad (21.6)$$

Die am DVM angezeigte Spannung U_A ergibt sich aus der Spannung U und der Grenzabweichung ΔU_G des DVM:

$$U_A = U + \Delta U_G, \qquad (21.7)$$

so dass sich gemeinsam mit Gl. (21.6) unsere Messgleichung für den gesuchten Strom I_x ergibt:

$$I_x = \frac{U_A - \Delta U_G}{R_{M0}\frac{1}{1+r}(1 + \alpha \cdot \Delta T)} + I_L. \qquad (21.8)$$

Das Widerstandsverhältnis $r = R_M/R_I$ beträgt $10{,}0180$ mΩ/10 MΩ = $1{,}0018\cdot10^{-9}$. Dieser Faktor ist in Gl. (21.8) zu vernachlässigen ($r \approx 1$), so dass wir Gl. (21.8) augenscheinlich vereinfachen können zu:

$$I_x = \frac{U_A - \Delta U_G}{R_{M0}(1 + \alpha \cdot \Delta T)} + I_L. \qquad (21.9)$$

21.4 Bewerten der relevanten Eingangsgrößen: zugeordnete Messunsicherheiten

In Tab. 21.2 stellen wir nun wieder für alle Eingangsgrößen die besten Schätzwerte und die Informationen zu den zugeordneten Messunsicherheiten zusammen.

Tab. 21.2: Relevante Eingangsgrößen und zugeordnete Messunsicherheiten.

y_i	Größe	Wert	Typ	Toleranzband	$u(y_i)$
y_1	U_A	100,0333 mV	A	–	0,0333 mV
y_2	ΔU_G	0	B	$\pm 0,8$ mV	0,462 mV
y_3	R_{M0}	10,0180 mΩ	B	–	0,0030 mΩ (für $k = 1$)
y_4	α	$50,0 \cdot 10^{-6}$ K^{-1}	B	$\pm 5,0 \cdot 10^{-6}$ K^{-1}	$0,288 \cdot 10^{-6}$ K^{-1}
y_5	ΔT	0		± 2 K	1,16 K
y_6	I_L	0,5 mA	B	$\pm 0,5$ mA	0,289 mA
x	I_x	9,9859 A			

21.5 Kombinieren der Erwartungswerte und Standardunsicherheiten

Der Erwartungswert für den zu messenden Strom beträgt mit Gl. (21.9):

$$I_x = \frac{U_A - \Delta U_G}{R_{M0}(1 + \alpha \cdot \Delta T)} + I_L = \frac{100,0333\,\text{mV} - 0}{10,0180\,\text{m}\Omega(1 + 50,0 \cdot 10^{-6}\text{K}^{-1} \cdot 0)} + 0,5\,\text{mA} = 9,9859\,\text{mA}.$$

$$(21.10)$$

Um die kombinierte Messunsicherheit $u_C(I_x)$ zu berechnen, müssen wir zuerst noch die entsprechenden Sensitivitätskoeffizienten berechnen:

$$c_{1,2} = \frac{\partial I_x}{\partial y_{1,2}} = \frac{\partial I_x}{\partial U_A} = \frac{1}{R_{M0}(1 + \alpha \cdot \Delta T)} = \frac{1}{R_{M0}} = 99,82\Omega^{-1}, \tag{21.11}$$

$$c_3 = \frac{\partial I_x}{\partial y_3} = \frac{\partial I_x}{\partial R_{M0}} = -\frac{U_A - \Delta U_G}{R_{M0}^2(1 + \alpha \cdot \Delta T)} = -\frac{U_A}{R_{M0}^2} = -996,4\,\text{A} \cdot \Omega^{-1}, \tag{21.12}$$

$$c_4 = \frac{\partial I_x}{\partial y_4} = \frac{\partial I_x}{\partial \alpha} = -\frac{U_A - \Delta U_G}{R_{M0}(1 + \alpha \cdot \Delta T)}\Delta T = 0, \tag{21.13}$$

$$c_5 = \frac{\partial I_x}{\partial y_5} = \frac{\partial I_x}{\partial \Delta T} = -\frac{U_A - \Delta U_G}{R_{M0}(1 + \alpha \cdot \Delta T)^2}\alpha = -\frac{U_A}{R_{M0}}\alpha = -4,993 \cdot 10^{-4}\,\text{A} \cdot \text{K}^{-1}, \tag{21.14}$$

$$c_6 = \frac{\partial I_x}{\partial y_6} = \frac{\partial I_x}{\partial I_L} = 1. \tag{21.15}$$

Dabei ist berücksichtigt, dass die Erwartungswerte $\Delta T = 0$ und $\Delta U_G = 0$ betragen, so dass sich die entsprechenden Beziehungen vereinfachen. Damit erhalten wir unser Messunsicherheitsbudget von Tab. 21.3.

Tab. 21.3: Messunsicherheitsbudget für die Ermittlung der elektrischen Stromstärke I_x.

y_i	Größe	Wert	$u(y_i)$	$c(y_i)$	$(u(y_i)c(y_i))^2 = u_C^2(y_i)$	Beitrags-koeffizient
y_1	U_A	100,0333 mV	$0,0333 \cdot 10^{-3}$ V	99,82 Ω^{-1}	$1,105 \cdot 10^{-5}$ A^2	0,5 %
y_2	ΔU_G	0	$0,462 \cdot 10^{-3}$ V	99,82 Ω^{-1}	$2,127 \cdot 10^{-3}$ A^2	99,1 %
y_3	R_{M0}	10,0180 mΩ	$0,0030 \cdot 10^{-3}$ Ω	$-996,4$ A$\cdot\Omega^{-1}$	$8,936 \cdot 10^{-6}$ A^2	0,4 %
y_4	α	$50,0 \cdot 10^{-6}$ K^{-1}	$0,288 \cdot 10^{-6}$ K^{-1}	0	0	0,0 %
y_5	ΔT	0	1,16 K	$-4,993 \cdot 10^{-4}$ A$\cdot$K^{-1}	$3,355 \cdot 10^{-7}$ A^2	0,0 %
y_6	I_L	0,5 mA	$0,289 \cdot 10^{-3}$ A	1	$8,352 \cdot 10^{-8}$ A^2	0,0 %
x	I_x	9,9859 A	0,04634 A		$2,144 \cdot 10^{-3}$ A^2	100,0 %

Die kombinierte Messunsicherheit $u_C(x)$ ergibt sich damit zu:

$$u_C(I_x) = \sqrt{\sum_1^6 u_C^2(y_i)} = \sqrt{2,144 \cdot 10^{-3} \text{ A}^2} = 0,04634 \text{ A}. \qquad (21.16)$$

21.6 Bestimmen der erweiterten Messunsicherheit

Die erweiterte Messunsicherheit $U(x)$ ergibt sich für einen Erweiterungsfaktor $k = 2$ zu:

$$U(I_x) = k \cdot u_C(I_x) = 0,093 \text{ A}. \qquad (21.17)$$

21.7 Angeben und Bewerten des vollständigen Messergebnisses

Das vollständige Messergebnis für die Messung der elektrischen Stromstärke I_x lautet für $k = 2$:

$$I_x = (9,986 \pm 0,093) \text{ A}. \qquad (21.18)$$

Tab. 21.3 zeigt, dass die kombinierte Messunsicherheit und damit auch die erweiterte Messunsicherheit fast ausschließlich von der Grenzabweichung des DVM bestimmt werden. Bestünde das Ziel, die Stromstärke I_x genauer zu messen, müsste ein DVM mit besseren Eigenschaften verwendet werden, z. B. indem eines mit besserer Auflösung im 200 mV-Bereich benutzt wird.

Das soll hier kurz betrachtet werden. Verwendet werden soll deshalb ein DVM mit einer Auflösung von 4 1/2 statt nur von 3 1/2 Digits wie beim bisher verwendeten Digitalmultimeter-Typ PeakTech 2005 A. Die Grenzabweichung dieses besseren DVM sei deshalb eine Größenordnung kleiner als im bisher betrachteten Fall: $\Delta U_G = \pm 0,9$ mV (Rechteckverteilung). Mit einem solchen DVM werden nun statt der Werte in Tab. 21.1

Tab. 21.4: Messwerte bei der wiederholten Messung der Spannung U_A mit einem DVM mit einer Auflösung von 4 1/2 Digit (Messbereich 200 mV).

Spannungswerte					
100,13 mV	99,98 mV	99,94 mV	100,09 mV	100,20 mV	99,93 mV
99,98 mV	99,90 mV	100,06 mV	100,15 mV	100,06 mV	99,94 mV

Mittelwert: 100,0300 mV
Streuung der Einzelbeobachtung s = 0,099 mV
Standardabweichung des Mittelwerts $u = \frac{s}{\sqrt{n}} = 0,0284$ mV

Tab. 21.5: Messunsicherheitsbudget für die Ermittlung der elektrischen Stromstärke I_x bei Verwendung des genaueren DVM mit einer Auflösung von 4 1/2 Digit.

y_i	Größe	Wert	$u(y_i)$	$c(y_i)$	$(u(y_i)c(y_i))^2 = u_C^2(y_i)$	Beitrags-koeffizient
y_1	U_A	100,0300 mV	$0,0284 \cdot 10^{-3}$ V	99,82 Ω^{-1}	$8,037 \cdot 10^{-6}$ A^2	20,8 %
y_2	ΔU_G	0	$0,0462 \cdot 10^{-4}$ V	99,82 Ω^{-1}	$2,127 \cdot 10^{-5}$ A^2	55,0 %
y_3	R_{M0}	10,0180 mΩ	$0,0030 \cdot 10^{-3}$ Ω	$-996,4$ A·Ω^{-1}	$8,936 \cdot 10^{-6}$ A^2	23,1 %
y_4	α	$50,0 \cdot 10^{-6}$ K^{-1}	$0,288 \cdot 10^{-6}$ K^{-1}	0	0	0,0 %
y_5	ΔT	0	1,16 K	$-4,993 \cdot 10^{-4}$ A·K^{-1}	$3,355 \cdot 10^{-7}$ A^2	0,9 %
y_6	I_L	0,5 mA	$0,289 \cdot 10^{-3}$ A	1	$8,352 \cdot 10^{-8}$ A^2	0,2 %
x	I_x	9,98553 A	0,00622 A		$\mathbf{3,866 \cdot 10^{-5}}$ A^2	100,0 %

die in Tab. 21.4 gemessen. Das sich so ergebende modifizierte Messunsicherheitsbudget ist in Tab. 21.5 zusammengestellt.

Die kombinierte Messunsicherheit $u_C(I_x)$ beträgt damit:

$$u_C(I_x) = \sqrt{3,866 \cdot 10^{-5} \text{ A}^2} = 0,00622 \text{ A}, \tag{21.19}$$

die erweiterte Messunsicherheit $U(I_x)$ für einen Erweiterungsfaktor $k = 2$:

$$U(I_x) = k \cdot u_C(I_x) = 0,013 \text{ A} \tag{21.20}$$

und das vollständige Messergebnis:

$$I_x = (9,986 \pm 0,013) \text{ A}. \tag{21.21}$$

22 Messumformer mit Thermoelement[12]

22.1 Messaufgabe

Zur Messung der Temperatur (ca. 400 °C) wird ein Messumformer mit einem Thermoelement des Typs K, Klasse 2, verwendet (Messbereich 333 °C . . . 1200 °C; siehe Tab. 25.13). Das Thermoelement misst die Temperaturdifferenz zwischen der Messstelle (T_M) und der Vergleichsstelle (T_V). Letztere ist der Übergang zwischen dem Thermoelement und der Ausgleichsleitung zur Auswerteelektronik des Messumformers. Der Messumformer wandelt dann das Signal des Thermopaars in ein normiertes Ausgangssignal um, hier in ein Stromausgangssignal 4 . . . 20 mA. Gesucht ist die erweiterte Messunsicherheit, wobei sowohl die Messunsicherheitseinflüsse des Thermoelements, der Zuleitung und der Auswerteelektronik zu berücksichtigen sind.

In [58, S. 11] wird für den angezeigten Strom I_A eines Messumformers mit Thermoelement folgende Formel angegeben, die die Störeinflüsse aller genannten Elemente der Temperaturmesskette berücksichtigt und die wir hier angepasst verwenden wollen:

$$I_A - 4\,\mathrm{mA} = E \cdot ((T_M - 333\,°\mathrm{C}) + \Delta T_{GTE} + \Delta T_t + \Delta T_{VT} + \Delta T_{GAL} + \Delta T_{U0} + \Delta T_{UT}$$
$$+ \Delta T_{LIN} + \Delta T_B + \Delta T_{MU}). \tag{22.1}$$

Hier ist berücksichtigt, dass der „Nullpunkt" des Messbereichs für diesen Messumformer bei (333 °C; 4 mA) liegt.

In Gl. (22.1) bedeuten:
- E die Empfindlichkeit des Messumformers,
- T_M die Temperatur an der Messstelle,
- ΔT_{GTE} die Grenzabweichung des Thermoelements,
- ΔT_t die Messsignalabweichung auf Grund ungenügender Austemperierung,
- ΔT_{VT} die Temperaturabweichung auf Grund von Abweichung der Vergleichstemperatur T_V,
- ΔT_{GAL} die Grenzabweichung auf Grund der Ausgleichsleitungen,
- ΔT_{U0} die Abweichung der Auswerteelektronik durch Schwankungen der Versorgungsspannung,
- ΔT_{UT} die Messsignalabweichung auf Grund schwankender Umgebungstemperatur,
- ΔT_{LIN} die Verarbeitungs- und Linearisierungsfehler der Auswerteelektronik,
- ΔT_B die Anzeigeabweichung auf Grund des Einflusses des Eingangswiderstandes (sog. Bürdeneinfluss),
- ΔT_{MU} die Langzeitstabilität der Auswerteelektronik infolge von Bauteilalterung.

---

[12] Dieses Beispiel orientiert sich an [58, S. 23–24]

https://doi.org/10.1515/9783110500264-022

Gl. (22.1) können wir in Abschn. 22.3 direkt für die Ableitung unserer Messmodellglei-chung für die Temperatur T_M der Messstelle verwenden.

22.2 Kenntnisse über die Messung und die Eingangsgrößen

Im Folgenden nutzen wir Gl. (22.1), um die Kenntnisse zu den Mess- und Einflussgrößen und deren Unsicherheiten zusammenzutragen. Für alle in der Klammer auf der rechten Seite von Gl. (22.1) aufgeführten Beiträge nutzen wir Ausdrücke, die auf Temperaturwer-te umgerechnet werden, auch wenn sich die Angaben in den Datenblättern meist auf „Full Scale", also den Messbereich hinsichtlich des Stromausgangssignals, beziehen. Al-lerdings können wir diese Werte über die Empfindlichkeit E des Messumformers direkt in äquivalente Temperaturabweichungen umrechnen.

Herstellerangaben zum Messumformer:
- Messbereich des Messumformers: 333 °C ... 1200 °C
- Messbereichsumfang: 1200 °C–333 °C = 867 K
- Signalumfang: 20 mA–4 mA = 16 mA
- Empfindlichkeit E = 16 mA/867 K = 0,01845 mA·K^{-1} (per Definition ohne Streuung)

Temperaturanzeige:
- I_A = 5,261 mA, (einmal gemessen, daher keine Streuung)

Grenzabweichung des Thermoelements: Typ K, Klasse 2, Messtemperatur ca. 400 °C (siehe Tab. 25.13):
- ΔT_{GTE} = 0,0075 · $|t|$ = 3,0 K (Rechteckverteilung)

Messsignalabweichung auf Grund ungenügender Austemperierung:
- Es wird angenommen, dass der Einschwingvorgang für das Thermoelement abge-schlossen ist: ΔT_t = 0.

Temperaturabweichung auf Grund von Abweichung der Vergleichstemperatur T_V:
- Angabe im Datenblatt des Messumformers: ΔT_{VT} = ±1 K (Rechteckverteilung)

Grenzabweichung auf Grund der Ausgleichsleitungen:
- Angabe aus dem Datenblatt: ΔT_{GAL} = ±2,5 K (Rechteckverteilung)

Abweichung der Auswerteelektronik durch Schwankungen der Versorgungsspan-nung:
- Angabe aus dem Datenblatt:
  - zulässiger Versorgungsspannungsbereich: 20,4 V ... 25,4 V
  - Nennversorgungsspannung: 24 V

- – Unsicherheitsanteil 0,01 % FS pro Volt Spannungsabweichung
- – geschätzte Abweichung: ±2 V
- – Messunsicherheitsbeitrag: ±0,01 % FS·V^{-1} · 2 V = ±0,02 % FS
- – ΔT_{UO} = ±0,02 % · 867 K = ±0,1734 K (Rechteckverteilung)

Messsignalabweichung auf Grund schwankender Umgebungstemperatur:
- – Angabe aus dem Datenblatt: ±0,005 % FS·K^{-1}
- – Geschätzte Temperaturabweichung zur Referenztemperatur 22 °C: ±2 K
- – ΔT_{UT} = ±0,005 % FS K^{-1} · 2 K = ±0,01 % FS = ±0,01 % · 867 K = 0,0867 K (Rechteckverteilung)

Verarbeitungs- und Linearisierungsfehler der Auswerteelektronik:
- – Angabe aus dem Datenblatt: ±0,25 % FS
- – ΔT_{LIN} = ±0,25 % · 867 K = ±2,1675 K (Rechteckverteilung)

Anzeigeabweichung auf Grund des Einflusses des Eingangswiderstandes (Bürdeneinfluss):
- – Angaben aus dem Datenblatt:
  - – ±0,02 % FS pro Ohm Eingangswiderstand
  - – Eingangswiderstand der Auswerteelektronik: 200 Ω
- – ΔT_B = ±0,02 % FS·Ω^{-1} · 200 Ω = ±0,04 % · 867 K = ±0,3468 K (Rechteckverteilung)

Langzeitstabilität der Auswerteelektronik infolge von Bauteilalterung:
- – Angabe aus dem Datenblatt: ±0,05 % FS pro Jahr
- – Letzte Kalibrierung vor einem Jahr
- – ΔT_{MU} = ±0,05 % FS·a^{-1} · 1 a = ±0,05 % · 867 K = ±0,4335 K (Rechteckverteilung)

22.3 Modell der Messung

Die Temperatur T_M der Messstelle ergibt sich aus Gl. (22.1):

$$T_M = \frac{I_A - 4\,\text{mA}}{E} + 333\,°C$$
$$- (\Delta T_{GTE} + \Delta T_t + \Delta T_{VT} + \Delta T_{GAL} + \Delta T_{UO} + \Delta T_{UT} + \Delta T_{LIN} + \Delta T_B + \Delta T_{MU}). \quad (22.2)$$

22.4 Bewerten der relevanten Eingangsgrößen: zugeordnete Messunsicherheiten

In Tab. 22.1 sind nun für alle Eingangsgrößen die besten Schätzwerte und die Informationen zu den zugeordneten Messunsicherheiten zusammengestellt.

Tab. 22.1: Relevante Eingangsgrößen und zugeordnete Messunsicherheiten.

y_i	Größe	Wert	Typ	Toleranzband	$u(y_i)$
y_1	E	$0{,}01845\,\mathrm{mA \cdot K^{-1}}$	B, Rechteck	0	0
y_2	I_A	$5{,}261\,\mathrm{mA}$	B, Rechteck	0	0
y_3	ΔT_{GTE}	0	B, Rechteck	$\pm 3{,}0\,\mathrm{K}$	$1{,}732\,\mathrm{K}$
y_4	ΔT_t	0	B, Rechteck	0	0
y_5	ΔT_{VT}	0	B, Rechteck	$\pm 1\,\mathrm{K}$	$0{,}577\,\mathrm{K}$
y_6	ΔT_{GAL}	0	B, Rechteck	$\pm 2{,}5\,\mathrm{K}$	$1{,}442\,\mathrm{K}$
y_7	ΔT_{U0}	0	B, Rechteck	$\pm 0{,}1734\,\mathrm{K}$	$0{,}100\,\mathrm{K}$
y_8	ΔT_{UT}	0	B, Rechteck	$\pm 0{,}0867\,\mathrm{K}$	$0{,}050\,\mathrm{K}$
y_9	ΔT_{LIN}	0	B, Rechteck	$\pm 2{,}1675\,\mathrm{K}$	$1{,}251\,\mathrm{K}$
y_{10}	ΔT_B	0	B, Rechteck	$\pm 0{,}3468\,\mathrm{K}$	$0{,}200\,\mathrm{K}$
y_{11}	ΔT_{MU}	0	B, Rechteck	$\pm 1\,\mathrm{K}$	$0{,}577\,\mathrm{K}$
x	T_M	**401,35 °C**			

22.5 Kombinieren der Erwartungswerte und Standardunsicherheiten

Der Erwartungswert für die Temperatur T_M der Messstelle lässt sich unter Nutzung des Modells der Messung von Gl. (22.2) mit den besten Schätzwerten aller Größen berechnen:

$$
\begin{aligned}
T_M &= \frac{I_A - 4\,\mathrm{mA}}{E} + 333\,^\circ\mathrm{C} \\
&\quad - (\Delta T_{GTE} + \Delta T_t + \Delta T_{VT} + \Delta T_{GAL} + \Delta T_{U0} + \Delta T_{UT} + \Delta T_{LIN} + \Delta T_B + \Delta T_{MU}) \\
&= \frac{5{,}261\,\mathrm{mA} - 4\,\mathrm{mA}}{0{,}01845\,\mathrm{mA \cdot K^{-1}}} + 333\,^\circ\mathrm{C} - 0 = 401{,}35\,^\circ\mathrm{C}.
\end{aligned}
\tag{22.3}
$$

Dieser Wert ist bereits in Tab. 22.1 eingetragen.

Um die Messunsicherheiten kombinieren zu können, benötigen wir die zugehörigen Sensitivitätskoeffizienten:

$$
c_1 = -\frac{\partial T_M}{\partial y_1} = \frac{\partial T_M}{\partial E} = -\frac{I_A}{E^2} = -54{,}201\,\mathrm{K^2 \cdot mA^{-1}},
\tag{22.4}
$$

$$
c_2 = -\frac{\partial T_M}{\partial y_2} = \frac{\partial T_M}{\partial I_A} = \frac{1}{E} = 15455\,\mathrm{K \cdot mA^{-1}},
\tag{22.5}
$$

$$
c_{3\ldots 11} = \frac{\partial T_M}{\partial y_{3\ldots 11}} = -1.
\tag{22.6}
$$

Die Sensitivitätskoeffizienten c_1 und c_2 sind dabei eigentlich gar nicht von Interesse, da die zugehörigen Standardunsicherheiten $u(E)$ und $u(I_A)$ null sind, so dass die entsprechenden Teilvarianzen zu null werden.

Mit den Sensitivitätskoeffizienten lässt sich unsere Tab. 22.1 ergänzen und wir erhalten das Messunsicherheitsbudget von Tab. 22.2.

Tab. 22.2: Messunsicherheitsbudget für die Ermittlung der Temperatur T_M der Messstelle.

y_i	Größe	Wert	$u(y_i)$	$c(y_i)$	$(u(y_i)c(y_i))^2 = u_C^2(y_i)$	Beitrags-koeffizient
y_1	E	0,01845 mA·K^{-1}	0	$-54{,}201$ K^2·mA^{-1}	0	0,0 %
y_2	I_A	5,261 mA	0	15455 K·mA^{-1}	0	0,0 %
y_3	ΔT_{GTE}	0	1,732 K	-1	3,000 K^2	40,8 %
y_4	ΔT_t	0	0	-1	0	0,0 %
y_5	ΔT_{VT}	0	0,577 K	-1	0,333 K^2	4,5 %
y_6	ΔT_{GAL}	0	1,442 K	-1	2,079 K^2	28,3 %
y_7	ΔT_{U0}	0	0,100 K	-1	0,010 K^2	0,1 %
y_8	ΔT_{UT}	0	0,050 K	-1	0,003 K^2	0,0 %
y_9	ΔT_{LIN}	0	1,251 K	-1	1,565 K^2	21,3 %
y_{10}	ΔT_B	0	0,200 K	-1	0,040 K^2	0,5 %
y_{11}	ΔT_{MU}	0	0,577 K	-1	0,333 K^2	4,5 %
x	T_M	401,35 °C	2,714 K		$\sum = 7{,}363$ K^2	100,0 %

Die kombinierte Messunsicherheit $u_C(x)$ beträgt somit:

$$u_C(T_M) = \sqrt{\sum_1^{11} u_C^2(y_i)} = \sqrt{7{,}363\,\text{K}^2} = 2{,}714\,\text{K}. \tag{22.7}$$

22.6 Bestimmen der erweiterten Messunsicherheit

Die erweiterte Messunsicherheit $U(x)$ ergibt sich daraus für einen Erweiterungsfaktor $k = 2$ zu:

$$U(T_M) = k \cdot u_C(T_M) = 5{,}428\,\text{K}. \tag{22.8}$$

22.7 Angeben und Bewerten des vollständigen Messergebnisses

Das vollständige Messergebnis für die Temperatur T_M der Messstelle lautet nun für $k = 2$:

$$T_M = (401{,}3 \pm 5{,}5)\,\text{K}. \tag{22.9}$$

Aus dem Messunsicherheitsbudget von Tab. 22.2 lassen sich wieder eine Reihe von Schlussfolgerungen ziehen:
–   Es wurde gleich zu Beginn angenommen, dass der Einschwingvorgang für das Thermoelement abgeschlossen ist, d. h. die Messsignalabweichung ΔT_t auf Grund ungenügender Austemperierung null sei. Mit dieser Grundüberlegung hätte dieser

Einfluss gleich von vornherein aus dem Messunsicherheitsbudget weggelassen werden können.

– Die größten Messunsicherheitseinflüsse werden durch die Grenzabweichungen ΔT_{GTE} und ΔT_{GAL} von Thermoelement und Ausgleichsleitung und durch die Eigenschaften der Auswerteelektronik (ΔT_{LIN}, de facto auch eine Art von Grenzabweichung) hervorgerufen. In der Praxis passiert es häufig, dass solche Grenzabweichungen die bestimmenden Messunsicherheitsbeiträge sind, da zur Messung ja meist eher Messinstrumente mit geringerer Genauigkeit zur Verfügung stehen.

– In Abschn. 22.2 hatten wir alle Einflussgrößen außer der Empfindlichkeit E und dem abgelesenen Messwert I_A des Stromausgangs auf äquivalente Temperaturänderungen ΔT_{i} umgerechnet. Natürlich hätten wir diese Rechnungen formelmäßig auch in unsere Messgleichung (22.2) einbauen können. Allerdings wäre diese dann erheblich unübersichtlicher und schwieriger für eine Lösung mit Zettel und Bleistift geworden. Bei Nutzung entsprechender Software-Tools (siehe Kap. 9) wäre dieser Nachteil allerdings weit weniger gravierend.

23 Messung des Luftdrucks mit einem Absolutdrucksensor

23.1 Messaufgabe

Der Luftdruck soll mittels eines Absolutdrucksensors gemessen werden [59]. Dazu wird ein piezoresistiver Drucksensor verwendet. Dieser besitzt eine deformierbare Druckplatte, auf deren Oberseite der zu messende Luftdruck p wirkt (Fig. 23.1). Die Unterseite der Druckplatte schließt ein Volumen ab, in dem Vakuum ($p_{Vak} = 0$) herrscht. Die gemessene Verformung ist somit die Differenz der Wirkung zwischen den auf beiden Oberflächen der Membran gemessenen Druckwerten, d. h. dass das Ausgangssignal des Sensors nur durch den Luftdruck p bestimmt wird.

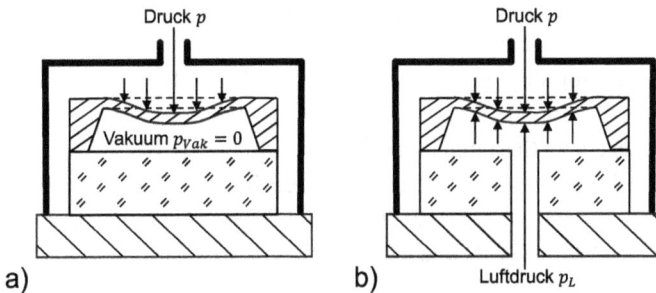

Abb. 23.1: Wirkungsweise von Drucksensoren: a) Absolutdrucksensor, b) Relativdrucksensor.

Im Gegensatz dazu ist bei Relativdrucksensoren die zweite Seite der Druckplatte dem Luftdruck ausgesetzt. Die Verformung der Druckplatte entsteht wieder durch den Unterschied zwischen dem gemessenen Druck (Luftdruck) auf der einen Plattenseite und dem Umgebungsdruck (ebenfalls Luftdruck) auf der anderen Seite und ist deshalb immer null. Daher kann mit einem Relativdrucksensor prinzipiell kein Luftdruck gemessen werden. Ein typisches Anwendungsbeispiel für eine Relativdruckmessung ist die Kontrolle des Reifendrucks, weil im Reifen ja ein bestimmter Überdruck im Vergleich zum Umgebungsdruck herrschen soll.

Der Luftdruck wird in Hektopascal (hPa) gemessen. Der mittlere Luftdruck der Atmosphäre (atmosphärischer Druck) auf Meereshöhe (Normalnull) beträgt standardmäßig 1013,25 hPa = 1 bar. Der Luftdruck auf Meereshöhe wird auch als normaler Luftdruck bezeichnet. In Abhängigkeit von der Wetterlage schwankt der Luftdruck typischerweise im Bereich zwischen etwa 970 hPa und 1030 hPa. Der niedrigste bzw. höchste jemals in Deutschland gemessene Luftdruckwert beträgt 954,4 hPa bzw. 1060,8 hPa [60].

Da der Luftdruck durch die Masse der von oben wirkenden Luftsäule hervorgerufen wird, nimmt er mit der Höhe ab. Diese Abnahme beträgt in Meereshöhe etwa 1 hPa/8 m.

https://doi.org/10.1515/9783110500264-023

23.2 Kenntnisse über die Messung und die Eingangsgrößen

Gesucht ist der normale Luftdruck p_{NN}, also der Luftdruck an diesem Ort, wie er bei Normalnull wäre.

Folgende Dinge sind über die Messung bekannt:

Absolutdrucksensor:
– Es wird ein barometrischer Drucksensor des Typs HCA0811AR (First Sensor) verwendet [61]. In Tab. 23.1 sind die hier relevanten Angaben aus dem Datenblatt zusammengestellt.
– Der Messbereich im Analogmodus beträgt $(800 \ldots 1100)$ hPa, der entsprechende typische Ausgangsspannungsbereich $(0,25 \ldots 4,25)$ V. Die Sensitivität des Drucksensors beträgt damit typisch $S = 4000$ mV/300 hPa $= 13,33$ mV/hPa.
– Der Ausgangsspannungsbereich weist nach Datenblatt minimale und maximale Werte für den minimalen Druck von 800 hPa von 0,21 mV und 0,29 mV sowie für den maximalen Druck von 1100 hPa von 4,21 mV und 4.29 mV auf. Die sich daraus ergebende Toleranz für die Sensitivität beträgt somit $\pm 0,08$ mV/300 hPa $= \pm 0,27$ mV/hPa.
– Die im Datenblatt angegebene Gesamtgenauigkeit (Grenzabweichung) umfasst die Null- und Endwertkalibrierung, die Nichtlinearität, die Druckhysterese und den Temperatureinfluss im Bereich $(0 \ldots 85)$ °C. Sie ist mit $\pm 1,0$ % FSS (full scale span, d. h. von 4,25–0,25 V = 4,00 V bzw. 1100 hPa–800 hPa = 300 hPa) angegeben.

Tab. 23.1: Angaben für den barometrischer Drucksensor HCA0811AR (First Sensor) aus dem Datenblatt [61].

Kennwert	Minimaler Wert	Typischer Wert	Maximaler Wert
Arbeitsdruckbereich	800 hPa		1100 hPa
Gesamtgenauigkeit (0 … 85) °C[a]			±1,0 % FSS
Ausgang bei minimalem Messdruck	0,21 V	0,25 V	0,29 V
Messbereich (FSS)[b]		4,00 V	
Ausgang bei maximalem Messdruck	4,21 V	4,25 V	4,29 V

[a]Dieser Wert umfasst die kombinierten Fehler aus der Kalibrierung von Messbereichsanfang und –ende sowie durch Linearität, Druckhysterese und Temperatureffekte. Die Linearität ist dabei die gemessene Abweichung von einer Geraden. Die Hysterese ist die maximale Ausgangsdifferenz an einem beliebigen Punkt innerhalb des Betriebsdruckbereichs bei steigendem und fallendem Druck. Kalibrierfehler umfassen die Abweichung von Offset und Skalenendwert von den Nennwerten.
[b]Full Scale Span (FSS) ist die algebraische Differenz zwischen dem Ausgangssignal für den höchsten und niedrigsten spezifizierten Druck.

Spannungsversorgung:
– Der Drucksensor wird mit einer Spannungsquelle mit einer Nennspannung von $U_0 = 5,0$ V gespeist. Änderungen der Speisespannung gehen ratiometrisch, also proportional, in die Änderung der Ausgangsspannung ein.

– Das Datenblatt des verwendeten Labornetzteils weist für die Grenzabweichung einen Wert von ≤ (0,01 % + 3 mV) aus. Die entsprechende Grenzabweichung ΔU_{0G} beträgt damit 0,01 % · 5 V + 3 mV = 3,5 mV (Rechteckverteilung).

Barometrische Höhe:
– Die Messung erfolgt in Dresden, das nominell auf 113 m über Normalnull liegt. Die Höhenabweichung der Messung gegenüber Normalnull durch die Lage der Messstelle außerhalb der Stadtmitte im Universitätsbereich wird auf (140 ± 20) m abgeschätzt. Das entspricht mit dem in Abschn. 23.1 genannten Umrechnungsfaktor von 1 hPa/8 m einem barometrischen Druck p_B von (17,5 ± 2,5) hPa (Rechteckverteilung).
– Die abgeschätzte mittlere barometrische Höhenänderung von 140 m (bzw. 17,5 hPa) muss als Bias (systematischer Fehler; vgl. Abschn. 4.4) berücksichtigt werden, muss also dem Messwert zugerechnet werden, wenn der Luftdruck p_{NN} auf Normalnull bezogen werden soll.

Angezeigtes Messergebnis:
– Die angezeigte Spannung U_A des Drucksensors beträgt 2,95 mV. Da es eine einmalige Messung ist, kann keine Toleranz oder Messunsicherheit angegeben werden.
– Messunsicherheiten durch die Ablesung werden als vernachlässigbar eingeschätzt.

23.3 Modell der Messung

Um vom angezeigten Luftdruck p_A des Sensors auf den auf Normalnull bezogenen Luftdruck p_{NN} zu schließen, muss die Abweichung durch den barometrischen Höhendruck p_B berücksichtigt werden:

$$p_{NN} = p_A + p_B. \tag{23.1}$$

Für die Korrektur ist p_B dabei zu p_A zu addieren, da der Luftdruck bei Normalnull größer sein muss als bei der abgeschätzten Höhe von 140 m.
Die angezeigte Spannung U_A (Spannungsbereich 0,25 V bis 4,25 V) hängt mit dem gemessenen Druck p_A (800 hPa bis 1100 hPa) über die Sensitivität S zusammen:

$$U_A - 250\,\text{mV} = S \cdot (p_A - 800\,\text{hPa}). \tag{23.2}$$

Allerdings muss noch die Messunsicherheit durch die Grenzabweichung ΔU_{0G} des Drucksensors berücksichtigt werden, die die abgelesene Ausgangsspannung U_A beeinflusst. Dadurch modifiziert sich Gl. (23.2) zu:

$$U_A + \Delta U_{0G} - 250\,\text{mV} = S \cdot (p_A - 800\,\text{hPa}). \tag{23.3}$$

Mit Gl. (23.1) ergibt sich damit für den auf Normalnull bezogenen Druck:

$$p_{NN} = \frac{U_A + \Delta U_{0G} - 250\,\text{mV}}{S} + p_B + 800\,\text{hPa}. \tag{23.4}$$

Gl. (23.4) ist die Messgleichung für dieses Beispiel.

23.4 Bewerten der relevanten Eingangsgrößen: zugeordnete Messunsicherheiten

In Tab. 23.2 sind nun für alle Eingangsgrößen die besten Schätzwerte und die Informationen zu den zugeordneten Messunsicherheiten zusammengestellt.

Tab. 23.2: Relevante Eingangsgrößen und zugeordnete Messunsicherheiten.

y_i	Größe	Wert	Typ	Toleranzband	$u(y_i)$
y_1	U_A	2950 mV	B, Rechteck	0	0
y_2	ΔU_{0G}	0	B, Rechteck	±3,5 mV	2,02 mV
y_3	S	13,33 mV·hPa^{-1}	B, Rechteck	±0,27 mV·hPa^{-1}	0,156 mV·hPa^{-1}
y_4	p_B	17,5 hPa	B, Rechteck	±2,5 hPa	1,44 hPa
x	p_{NN}	1020,05 hPa			

23.5 Kombinieren der Erwartungswerte und Standardunsicherheiten

Der Erwartungswert für den auf Normalnull bezogenen normalen Druck p_{NN} lässt sich unter Nutzung des Modells der Messung von Gl. (23.4) mit den besten Schätzwerten aller Größen berechnen:

$$p_{NN} = \frac{U_A + \Delta U_{0G} - 250\,\text{mV}}{S} + p_B + 800\,\text{hPa} = \frac{2950\,\text{mV} + 0 - 250\,\text{mV}}{13,33\,\text{mV·hPa}^{-1}} + 17,5\,\text{hPa} + 800\,\text{hPa}$$

$$= 1020,05\,\text{hPa}. \tag{23.5}$$

Diesen Wert hatten wir bereits in Tab. 23.2 eingetragen.

Die Berechnung der kombinierten Messunsicherheit benötigt wieder die zugehörigen Sensitivitätskoeffizienten:

$$c_{1,2} = \frac{\partial p_{NN}}{\partial c_{1,2}} = \frac{\partial p_{NN}}{\partial U_A} = \frac{\partial p_{NN}}{\partial \Delta U_{0G}} = \frac{1}{S} = 0,075\,\text{hPa·mV}^{-1}, \tag{23.6}$$

$$c_3 = -\frac{\partial p_{NN}}{\partial y_3} = \frac{\partial p_{NN}}{\partial S} = -\frac{U_A + \Delta U_{0G} - 250\,\text{mV}}{S^2} = -15,195\,\text{hPa}^2\text{·mV}^{-1}, \tag{23.7}$$

$$c_4 = \frac{\partial p_{NN}}{\partial y_4} = \frac{\partial p_{NN}}{\partial p_B} = 1. \tag{23.8}$$

Der Sensitivitätskoeffizient c_1 ist von geringem Interesse, da die zugehörige Standardunsicherheit $u(U_A)$ null ist, so dass auch die entsprechende Teilvarianz zu null wird.

Mit den Sensitivitätskoeffizienten lässt sich unsere Tab. 23.2 ergänzen und wir erhalten das Messunsicherheitsbudget von Tab. 23.3.

Tab. 23.3: Messunsicherheitsbudget für die Ermittlung des auf Normalnull bezogenen Luftdrucks p_{NN}.

y_i	Größe	Wert	$u(y_i)$	$c(y_i)$	$(u(y_i)c(y_i))^2 = u_C^2(y_i)$	Beitrags-koeffizient
y_1	U_A	2950 mV	0	0,075 hPa·mV^{-1}	0	0,0 %
y_2	ΔU_{0G}	0	2,02 mV	0,075 hPa·mV^{-1}	0,0230 hPa^2	0,3 %
y_3	S	13,33 mV·hPa^{-1}	0,156 mV·hPa^{-1}	−15,195 hPa^2·mV^{-1}	5,6189 hPa^2	72,7 %
y_4	p_B	17,5 hPa	1,44 hPa	1	2,0736 hPa^2	27,0 %
x	p_{NN}	**1020,05 hPa**	**2,78 hPa**		$\sum$ = **7,7155 hPa^2**	**100,0 %**

Die kombinierte Messunsicherheit $u_C(x)$ beträgt somit:

$$u_C(p_{NN}) = \sqrt{\sum_1^4 u_C^2(y_i)} = \sqrt{7,7155\ \text{hPa}^2} = 2,78\ \text{hPa}. \tag{23.9}$$

23.6 Bestimmen der erweiterten Messunsicherheit

Die erweiterte Messunsicherheit $U(x)$ ergibt sich daraus für einen Erweiterungsfaktor $k = 2$ zu:

$$U(p_{NN}) = k \cdot u_C(p_{NN}) = 5,56\ \text{hPa}. \tag{23.10}$$

23.7 Angeben und Bewerten des vollständigen Messergebnisses

Das vollständige Messergebnis für den auf Normalnull bezogenen Luftdruck p_{NN} lautet nun für $k = 2$:

$$p_{NN} = (1020,1 \pm 5,6)\ \text{hPa}. \tag{23.11}$$

Aus dem Messunsicherheitsbudget von Tab. 23.2 lassen sich wieder eine Reihe von Schlussfolgerungen ziehen:
- Der Luftdruck liegt mit einer Vertrauenswahrscheinlichkeit von 95 % im Bereich (1014,5 ... 1025,7) hPa, ist also größer als 1013,25 hPa. Damit herrscht eindeutig Hochdruck.

- Die Grenzabweichung ΔU_{0G} des Absolutdrucksensors hat den mit Abstand größten Einfluss auf die erweiterte Messunsicherheit. Diese könnte deutlich reduziert werden, wenn entweder ein Drucksensor mit günstigeren Eigenschaften verwendet würde oder der genutzte Sensor kalibriert worden wäre.
- Die barometrische Höhe ist im Hinblick auf ihren Beitrag für die kombinierte bzw. erweiterte Messunsicherheit hinreichend gut abgeschätzt worden.

24 Magnetfeldmessung[13]

24.1 Messaufgabe

Ziel ist die Messung der magnetischen Flussdichte B mit einer Magnetfeldsonde an einem Punkt des magnetischen Feldes. Hier ist zu beachten, dass die magnetische Flussdichte eine vektorielle Feldgröße ist, die einen Betrag (den wir messen wollen) und eine Richtung hat. Um den Betrag direkt zu messen, muss deshalb die sensitive Richtung der Sonde in Richtung der Feldlinien des zu messenden Magnetfeldes ausgerichtet werden. Abweichungen führen zu Messunsicherheiten.

Es ist bekannt, dass der Betrag der magnetischen Flussdichte etwa 1,2 T (Tesla) beträgt.

24.2 Kenntnisse über die Messung und die Eingangsgrößen

Zur Messung der magnetischen Flussdichte B wird eine Magnetfeldsonde AS-NTP 0,6 (Messbereich ±2000 mT) [63] zusammen mit einem Teslameter FM 302 [64] der Firma Projekt Elektronik Mess- und Regelungstechnik verwendet. Folgende Dinge sind über die Messung bekannt:

Messwerte:
- Das Gerät wurde 12-mal abgelesen. Die Messwerte sind in Tab. 24.1 aufgelistet.
- Durch diese Anzahl an Messungen kann angenommen werden, dass näherungsweise eine Normalverteilung vorliegt (Typ A, siehe Tab. 6.1).

Tab. 24.1: Messwerte für die magnetische Flussdichte.

Messwerte					
1234 mT	1234 mT	1236 mT	1234 mT	1236 mT	1232 mT
1235 mT	1235 mT	1237 mT	1237 mT	1238 mT	1236 mT

Mittelwert B_A = 1235,33 mT;
Standardabweichung des Mittelwerts $s(B_A)$ = 0,48 mT

Magnetfeldsonde (Index S) [63]:
- Im Datenblatt ist für den Temperaturkoeffizienten α_S der Sensitivität ein typischer Wert von −0,03 %/K und ein maximaler Wert von −0,05 %/K angegeben. Man kann annehmen, dass der Temperaturkoeffizient negativ ist und zwischen 0 und −0,05 %/K liegt (Rechteckverteilung).

---

13 Dieses Beispiel ist [62] entnommen.

https://doi.org/10.1515/9783110500264-024

– Der Temperaturkoeffizient ist für einen Temperaturbereich von $(0 \ldots +50)\,°C$ angegeben. Als Bezugstemperatur T_{0S} nehmen wir $25\,°C$ an. Die Temperaturabweichung ΔT um diesen Wert beträgt damit $\pm25\,K$.

– Die durch den Temperaturkoeffizienten α_S der Sensitivität auftretende Abweichung der Magnetfelddichte wird dann zu:

$$\Delta B_{TS} = B_A \alpha_S \Delta T. \tag{24.1}$$

– Im Datenblatt ist als Maximalwert für den Linearitätsfehler $\Delta B_{NLS} \pm (0,5\,\%\,\text{v. M.} + 0,2\,\text{mT}) = \pm(0,5\,\%\cdot1235,33\,\text{mT}+0,2\,\text{mT}) = \pm6,4\,\text{mT}$ angegeben. Der wahrscheinlichste Wert für die dadurch verursachte Abweichung ΔB_{NL} wird als null angenommen (Rechteckverteilung).

Teslameter (Index G) [64]:

– Im Datenblatt ist für den Temperaturkoeffizienten α_G ein maximaler Wert von $\pm0,01\,\%/K$ angegeben (Rechteckverteilung). Dieser gilt wieder für den Temperaturbereich von $(0 \ldots +50)\,°C$. Als Bezugstemperatur T_{0G} nehmen wir wieder $25\,°C$ an, die Temperaturabweichungen um diesen Wert liegen dann ebenfalls wieder im Bereich $\pm25\,K$.

– Die durch den Temperaturkoeffizienten α_T des Teslameters auftretende Abweichung der Magnetfelddichte wird dann zu:

$$\Delta B_{TG} = B_A \alpha_T \Delta T. \tag{24.2}$$

– Das Teslameter hat eine $3\,1/2$-stellige Digitalanzeige. Im Messbereich $2\,T = 2000\,\text{mT}$ entspricht dann 1 Digit genau $1\,\text{mT}$.

– Im Datenblatt ist für die Nullpunktdrift ΔB_{0G} ein Wert von maximal $D = 3\,\text{Digits}/10\,K = 0,3\,\text{mT/K}$ angegeben (Rechteckveteilung). Sie kann positiv oder negativ sein. Die Nullpunktdrift ΔB_{0G} ergibt sich somit zu:

$$\Delta B_{0G} = D \cdot \Delta T. \tag{24.3}$$

– Es ist unklar, inwieweit die beiden Temperatureinflüsse ΔB_{TG} und ΔB_{0G} korreliert sind. Wir nehmen hier den ungünstigsten Fall an, dass beide Effekte völlig korreliert sind.

– Im Datenblatt ist für die Messunsicherheit (Grenzabweichung) des Teslameters ΔB_{MUG} im DC-Betrieb ein Wert von $\pm(0,1\,\%\,\text{v. M.} + 2\,\text{Digit}) = \pm(0,1\,\%\cdot1235,3\,\text{mT} + 2\,\text{mT}) = \pm3,3\,\text{mT}$ angegeben (Rechteckverteilung).

– Die Digitalanzeige (1 Digit = $1\,\text{mT}$) verursacht einen Messunsicherheitsbeitrag ΔB_{DG} von $\pm0,5\,\text{mT}$ (Rechteckverteilung).

Ausrichtung
des Magnetfelds
$\vec{B}$

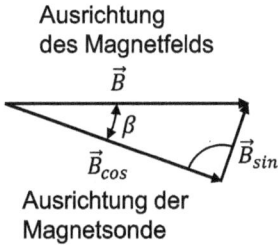

β

$\vec{B}_{cos}$ $\vec{B}_{sin}$

Ausrichtung der
Magnetsonde

Abb. 24.1: Kosinus-Fehler durch Fehlausrichtung der Magnetfeldsonde.

Kosinus-Fehler durch Fehlausrichtung der Magnetfeldsonde (Index cos):

- Durch Abweichungen zwischen der Richtung des Feldvektors und der Flächennormalen der Sonde um den Winkel β ist die an der Sonde wirkende magnetische Flussdichte statt B nur $B_{cos} = B \cos \beta$ (Fig. 24.1).
- Die Abweichung ΔB_{cos} zwischen B und $B(1 - \cos \beta)$ beträgt mit $\beta \approx 1 - \beta^2/2$ für kleine Winkel ($\beta \ll 1$):

$$\Delta B_{cos} = B - B \cos \beta \approx B \frac{\beta^2}{2}. \tag{24.4}$$

- Prinzipiell können beim praktischen Messen unterschiedliche Arten der Fehlausrichtung entstehen, nämlich dass die Winkelabweichung nur längs einer raumfesten Achse auftritt oder sich die Sonde wie bei einem Kugelgelenk in mehr als einer Koordinate bewegt. Für letzteren Fall hat sich nach [62] als Erfahrungswert ein Fehlwinkel β zwischen $0°$ und $4° = 6{,}98 \cdot 10^{-2}$ bzw. $2° \pm 2°$ als sinnvolle Annahme erwiesen.
- Wir beziehen nun der Einfachheit halber die Abweichung auf den gemessenen Wert B_A statt auf die erst noch zu ermittelnde magnetische Flussdichte B, da bei kleinem Winkel β beide Größen fast gleich groß sind:

$$\Delta B_{cos} = B_A \frac{\beta^2}{2}. \tag{24.5}$$

24.3 Modell der Messung

Für die Ableitung der Messgleichung gehen wir davon aus, dass die angezeigten Werte B_A natürlich von der zu messenden magnetischen Flussdichte B abhängt, wobei B systematisch um den Kosinus-Fehler ΔB_{cos} infolge der Sondenfehlausrichtung zu klein gemessen wird. Zusätzlich sind auch die anderen in Abschn. 24.2 aufgeführten Messunsicherheitseinflüsse durch die Magnetfeldsonde und das Teslameter zu berücksichtigen:

$$B_A + \Delta B_{cos} = B + \Delta B_{TS} + \Delta B_{NLS} + \Delta B_{TG} + \Delta B_{0G} + \Delta B_{MUG} + \Delta B_{DG}. \tag{24.6}$$

Mit den Gln. (24.1) bis (24.6) ergibt sich daraus:

$$B_A + \frac{\beta^2}{2} B_A = B + B_A \alpha_S \Delta T + \Delta B_{NLS} + B_A \alpha_T \Delta T + D \cdot \Delta T + \Delta B_{MUG} + \Delta B_{DG}. \tag{24.7}$$

Wir können diese Beziehung nun nach der gesuchten Flussdichte B auflösen und erhalten unsere Messgleichung:

$$B = B_A - [B_A(\alpha_S + \alpha_T) + D]\Delta T - \Delta B_{NLS} - D \cdot \Delta T - \Delta B_{MUG} - \Delta B_{DG} + \frac{\beta^2}{2} B_A. \tag{24.8}$$

Zu beachten ist, dass nach unserer Annahme ΔB_{TG} und ΔB_{0G}, d. h. α_G und D, vollständig korreliert sind.

24.4 Bewerten der relevanten Eingangsgrößen: zugeordnete Messunsicherheiten

Die besten Schätzwerte für alle Eingangsgrößen und die Informationen zu den zugeordneten Messunsicherheiten stellen wir nun wieder tabellarisch zusammen (Tab. 24.2).

Tab. 24.2: Relevante Eingangsgrößen und zugeordnete Messunsicherheiten.

y_i	Größe	Wert	Typ	Toleranzband	$u(y_i)$
y_1	B_A	1235,33 mT	A, Normal	–	0,48 mT
y_2	α_S	$-0,00025\,K^{-1}$	B, Rechteck	$\pm 0,00025\,K^{-1}$	$0,000144\,K^{-1}$
y_3	α_T	0	B, Rechteck	$\pm 0,0001\,K^{-1}$	$0,000058\,K^{-1}$
y_4	D	0	B, Rechteck	$\pm 0,3\,mT{\cdot}K^{-1}$	$0,17\,mT{\cdot}K^{-1}$
y_5	ΔT	0 #	B, Rechteck	$\pm 25\,K$	14,43 K
y_6	ΔB_{NLS}	0	B, Rechteck	$\pm 6,4\,mT$	3,70 mT
y_7	ΔB_{MUG}	0	B, Rechteck	$\pm 3,3\,mT$	1,91 mT
y_8	ΔB_{DG}	0	B, Rechteck	$\pm 0,5\,mT$	0,29 mT
y_9	β	0,0349	B, Rechteck	$\pm 0,0349$ ##	0,0201
x	B	1236,08 mT			

bezogen auf die Referenztemperatur von 25 °C
$360° \leftrightarrow 2\pi$ bzw. $2° \leftrightarrow 0,0349$

24.5 Kombinieren der Erwartungswerte und Standardunsicherheiten

Der Erwartungswert für die magnetische Flussdichte B lässt sich unter Nutzung des Modells der Messung von Gl. (24.8) mit den besten Schätzwerten aller Größen berechnen:

$$B = B_A - [B_A(\alpha_S + \alpha_T) + D]\Delta T - \Delta B_{NLS} - D \cdot \Delta T - \Delta B_{MUG} - \Delta B_{DG} + \frac{\beta^2}{2}B_A$$

$$= 1235{,}33 \text{ mT} - [1235{,}33 \text{ mT} \cdot (-0{,}00025 \text{ K}^{-1} + 0) + 0] \cdot 0 - 0 - 0 - 0 - 0$$

$$+ \frac{0{,}0349^2}{2} 1235{,}33 \text{ mT} = 1235{,}33 \text{ mT} + 0{,}75 \text{ mT} = 1236{,}08 \text{ mT}. \tag{24.9}$$

Dieser Wert ist bereits in Tab. 24.2 eingetragen.

Die Berechnung der kombinierten Messunsicherheit benötigt wieder die zugehörigen Sensitivitätskoeffizienten:

$$c_1 = \frac{\partial B}{\partial c_1} = \frac{\partial B}{\partial B_A} = 1 - (\alpha_S + \alpha_T)\Delta T + \frac{\beta^2}{2} = 1{,}0006, \tag{24.10}$$

$$c_{2,3} = \frac{\partial B}{\partial c_{2,3}} = \frac{\partial B}{\partial \alpha_{S,G}} = -B_A \Delta T = 0, \tag{24.11}$$

$$c_4 = \frac{\partial B}{\partial c_4} = \frac{\partial B}{\partial D} = -2\Delta T = 0, \tag{24.12}$$

$$c_5 = \frac{\partial B}{\partial c_5} = \frac{\partial B}{\partial \Delta T} = -[B_A(\alpha_S + \alpha_T) + D] - D = 0{,}3088 \text{ mT/K}, \tag{24.13}$$

$$c_{6,7,8} = \frac{\partial B}{\partial c_{7,8,9}} = \frac{\partial B}{\partial \Delta B_{NLS,MUG,DG}} = -1, \tag{24.14}$$

$$c_9 = -\frac{\partial B}{\partial y_9} = \frac{\partial B}{\partial \beta S} = B_A \beta = 43{,}1 \text{ mT}. \tag{24.15}$$

Mit den Sensitivitätskoeffizienten lässt sich unsere Tab. 24.2 ergänzen und wir erhalten das Messunsicherheitsbudget von Tab. 24.3.

Zu beachten ist, dass nach unserer Annahme α_G und D vollständig korreliert sind.

Tab. 24.3: Messunsicherheitsbudget für die Ermittlung der magnetischen Flussdichte B.

y_i	Größe	Wert	$u(y_i)$	$c(y_i)$	$(u(y_i)c(y_i))^2 = u_c^2(y_i)$	Beitrags-koeffizient
y_1	B_A	1235,33 mT	0,48 mT	1,0006	0,23 mT^2	0,6 %
y_2	α_S	−0,00025 K^{-1}	0,000144 K^{-1}	0	0	0,0 %
y_3	α_T	0	0,000058 K^{-1}	0	0	0,0 %
y_4	D	0	0,17 mT·K^{-1}	0	0	0,0 %
y_5	ΔT	0 [#]	14,43 K	0,31 mT·K^{-1}	19,93 mT^2	52,4 %
y_6	ΔB_{NLS}	0	3,70 mT	−1	13,69 mT^2	35,7 %
y_7	ΔB_{MUG}	0	1,91 mT	−1	3,65 mT^2	9,5 %
y_8	ΔB_{DG}	0	0,29 mT	−1	0,08 mT^2	0,2 %
y_9	β_0	0,0349	0,0201	43,1 mT	0,76 mT^2	2,0 %
x	B	**1236,08 mT**	**6,18 mT**		$\sum$ = **21,74 hPa^2**	**100,0 %**

Die kombinierte Messunsicherheit $u_C(x)$ beträgt somit mit dem Term für die beiden korrelierten Größen:

$$u_C(B) = \sqrt{\sum_{1}^{9} u_C^2(y_i) + 2 \sum_{i=1}^{n-1} \sum_{j=i+1}^{n} c_i c_j u(y_i, y_j)} = \sqrt{\sum_{1}^{9} u_C^2(y_i) + 2c_3 c_4 u(y_3, y_4)}$$

$$= \sqrt{21,74\,\text{mT}^2} = 6,18\,\text{mT}. \tag{24.16}$$

24.6 Bestimmen der erweiterten Messunsicherheit

Die erweiterte Messunsicherheit $U(B)$ ergibt sich daraus für einen Erweiterungsfaktor $k = 2$ zu:

$$U(B) = k \cdot u_C(B) = 12,36\,\text{mT}. \tag{24.17}$$

24.7 Angeben und Bewerten des vollständigen Messergebnisses

Das vollständige Messergebnis für die magnetische Flussdichte B lautet nun für $k = 2$:

$$B = (1236,1 \pm 13)\,\text{mT}. \tag{24.18}$$

Das Messunsicherheitsbudget von Tab. 24.3 erlaubt uns eine Reihe von Schlussfolgerungen:

- Wird die Messunsicherheitsbestimmung rechnergestützt durchgeführt (z. B. mit der GUM-Workbench, siehe Kap. 9), lässt sich der Einfluss der angenommenen Korrelation zwischen ΔB_{TG} und ΔB_{0G}, d. h. α_G und D, leicht ermitteln, indem die entsprechenden Korrelationskoeffizienten statt auf eins (vollständige Korrelation) auf null (keine Korrelation) gesetzt werden. Somit lässt sich leicht nachprüfen, dass das Messunsicherheitsbudget davon völlig unberührt bleibt. Dies bestätigt die Erfahrung, dass Korrelationen – insbesondere wenn der Beitrag der entsprechenden Einflussgrößen im Gesamtbudget sehr klein ist – oft vernachlässigt werden können.
- Der Hauptbeitrag zur kombinierten und damit zur erweiterten Messunsicherheit stammt mit 52,4 % vom sehr groß angenommenen Temperaturtoleranzbereich von ±25 K um die Bezugstemperatur von 25 °C. In der Regel können wir den Temperaturbereich viel weiter einschränken, z. B. auf ±5 K oder sogar noch kleiner. Tab. 24.4 zeigt das Messunsicherheitsbudget vergleichend für diesen Fall. Die kombinierte Messunsicherheit sinkt dadurch von 6,18 mT um ein knappes Drittel auf 4,38 mT. In diesem Fall wird sie insbesondere durch den Linearitätsfehler ΔB_{NLS} der Magnetsonde bestimmt. Für eine weitere Verringerung der Messunsicherheit müsste man auf eine andere Magnetsonde mit besseren Eigenschaften zurückgreifen.
- Der Kosinus-Fehler durch Fehlausrichtung der Magnetfeldsonde trägt nur mit 2 % bzw. 4 % zur Gesamtmessunsicherheit bei. Die Vereinfachungen bei den benutzten

Tab. 24.4: Messunsicherheitsbudget für die Ermittlung der magnetischen Flussdichte B für zwei unterschiedliche Annahmen zum zulässigen Temperaturbereich ΔT.

y_i	Größe	$\Delta T = \pm 25\,\text{K}$		$\Delta T = \pm 5\,\text{K}$	
		$(u(y_i)c(y_i))^2 =$ $u_C^2(y_i)$	Beitrags-koeffizient	$(u(y_i)c(y_i))^2 =$ $u_C^2(y_i)$	Beitrags-koeffizient
y_1	B_A	$0{,}23\,\text{mT}^2$	$0{,}6\,\%$	$0{,}23\,\text{mT}^2$	$1{,}2\,\%$
y_2	α_S	0	$0{,}0\,\%$	0	$0{,}0\,\%$
y_3	α_T	0	$0{,}0\,\%$	0	$0{,}0\,\%$
y_4	D	0	$0{,}0\,\%$	0	$0{,}0\,\%$
y_5	ΔT	$19{,}93\,\text{mT}^2$	$52{,}4\,\%$	$0{,}79\,\text{mT}^2$	$4{,}2\,\%$
y_6	ΔB_{NLS}	$13{,}69\,\text{mT}^2$	$35{,}7\,\%$	$13{,}69\,\text{mT}^2$	$71{,}3\,\%$
y_7	ΔB_{MUG}	$3{,}65\,\text{mT}^2$	$9{,}5\,\%$	$3{,}65\,\text{mT}^2$	$19{,}0\,\%$
y_8	ΔB_{DG}	$0{,}08\,\text{mT}^2$	$0{,}2\,\%$	$0{,}08\,\text{mT}^2$	$0{,}4\,\%$
y_9	β_0	$0{,}76\,\text{mT}^2$	$2{,}0\,\%$	$0{,}76\,\text{mT}^2$	$3{,}9\,\%$
x	B	$(6{,}18\,\text{mT})^2$	$100{,}0\,\%$	$(4{,}38\,\text{mT})^2$	$100{,}0\,\%$

Annahmen in Abschn. 24.2 waren also gerechtfertigt. Wäre der Kosinus-Fehler der entscheidende Beitrag zur Messunsicherheit, müsste ggf. über eine verbesserte Modellüberlegung nachgedacht werden, um diesen Einfluss genauer zu erfassen.

Teil III: **Anhänge**

25 Grenzwerte für Messabweichungen von Messinstrumenten und Maßverkörperungen

Für viele Standardmessinstrumente und –maßverkörperungen gibt es technische Normen, in denen Höchstwerte für Messabweichungen der Anzeige (Ausgabe) einer Messeinrichtung vom richtigen Wert festgelegt sind, siehe Abschn. 5.6. Der Einfachheit halber verwenden wir hier für die Bezeichnung „Höchstwerte bzw. Grenzwerte für Messabweichungen" die Kurzform „Grenzabweichungen".

Im Folgenden sollen nun für häufig im Praktikum genutzte Messgeräte und Maßverkörperungen diese Grenzabweichungen angegeben werden. Im Einzelfall muss natürlich geprüft werden, ob die entsprechenden Instrumente unter diese Standards fallen. Prinzipiell können im Einzelfall die Toleranzen natürlich durchaus auch kleiner sein. Dies müsste allerdings für das spezielle Messinstrument durch Kalibrierung ermittelt werden. Im Rahmen schulischer oder universitärer Praktika wird dies sicherlich in der Regel nicht erfolgen. Hier geben die durch die Normen vorgegebenen Grenzabweichungen einen guten Anhaltspunkt, mit welchem maximalen Messunsicherheitsbeitrag durch das verwendete Messgerät oder die genutzten Maßverkörperungen zu rechnen ist.

25.1 Längenmessung

25.1.1 Verkörperte Längenmaße

In [12, Anhang X, Kapitel 1] werden die Grenzabweichungen von verkörperten Längenmaßen geregelt. Verkörperte Längenmaße sind dabei Geräte mit Einteilungsmarken, deren Abstände in gesetzlichen Längenmaßeinheiten angegeben sind, z. B. Stahl- und Holzmaßstäbe, Gliedermaßstäbe und Messbänder. Die Fehlergrenzen ergeben sich aus der Formel

$$a + bL, \tag{25.1}$$

wobei L die auf den nächsten vollen Meter aufgerundete Größe der zu messenden Länge ist. a und b können Tab. 25.1 entnommen werden. Daraus ergeben sich die im unteren Teil von Tab. 25.1 angegebenen Grenzabweichungen in Abhängigkeit von der zu messenden Länge.

Für Strichmaßstäbe aus Stahl (Stahllineale) mit rechteckigem Querschnitt und Gesamtteilungslängen bis 5.000 mm gibt es eine weitere, deutlich strengere Norm (DIN 866:2006-12) [65]. Die dort zugelassenen Grenzabweichungen sind in Tab. 25.2 zusammengestellt, wobei bei den Stahllinealen zwei Formen zu unterscheiden sind:
- Form A: Der Skalenwert 0 hat von der Stirnfläche, d. h. dem Beginn des Maßstabs, einen Abstand von 5 mm.

https://doi.org/10.1515/9783110500264-025

Tab. 25.1: Grenzabweichungen von verkörperten Längenmaßen, z. B. Stahl- und Holzmaßstäben, Gliedermaßstäben und Messbändern, gemäß Richtlinie 2014/32/EU [12, Anhang X, Kapitel 1].

Parameter nach Gl. (25.1)	Genauigkeitsklasse I	Genauigkeitsklasse II	Genauigkeitsklasse III
a	0,1 mm	0,3 mm	0,6 mm
b	0,1 mm/m	0,2 mm/m	0,4 mm/m

Zu messende Länge L	Genauigkeitsklasse I	Genauigkeitsklasse II	Genauigkeitsklasse III
≤ 1 m	0,2 mm	0,5 mm	1,0 mm
1…2 m	0,3 mm	0,7 mm	1,4 mm
2…3 m	0,4 mm	0,9 mm	1,8 mm

Tab. 25.2: Grenzabweichungen von Strichmaßstäben aus Stahl nach DIN 866:2006-12 [65].

Gesamtteilungslänge	Form A	Form B
500 mm ; 1.000 mm	0,04 mm	0,10 mm
1.500 mm; 2.000 mm	0,06 mm	0,15 mm
3.000 mm	0,08 mm	0,20 mm

– Form B: Die Stirnfläche fällt mit dem ersten Teilungsstrich, d. h. dem Skalenwert 0, zusammen.

25.1.2 Messschieber

Die Norm DIN 862:2015-03 beschreibt die Grenzwerte für Messabweichungen bei Messschiebern in Standardbauweise (Tab. 25.3) [66]. Sie betrifft Messschieber sowohl mit analoger Ablesung (Nonius- oder Rundskala) als auch mit Ziffernanzeige. Die Grenzabwei-

Tab. 25.3: Grenzabweichungen für Messschieber in Standardbauweise gemäß DIN 862:2015-03 [66].

Messbereich	Noniuswert		Ziffernschrittwert
	0,1 mm	0,02 mm	0,01 mm
100 mm	50 µm	20 µm	20 µm
200 mm	50 µm	30 µm	30 µm
300 mm	50 µm	30 µm	30 µm
400 mm	60 µm	30 µm	30 µm
500 mm	70 µm	30 µm	30 µm
600 mm	80 µm	30 µm	30 µm
700 mm	90 µm	40 µm	40 µm
800 mm	100 µm	40 µm	40 µm
900 mm	110 µm	40 µm	40 µm
1.000 mm	120 µm	40 µm	40 µm

chungen sind wie bei den Längenmaßverkörperungen und Strichmaßstäben von der Länge des Messschiebers abhängig. Je länger der Messbereich ist, desto größer ist auch die erlaubte Abweichung.

25.1.3 Messschrauben

Die Abweichungsspanne der Anzeige von Bügelmessschrauben ist in DIN 863-1:2017-02 festgelegt [67].

Tab. 25.4: Grenzabweichung (Abweichungsspanne) von Messschrauben bei einer Messkraft von 10 Nm gemäß DIN 863-1:2017-02 [67].

Messbereich	Grenzabweichung
(0 ... 50) mm	4 µm
(50 ... 100) mm	5 µm
(100 ... 150) mm	6 µm
(150 ... 200) mm	7 µm
(200 ... 250) mm	8 µm
(250 ... 300) mm	9 µm

25.2 Zeitmessung mit Stoppuhr

Im Praktikum werden oft **mechanische** oder **elektronische Handstoppuhren** eingesetzt. Meist sind elektronische Stoppuhren billiger als mechanische und auch einfacher zu handhaben. Mechanische Handstoppuhren haben Genauigkeiten von 0,1 s und elektronische von $0,01 \ldots 0,001$ s.

Bei allen Handstoppuhren muss beachtet werden, dass die Reaktionszeit auch geübter Zeitnehmer bei $0,1 \ldots 0,4$ s liegt und damit größer als die genannten Genauigkeiten der Stoppuhren ist. Die durchschnittliche **Reaktionszeit eines Beobachters** wird bei Sternenbeobachtungen in der Astronomie und Geodäsie als **Persönliche Gleichung** bezeichnet [68, 69]. Der Name Persönliche Gleichung rührt daher, dass die Reaktionszeit für jeden Beobachter einen charakteristischen Wert hat, der auch über längere Zeiträume von vielen Monaten recht stabil ist. Deshalb wirkt die Beobachtungszeit nicht als zufällige Zeitabweichung, die sich durch Mittelung vieler Messungen verringern ließe, sondern als systematische Abweichung immer in dieselbe Richtung. Bei manchen Personen – insbesondere erfahrenen Beobachtern – kann die Reaktion auch zu früh erfolgen, was einer negativen Persönlichen Gleichung entspricht.

Durch den systematischen Charakter könnte man die Reaktionszeit prinzipiell durch Referenzmessungen bestimmen und dann rechnerisch berücksichtigen. Dies wird im praktischen Fall selten praktikabel sein, so dass sie üblicherweise als Messunsicherheit einzubeziehen ist.

Tab. 25.5: Reaktionszeit bei der Zeitmessung mit Handstoppuhren [70].

Beobachter	Reaktionszeit	Schwankung der Reaktionszeit
Erfahren	(0,05 ... 0,20) s	±0,03 s
Wenig erfahren	(0,10 ... 0,40) s	±0,05 s

Typische Reaktionszeiten hängen von der Erfahrung des Beobachters ab (Tab. 25.5). Wird die Zeit mit Start und Stopp von derselben Person gestoppt, lassen sich in der Differenz (Stopp- minus Startzeit) mit einigem Training Genauigkeiten von unter 0,1 s erreichen.

25.3 Messung der Masse

25.3.1 Nichtselbsttätige Digitalwaagen

Zur Bestimmung der Masse eines Körpers werden meist Waagen benutzt, die die auf diesen Körper wirkende Schwerkraft messen. Nichtselbsttätige Waagen sind dabei solche Waagen, die beim Wägen das Eingreifen einer Bedienungsperson erfordern [71, Kap. 1, Artikel 2]. Viele der häufig verwendeten Waagen sind eichfähig und unterliegen damit der Richtlinie 2014/31/EU [71], in der die Genauigkeitsanforderungen festgelegt sind.

Prinzipiell werden **vier Genauigkeitsklassen** unterschieden [71, Anhang 1]:

– Klasse I: Feinwaagen,
– Klasse II: Präzisionswaagen,
– Klasse III: Handelswaagen,
– Klasse IIII: Grobwaagen,

wobei im physikalischen und elektrotechnischen Praktikum im Allgemeinen Fein- und Präzisionswaagen (Klassen I und II) zur Anwendung kommen.

Die Grenzabweichungen von eichfähigen bzw. geeichten Waagen lassen sich aus dem sogenannten **Eichwert** e (in Gramm) ermitteln. Der Eichwert ist – neben der Mindest- und der Höchstlast – auf dem Typenschild der Waage zu finden. Tab. 25.6 stellt die Eichwerte und die Mindestlasten für die vier Genauigkeitsklassen I bis IIII zusammen.

Prinzipiell muss zwischen Eichwert e und **Ziffernschritt** d unterschieden werden. Der Ziffernschritt ist die kleinste ablesbare Massedifferenz, d. h. bei einer Digitalwaage die Differenz zwischen zwei aufeinanderfolgenden Anzeigeschritten. Wenn z. B. auf 9,95 g als nächstmöglicher Wert 10,00 g folgt, bildet die Differenz dazwischen den Ziffernschritt von $d = 0,05$ g.

Tab. 25.6: Bereiche für den Eichwert e und Mindestlasten für die verschiedenen Genauigkeitsklassen nicht-selbsttätiger Digitalwaagen [71, Anhang 1].

Klasse		Eichwert e	Mindest-last
I	Feinwaagen	$0{,}001\,\mathrm{g} \leq e$	$100\,e$
II	Präzisionswaagen	$0{,}001\,\mathrm{g} \leq e \leq 0{,}05\,\mathrm{g}$	$20\,e$
		$0{,}1\,\mathrm{g} \leq e$	$50\,e$
III	Handelswaagen	$0{,}1\,\mathrm{g} \leq e \leq 2\,\mathrm{g}$	$20\,e$
		$5\,\mathrm{g} \leq e$	$20\,e$
IIII	Grobwaagen	$5\,\mathrm{g} \leq e$	$10\,e$

Allgemein lässt sich sagen:

– Bei Waagen der Klasse I (Feinwaagen) ist der kleinste überhaupt mögliche Eichwert $0{,}001\,\mathrm{g} = 1\,\mathrm{mg}$. Die Waagen können durchaus auch Werte unterhalb der Mindestlast (siehe Tab. 25.6) anzeigen, diese gelten dann aber nicht mehr als geeicht.

– Bei Waagen der Klasse II (Präzisionswaagen) beträgt der Eichwert häufig das Zehnfache des Ziffernschritts ($e = 10 \cdot d$).

– Bei Waagen der Klasse III (Handelswaagen) sind Eichwert e und Ziffernschritt d identisch ($e = d$).

Die Grenzabweichungen nichtselbsttätiger Digitalwaagen hängen für die verschiedenen Genauigkeitsklassen von der Last (Masse m) und vom Eichwert e ab und sind in Tab. 25.7 zusammengestellt.

Tab. 25.7: Lastbereichsabhängige Grenzabweichungen für nichtselbsttätige eichfähige Digitalwaagen für die verschiedenen Genauigkeitsklassen [71, Anhang 1].

Klasse	Lastbereiche		
Klasse I	$0 \leq m \leq 50.000\,e$	$50.000\,e < m \leq 200.000\,e$	$200.000\,e < m$
Klasse II	$0 \leq m \leq 5.000\,e$	$5.000\,e < m \leq 20.000\,e$	$20.000\,e < m \leq 100.000\,e$
Klasse III	$0 \leq m \leq 500\,e$	$500\,e < m \leq 2.000\,e$	$2.000\,e < m \leq 10.000\,e$
Klasse IIII	$0 \leq m \leq 50\,e$	$50\,e < m \leq 200\,e$	$200\,e < m \leq 1.000\,e$
Grenzabweichung	**$0{,}5\,e$**	**$1{,}0\,e$**	**$1{,}5\,e$**

25.3.2 Gewichtsstücke

Gewichtsstücke sind Maßverkörperungen der Masse. Seit alters her wurden sie zum Durchführen von Wägungen eingesetzt. Dieser ursprüngliche Zweck ist allerdings nahezu verschwunden. Heute werden Gewichtsstücke fast ausschließlich zum Justieren und Prüfen von elektronischen Waagen genutzt.

Die internationale Norm OIML R 111-1 (deutsche Entsprechung DIN 8127:2007-11) definiert für Gewichtsstücke sieben Genauigkeitsklassen, wobei E_1 die genaueste und M_3 die am wenigsten genaue Gewichtsklasse ist [72, 73]. Besondere Bedeutung haben die in Tab. 25.8 aufgeführten Genauigkeitsklassen. Tab. 25.9 listet die Grenzabweichungen für die in Tab. 25.8 aufgeführten Gewichtsstücke im Bereich von 1 mg bis 1 kg auf.

Tab. 25.8: Zuordnung der Genauigkeitsklassen von Gewichtsstücken zu den Waagetypen in den Tab. 25.6 und 25.7.

Genauigkeitsklasse	Verwendung
E_1	Für höchstauflösende Waagen
E_2	Für hochauflösende Analysenwaagen der Klasse I für $\geq$ 100.000 e
F_1	Für Analysen- und Präzisionswaagen der Klassen I und II für $\leq$ 100.000 e
F_2	Für Präzisionswaagen der Klasse II für $\leq$ 30.000 e
M_1	Für Handelswaagen der Klasse III für $\leq$ 10.000 e

Tab. 25.9: Grenzabweichungen für Gewichtsstücke [72, 73].

Nennwert	Klasse				
	E_1	E_2	F_1	F_2	M_1
1 mg	0,003 mg	0,006 mg	0,020 mg	0,06 mg	0,20 mg
2 mg	0,003 mg	0,006 mg	0,020 mg	0,06 mg	0,20 mg
5 mg	0,003 mg	0,006 mg	0,020 mg	0,06 mg	0,20 mg
10 mg	0,003 mg	0,008 mg	0,025 mg	0,08 mg	0,25 mg
20 mg	0,003 mg	0,010 mg	0,03 mg	0,10 mg	0,3 mg
50 mg	0,004 mg	0,012 mg	0,04 mg	0,12 mg	0,4 mg
100 mg	0,005 mg	0,016 mg	0,05 mg	0,16 mg	0,5 mg
200 mg	0,006 mg	0,020 mg	0,06 mg	0,20 mg	0,6 mg
500 mg	0,008 mg	0,025 mg	0,08 mg	0,25 mg	0,8 mg
1 g	0,010 mg	0,03 mg	0,10 mg	0,3 mg	1,0 mg
2 g	0,012 mg	0,04 mg	0,12 mg	0,4 mg	1,2 mg
5 g	0,016 mg	0,05 mg	0,16 mg	0,5 mg	1,6 mg
10 g	0,020 mg	0,06 mg	0,20 mg	0,6 mg	2,0 mg
20 g	0,025 mg	0,08 mg	0,25 mg	0,8 mg	2,5 mg
50 g	0,03 mg	0,10 mg	0,3 mg	1,0 mg	3,0 mg
100 g	0,05 mg	0,16 mg	0,5 mg	1,6 mg	5,0 mg
200 g	0,10 mg	0,3 mg	1,0 mg	3,0 mg	10 mg
500 g	0,25 mg	0,8 mg	2,5 mg	8,0 mg	25 mg
1 kg	0,5 mg	1,6 mg	5,0 mg	16 mg	50 mg

25.4 Thermometer

25.4.1 Laborthermometer

Flüssigkeitsthermometer bestehen aus einem Vorratsgefäß und einem daran angeschlossenen Steigrohr, auch Kapillare genannt [74]. Das Vorratsgefäß ist mit einer thermometrischen Flüssigkeit gefüllt, die sich mit steigender Temperatur ausdehnt und so das Steigrohr füllt. Aus dem Stand der Flüssigkeit in der Kapillare (Messfaden) kann man mit Hilfe der Skala die Temperatur ablesen. Meist kommen Flüssigkeitsthermometer aus Glas (Glasthermometer) zum Einsatz.

Laborthermometer können sehr unterschiedliche Bauformen aufweisen, z. B. als:
- Stabthermometer: Flüssigkeitsthermometer mit robuster, dickwandiger Kapillare. Die Skala ist direkt auf der Kapillare angebracht bzw. ins Glas geätzt.
- Einschlussthermometer: Flüssigkeitsthermometer, bestehend aus einer Kapillare, einem Skalenträger mit Skala und einem dünnwandigen Glasrohr darum. Einschlussthermometer sind zwar weniger robust, aber besser ablesbar als Stabthermometer.
- Stockthermometer: spezielle Bauform von Einschlussthermometern, das eine lange, meist verjüngte Messspitze besitzt. Die Länge dieser Spitze variiert mit der gewünschten Eintauchtiefe, so dass man vergleichsweise tief in Flüssigkeiten messen und dabei dennoch die Skala gut ablesen kann.
- Schliffthermometer: besondere Form des Einschlussthermometers, das oberhalb des Vorratsgefäßes für die Messflüssigkeit einen Schliff besitzt, mit dem eine direkte Verbindung zu einem chemischen Glasgefäß hergestellt werden kann.

Hinsichtlich der messtechnischen Eigenschaften unterscheidet man bei Laborthermometern zwischen den folgenden Typen:
- Laborthermometer mit Skalenwerten von 0,1 °C, 0,2 °C und 0,5 °C (Einschlussthermometer – E; DIN 12775:2019-12) [75],
- Laborthermometer mit Skalenwerten von 1 °C und 2 °C (Einschlussthermometer – LET oder Labor-Stabthermometer – LST; DIN 12778:2019-12) [76],
- Allgebrauchs-Stabthermometer (ST) (DIN 12799:2019-12) [77].

Tab. 25.10 fasst die Grenzabweichungen für Labor- und Allgebrauchs-Stabthermometer zusammen.

25.4.2 Thermometer mit Platin-Messwiderständen

Platin-Messwiderstände sind Temperatursensoren, bei denen die Abhängigkeit des elektrischen Widerstands bei Platin von der Temperatur ausgenutzt wird. Die in Thermometern eingesetzten Messwiderstände sind als drahtgewickelte Widerstände (W =

Tab. 25.10: Grenzabweichungen für ausgewählte Labor- und Allgebrauchs-Stabthermometer nach DIN 12775:2019-12 [75], DIN 12778:2019-12 [76] und DIN 12779:2019-12 [77].

Typ	Kurzbezeichnung	Nennmessbereich	Skalenteilungswert	Grenzabweichung
E	−30+50:0,5 °C	(−30 … +50) °C	0,5 °C	0,5 °C
E	0+50:0,5 °C	(0 … +50) °C	0,5 °C	0,5 °C
E	0+100:0,5 °C	(0 … +100) °C	0,5 °C	0,5 °C
E	0+50:0,2 °C	(0 … +50) °C	0,2 °C	0,3 °C
E	0+100:0,2 °C	(0 … +100) °C	0,2 °C	0,3 °C
E	0+50:0,1 °C	(0 … +50) °C	0,1 °C	0,2 °C
E	+50+100:0,1 °C	(+50 … +100) °C	0,1 °C	0,2 °C
LET	0+100:1 °C	(0 … +100) °C	1 °C	1 °C
LST	0+100:1 °C	(0 … +100) °C	1 °C	1 °C
St	−35+50:1 °C	(−35 … +50) °C	1 °C	1 °C
ST	−10+60:0,5 °C	(−10 … +60) °C	0,5 °C	0,5 °C
ST	−10+110:1 °C	(−10 … +110) °C	1 °C	1 °C
ST	0+160:1 °C	(0 … +160) °C	1 °C	2 °C

Wire **W**ound) oder Dünnschichtwiderstände (F = Thin **F**ilm) ausgeführt. Am weitesten verbreitet sind Pt100- und Pt1000-Widerstände, wobei die Bezeichnung auf den Widerstandsgrundwert von 100 Ω bzw. 1000 Ω bei 0 °C hinweist.

Platin-Messwiderstände sind in der DIN EN 60751:2009-05 [78] genormt. Sie weisen im Vergleich zu den Thermoelement-Messfühlern (Abschn. 25.4.3) sehr geringe Grenzabweichungen auf (Tab. 25.11). Teilweise bieten Hersteller auch Platin-Messwiderstände mit deutlich geringerer Grenzabweichung an, z. B. 1/3·B, 1/5·B oder 1/10·B (B bezieht sich hier auf die Werte für die Grenzabweichung der Klasse B). Dies ist dann den entsprechenden Datenblättern zu entnehmen.

Tab. 25.11: Grenzabweichungen von Platin-Messwiderständen nach DIN EN 60751:2009-05 [78]. $|t|$ ist der Zahlenwert der Temperatur in °C ohne Berücksichtigung des Vorzeichens.

Klasse	Temperaturbereich		Grenzabweichung
	Drahtgewickelte Messwiderstände	Dünnschicht-messwiderstände	
AA	−50 °C … +250°C	0 … +150°C	0,10 °C + 0,0017 · $|t|$
A	−100 °C … +450°C	−30 °C … +300°C	0,15 °C + 0,0020 · $|t|$
B	−196 °C … +600°C	−50 °C … +500°C	0,30 °C + 0,0050 · $|t|$
C	−196 °C … +600°C	−50 °C … +600°C	0,60 °C + 0,0100 · $|t|$

25.4.3 Thermoelement-Messfühler

Ein Thermoelement besteht aus einem Paar elektrischer Leiter aus unterschiedlichen Metallen, die an einem Ende miteinander verbunden sind. Aufgrund des thermoelektrischen Effekts, auch als Seebeck-Effekt bekannt, entsteht zwischen den anderen Enden der beiden Leiter aufgrund einer Temperaturdifferenz entlang des elektrischen Leiters eine elektrische Spannung, die Thermospannung. Sie ist für jede Leitermaterialkombination unterschiedlich (Tab. 25.12) und liegt im Bereich einiger 10 µV pro Kelvin Temperaturdifferenz. Die Kennlinien zwischen Thermospannung und Temperaturdifferenz sind nur näherungsweise linear.

Tab. 25.12: Typen von Thermopaaren nach DIN EN 60584-1:2014-07 [79].

Typ	Kurzbezeichnung	Thermopaar		Farbkennung[a]
R	Pt13Rh-Pt	Platin-13 % Rhodium	Platin	Orange
S	Pt10Rh-Pt	Platin-10 % Rhodium	Platin	Orange
B	Pt30Rh-Pt6Rh	Platin-30 % Rhodium	Platin-6 % Rhodium	Grau
J	Fe-CuNi	Eisen	Kupfer-Nickel	Schwarz
T	Cu-CuNi	Kupfer	Kupfer-Nickel	Braun
E	NiCr-CuNi	Nickel-Chrom	Kupfer-Nickel	Lila
K	NiCr-Ni	Nickel-Chrom	Nickel-Aluminium	Grün
N	NiCrSi-NiSi	Nickel-Chrom-Silizium	Nickel-Silizium	Pink

[a] Die Farbkennung bezieht sich auf die Farbe des Mantels und des Plusschenkels

Thermoelemente sind in der DIN EN 60584-1:2014-07 [79] genormt. Tab. 25.13 fasst die Grenzabweichungen der verschiedenen Typen von Thermopaaren zusammen.

25.5 Messzylinder zur Messung des Volumens von Flüssigkeiten

Um das Volumen von Flüssigkeiten zu messen, kann man diese einfach in einen zylinderförmigen Messzylinder schütten. Das ist ein senkrechter, hohler Zylinder mit Ausguss und Standfuß, der zur Ablesung des Volumens mit einer Skala versehen ist.

Der Punkt, an dem ein Messzylinder abgelesen wird, besitzt durch Oberflächenspannungen aufgrund der Wechselwirkung der Flüssigkeit mit dem Glas eine nach unten oder nach oben gewölbte Oberfläche (Meniskus). Wasser bildet durch hydrophile Wechselwirkungen mit dem Glas eine nach unten gewölbte Oberfläche (konkaver Meniskus). Hier wird stets der untere Meniskus abgelesen, bei Stoffen, die einen konvexen Meniskus ausbilden, der obere.

Die Skala des Messzylinders zeigt nur dann das richtige Volumen an, wenn der tiefste Punkt des Meniskus parallaxenfrei auf der Oberkante des Skalenstriches aufsitzt. Beim Ablesen sollte sich das Auge immer auf der Höhe des abzulesenden Skalenstriches befinden.

Tab. 25.13: Grenzabweichungen für Thermopaare nach DIN EN 60584-1:2014-07 [79]. Temperatur der Vergleichsstellen 0 °C. $|t|$ ist der Zahlenwert der Temperatur in °C ohne Berücksichtigung des Vorzeichens.

Typ	Klasse 1		Klasse 2		Klasse 3	
	Bereich	Grenzabweichung	Bereich	Grenzabweichung	Bereich	Grenzabweichung
T	$(-40\ldots+125)$°C	0,5 °C	$(-40\ldots+133)$°C	1 °C	$(-67\ldots+40)$°C	1 °C
	$(+125\ldots+350)$°C	$0{,}004 \cdot |t|$	$(+133\ldots+350)$°C	$0{,}0075 \cdot |t|$	$(-200\ldots-67)$°C	$0{,}015 \cdot |t|$
E	$(-40\ldots+375)$°C	1,5 °C	$(-40\ldots+333)$°C	2,5 °C	$(-167\ldots+40)$°C	2,5 °C
	$(+375\ldots+800)$°C	$0{,}004 \cdot |t|$	$(+333\ldots+900)$°C	$0{,}0075 \cdot |t|$	$(-200\ldots-167)$°C	$0{,}015 \cdot |t|$
J	$(-40\ldots+375)$°C	1,5 °C	$(-40\ldots+333)$°C	2,5 °C	–	–
	$(+375\ldots+750)$°C	$0{,}004 \cdot |t|$	$(+333\ldots+750)$°C	$0{,}0075 \cdot |t|$	–	–
K, N	$(-40\ldots+375)$°C	1,5 °C	$(-40\ldots+333)$°C	2,5 °C	$(-167\ldots+40)$°C	2,5 °C
	$(+375\ldots+1000)$°C	$0{,}004 \cdot |t|$	$(+333\ldots+1200)$°C	$0{,}0075 \cdot |t|$	$(-200\ldots-167)$°C	$0{,}015 \cdot |t|$
R, S	$(0\ldots+1100)$°C	1 °C	$(0\ldots+600)$°C	1,5 °C	–	–
	$(+1100\ldots+1600)$°C	$[1 + 0{,}003(t - 1100)]$ °C	$(+600\ldots+1600)$°C	$0{,}0025 \cdot |t|$	–	–
B	–	–	–	–	$(+600\ldots+800)$°C	4 °C
	–	–	$(+600\ldots+1700)$°C	$0{,}0025 \cdot |t|$	$(+800\ldots+1700)$°C	$0{,}005 \cdot |t|$

25.5.1 Messzylinder aus Glas

Messzylinder aus Glas sind in DIN EN ISO 4788:2005-08 [80] genormt. Dabei werden zwei Bauformen unterschieden:
– Typ 1: hohe Bauform mit Ausguss oder Stopfen. Bei diesem Typ gibt es die beiden Genauigkeitsklassen A und B.
– Typ 2: niedrige Bauform mit Ausguss.

Die Grenzabweichungen für die beiden Typen an Messzylindern aus Glass sind in Tab. 25.14 zusammengestellt. Die Grenzabweichung ist dabei neben dem Nennvolumen und der Bezugstemperatur (meist 20 °C) auf dem Messzylinder aufgedruckt.

Tab. 25.14: Grenzabweichungen bei Messzylindern aus Glas nach DIN EN ISO 4788:2005-08 [80].

Typ	Typ 1 Hohe Bauform			Typ 2 Niedrige Bauform	
Nennvolumen	Skaleneinteilung	Grenzabweichung		Skaleneinteilung	Grenzabweichung
		Klasse A	Klasse B		
5 ml	0,1 ml	0,05 ml	0,1 ml	0,5 ml	0,2 ml
10 ml	0,2 ml	0,1 ml	0,2 ml	1 ml	0,3 ml
25 ml	0,5 ml	0,25 ml	0,5 ml	1 ml	0,5 ml
50 ml	1 ml	0,5 ml	1 ml	1 oder 2 ml	1 ml
100 ml	1 ml	0,5 ml	1 ml	2 ml	1 ml
250 ml	2 ml	1 ml	2 ml	5 ml	2 ml
500 ml	5 ml	2,5 ml	5 ml	10 ml	5 ml
1000 ml	10 ml	5 ml	10 ml	20 ml	10 ml
2000 ml	20 ml	10 ml	20 ml	50 ml	20 ml

25.5.2 Messzylinder aus Kunststoff

Messzylinder aus Kunststoff sind in DIN 12681:1998-03 genormt [81]. Wie bei Glaszylindern mit hoher Bauform gibt es wieder zwei Genauigkeitsklassen A und B (Tab. 25.15). Die Grenzabweichung ist auf dem Messzylinder aufgedruckt.

Tab. 25.15: Grenzabweichungen bei Messzylindern aus Kunststoff nach DIN 12681:1998-03 [81].

Nennvolumen	Skaleneinteilung	Grenzabweichung	
		Klasse A	Klasse B
10 ml	0,2 ml	0,1 ml	0,2 ml
25 ml	0,5 ml	0,25 ml	0,5 ml
50 ml	1 ml	0,5 ml	1 ml
100 ml	1 ml	0,5 ml	1 ml
250 ml	2 ml	1 ml	2 ml
500 ml	5 ml	2,5 ml	5 ml
1000 ml	10 ml	5 ml	10 ml
2000 ml	20 ml	10 ml	20 ml

25.6 Elektrische Messgeräte

25.6.1 Analogmultimeter

Analogmultimeter sind analoge Messgeräte mit Skalenanzeige zur Messung verschiedener elektrischer Größen wie Spannung, Stromstärke oder Widerstand. Pro Messgröße haben sie üblicherweise mehrere Messbereiche, so dass sie manchmal auch Analog-Vielfachmessgeräte genannt werden. Häufig weisen Analogmultimeter einen Einsteller für den Nullpunkt auf, so dass sich die Nullpunktsabweichung vermeiden lässt.

Die Genauigkeit von direkt wirkenden, analogen elektrischen Messgeräten ist in der DIN EN 60051 behandelt. Teil 1 (DIN EN 60051-1:2017-11) [82] beschreibt z. B. die allgemeinen Anforderungen. Die DIN EN 60051 ist sehr vielfältig und enthält neben Teil 1 noch acht weitere Teile, z. B. Teil 2: Spezielle Anforderungen für Strom- und Spannungs-Meßgeräte und Teil 7: Spezielle Anforderungen für Vielfach-Meßgeräte.

Analoge Messgeräte, die bestimmte Anforderungen an die Genauigkeit erfüllen, können einer **Genauigkeitsklasse** zugeordnet werden (DIN EN 60051-1:2017-11) [82]. Diese Klasse wird durch ein **Klassenzeichen** in Form einer Zahl auf der Skala angegeben. Sie gibt die maximal zulässige Grenzabweichung unter gegebenen Referenzbedingungen an:
– Steht auf der Skala eine Zahl, bedeutet diese die relative Grenzabweichung in Prozent vom Messbereichsendwert (v. E.; im Englischen: FS – full scale).
– Steht die Zahl in einem Kreis, bezieht sich die prozentuale Angabe auf den Messwert (v. M.; im Englischen: rdg - reading).

Bei einem Analogmultimeter der Genauigkeitsklasse 1 beträgt beispielsweise die Grenzabweichung für den Messbereich 10 V also 1 % · 10 V = 0,1 V. Werte für die Genauigkeitsklasse sind 0,05; 0,1; 0,2; 0,3; 0,5; 1; 1,5; 2; 2,5; 3 und 5.

Durch die Angabe eines Klassenzeichens garantiert der Hersteller die Einhaltung
– der Grenzwerte der maximalen Eigenabweichung bei Betrieb unter Referenzbedingungen,
– der Grenzen der Einflusseffekte, also der zusätzlich auftretenden Messabweichungen, wenn das Gerät nicht unter Referenzbedingungen betrieben wird.

Dazu müssen die Referenzbedingungen festgelegt sein. Das sind beispielsweise die Temperatur (23 ± 2) °C für Klassenzeichen 0,5 oder größer, sonst (23 ± 1) °C, eine relative Luftfeuchte von (40 ... 60) %, die Gebrauchslage (waagerecht ±1 %) und weitere.

Tab. 25.16 zeigt beispielhaft die Grenzabweichungen für das analoge Multimeter PeakTech® 3385 [84]. Seine Ausstattung und Eigenschaften sind charakteristisch für viele in schulischen und universitären Praktika verwendete Analogmultimeter.

Tab. 25.16: Grenzabweichungen für das Analogmultimeter PeakTech® 3385 [84].

Messgröße	Messbereiche	Grenzabweichungen
Gleichspannung	3 V–15 V–60 V–150 V–600 V	3 % v. E.
Wechselspannung	15 V–60 V–150 V–600 V	3 % v. E.
Gleichstrom	100 µA–10 mA–500 mA	3 % v. E.
	10 A	5 % v. E.
Wechselstrom	10 mA–500 mA–10 A	5 % v. E.
Widerstand	2 Ω–20 kΩ; 20 Ω–200 kΩ; 200 Ω–2 MΩ	3 % v. E.

25.6.2 Digitalmultimeter

Digitalmultimeter dienen ebenfalls zur Messung verschiedener elektrischer Größen wie Spannung, Stromstärke oder Widerstand, besitzen aber im Gegensatz zu Analogmultimetern eine Ziffernanzeige. Für Digitalmultimeter gibt es keine Klassenzeichen. Nach DIN 43751-2:1987 [83] geben die Hersteller die Grenzabweichung als Summe folgender möglicher Beiträge an (siehe Abschn. 5.1):

– Prozent vom Messwert (v. M.; im Englischen: of reading – rdg),
– Prozent vom Endwert (v. E.; im Englischen: full scale – FS) und
– Vielfaches des letzten Ziffernschrittes der Anzeige (Digit – dgt).

Beispiel für eine solche Angabe: 0,1 % v. M. + 0,1 % v. E. + 8 Digit. Der erste Anteil bezieht sich auf den Messwert und stellt damit eine multiplikative Abweichung dar, die mit wachsendem Messwert größer wird.

Beispiel: Für die Messung der elektrischen Spannung wird das Digitalvoltmeter im Messbereich 200 V benutzt. Die Auflösung beträgt 0,01 V. Der gemessene Spannungswert betrage 100 V. Die Grenzabweichung beträgt dann mit den Angaben oben:

$$(0,1 \text{ \% v. M.} + 0,1 \text{ \% v. E.} + 8 \text{ Digit}) = 0,001 \cdot 100 \text{ V} + 0,001 \cdot 200 \text{ V} + 8 \cdot 0,01 \text{ V} = 0,38 \text{ V.}$$

$$(25.2)$$

Tab. 25.17 zeigt wieder beispielhaft die Grenzabweichungen für ein in dieser Art häufig in Praktika verwendetes Digitalmultimeter (PeakTech® 2005 A) [85]. Es besitzt eine Vielzahl an Funktionen, wie z. B. Spannungs- und Strommessung, Widerstandsmessung, Kapazitäts- und Induktivitätsmessung, und es ist ebenfalls in der Lage, Dioden zu testen. Die Anzeige ist 3 1/2-stellig, kann also Werte von −1999 bis +1999 anzeigen, wobei der Dezimalpunkt an beliebiger Stelle stehen kann. Die Auflösung beträgt dem entsprechend 1/2000 des Messbereichsendwertes und 1/1000, wenn die erste Ziffer des Messbereichs eine 1 ist.

Tab. 25.17: Grenzabweichungen für das Digitalmultimeter PeakTech® 2005 A [85]. Umgebungstemperatur (25 ± 5) °C; relative Luftfeuchte <75 %.

Messgröße	Messbereiche	Grenzabweichungen
Gleichspannung*)	200 mV–2 V–20 V–200 V	0,5 % v. M. + 3 Digit
	1000 V	1,0 % v. M. + 5 Digit
Wechselspannung*)	200 mV	1,2 % v. M. + 3 Digit
	2 V–20 V–200 V	0,8 % v. M. + 5 Digit
	1000 mV	1,2 % v. M. + 5 Digit
Gleichstrom	2 mA–20 mA	0,8 % v. M. + 3 Digit
	200 mA	1,2 % v. M. + 4 Digit
	10 A	2,0 % v. M. + 5 Digit
Wechselstrom	2 mA–20 mA	1,0 % v. M. + 5 Digit
	200 mA	2,0 % v. M. + 5 Digit
	10 A	3,0 % v. M. + 10 Digit
Widerstand	200 Ω	0,8 % v. M. + 5 Digit
	2 kΩ–20 kΩ–200 kΩ–2 MΩ	0,8 % v. M. + 3 Digit
	20 MΩ	1,0 % v. M. + 15 Digit
	2000 MΩ	5,0 % (v. M.–10) + 20 Digit
Frequenz	2 kHz–20 kHz–200 kHz–2 MHz–10 MHz	1,0 % v. M. + 10 Digit
Kapazität	20 nF–200 nF–2 µF–20 µF	2,5 % v. M. + 20 Digit
	200 µF	5,0 % v. M. + 5 Digit
Induktivität	2 mH–20 mH–200 mH–2 H–20 H	2,5 % v. M. + 20 Digit
Temperatur	−20 . . . +1000 °C	1,0 % v. M. + 4 Digit (<400 °C)
		1,5 % v. M. + 15 Digit (>400 °C)

*) Eingangswiderstand 10 MΩ

Literatur

[1] U. Krengel: Von der Bestimmung von Planetenbahnen zur modernen Statistik. Carl Friedrich Gauß – Werk und Wirkung. Mathematische Semesterberichte 53 (2006) 1–16. https://doi.org/10.1007/s00591-005-0104-y (abgerufen am 06.07.2023).

[2] N. Huntemann, C. Sanner, B. Lipphardt, Chr. Tamm, E. Peik: Single ion atomic clock with $3 \cdot 10^{-18}$ uncertainty. Physical Review Letters 116, 063001 (2016).

[3] Zeitmessgeräte - Armbandchronometer mit Unruhschwingsystem. ISO 3159:2009-12.

[4] E. Mittler (Hrsg.): "Wie der Blitz einschlägt, hat sich das Räthsel gelöst" – Carl Friedrich Gauß in Göttingen. Göttingen: Niedersächsische Staats- und Universitätsbibliothek Göttingen, 2005.

[5] C. F. Gauß: Determinatio orbitae obseruationibus quotcunque quam proxime satisfaciens. In: C. F. Gauß: Theoria motus corporum coelestium, Hamburg 1809, zitiert in [4].

[6] Evaluation of Measurement Data — Guide to the Expression of Uncertainty in Measurement. JCGM 100:2008; GUM 1995 with minor corrections. JCGM 2008.

[7] B. Brinkmann: Internationales Wörterbuch der Metrologie. Grundlegende und allgemeine Begriffe und zugeordnete Benennungen (VIM) – Deutsch-englische Fassung. ISO/IEC-Leitfaden 99:2007. 4. Aufl. Berlin, Wien, Zürich: Beuth Verlag 2012.

[8] International Vocabulary of Metrology – Basic and General Concepts and Associated Terms (VIM). 3. Aufl. JCGM 200:2012.

[9] M. Krystek: Berechnung der Messunsicherheit. Grundlagen und Anleitung für die praktische Anwendung. Berlin, Wien, Zürich: Beuth Verlag 2012.

[10] M. Goldsmith: A Beginner's Guide to Measurement. Good Practice Guide No. 118. Teddington: National Physical Laboratory 2010. https://eprintspublications.npl.co.uk/4882/ (abgerufen am 06.07.2023).

[11] T. Bornath, G. Walther: Messunsicherheiten – Grundlagen. Für das Physikalische Praktikum. Wiesbaden: Springer Spektrum 2020.

[12] Richtlinie 2014/32/EU des Europäischen Parlaments und des Rates vom 26. Februar 2014 zur Harmonisierung der Rechtsvorschriften der Mitgliedstaaten über die Bereitstellung von Messgeräten auf dem Markt.

[13] W. Krämer: So lügt man mit Statistik. Frankfurt, New York: Campus Verlag 2015.

[14] Evaluation of Measurement Data — An Introduction to the "Guide to the Expression of Uncertainty in Measurement" and Related Documents. JCGM 104:2009. JCGM 2009.

[15] R. Parthier: Messtechnik. Wiesbaden: Springer Fachmedien 2016.

[16] S. Heidenblut, R. Kessel, K.-D. Sommer, A. Weckenmann: Ein Modellbildungskonzept für die praxisgerechte Bestimmung der Messunsicherheit. Technisches Messen 74 (2007) 10, 494–505.

[17] Messunsicherheitsfibel – Praxisgerechte Bestimmung von Messunsicherheiten nach GUM (bei Kalibrierungen). Wien: Testo Industrial Services 2019. https://www.testotis.de/fachartikel-fibeln/details/praxisgerechte-bestimmung-von-messunsicherheiten-nach-gum (abgerufen am 06.07.2023).

[18] S. Shirmohammadi, L. Mari, D. Petri: On the commonly-used incorrect visual representation of accuracy and precision. IEEE Instrumentation & Measurement Magazine 24 (2021) 1, 45–49.

[19] R. Storm: Wahrscheinlichkeitsrechnung, mathematische Statistik und statistische Qualitätskontrolle. 12. Aufl., Carl Hanser Verlag 2007.

[20] F. Adunka: Meßunsicherheiten: Theorie und Praxis. Essen: Vulkan-Verlag 1998.

[21] T. Bornath, G. Walther: Messunsicherheiten – Anwendungen. Für das Physikalische Praktikum. Wiesbaden: Springer Spektrum 2020.

[22] DIN 866:2006-12: Geometrische Produktspezifikation - Strichmaßstäbe, Arbeitsmaßstäbe - Ausführungen, Anforderungen.

[23] DIN EN 60751:2009-05: Industrielle Platin-Widerstandsthermometer und Platin-Temperatursensoren (IEC 60751:2008); Deutsche Fassung EN 60751:2008.

https://doi.org/10.1515/9783110500264-026

[24] K.-D. Sommer, B. R. L. Siebert: Praxisgerechtes Bestimmen der Messunsicherheiten nach GUM. Technisches Messen 71 (2004) 2, 52–66.

[25] DIN EN ISO 216:2007-12: Schreibpapier und bestimmte Gruppen von Drucksachen - Endformate - A- und B-Reihen und Kennzeichnung der Maschinenlaufrichtung (ISO 216:2007); Deutsche Fassung EN ISO 216:2007.

[26] F. Heiße, F. Köhler-Langes, S. Rau, J. Hou, S. Junck, A. Kracke, A. Mooser, W. Quint, S. Ulmer, G. Werth, K. Blaum, S. Sturm: High-precision measurement of the proton's atomic mass. Physical Review Letters 119 (2017), 033001.

[27] P. Möhrke, B.-U. Runge: Arbeiten mit Messdaten – Eine praktische Kurzeinführung nach GUM. Berlin: SpringerSpektrum 2020.

[28] Guide to the Expression of Uncertainty in Measurement — Part 6: Developing and Using Measurement Models. JCGM GUM-6:2020. JCGM 2020.

[29] F. E. Satterthwaite: An approximate distribution of estimates of variance components. Biometrics Bulletin 2 (1946) 6, 110–114.

[30] B. L. Welch: The generalization of 'Student's' problem when several different population variances are involved. Biometrika 34 (1947) 1/2, 28–35.

[31] Welch's t-test and the Welch-Satterthwaite equation. https://statisticaloddsandends.wordpress.com/2020/07/03/welchs-t-test-and-the-welch-satterthwaite-equation/ (abgerufen am 06.07.2023).

[32] F. E. Satterthwaite: Synthesis of variance. Psychometrika 6 (1941), 309–316.

[33] List of uncertainty propagation software. https://en.wikipedia.org/wiki/List_of_uncertainty_propagation_software (abgerufen am 06.07.2023).

[34] T. Lafarge, A. Possolo: The NIST Uncertainty Machine. NCSLI Measure 10 (2015) 3, 20–27.

[35] M. Zeier, J. Hoffmann, M. Wollensack: Metas.UncLib—a measurement uncertainty calculator for advanced problems. Metrologia 49 (2012), 809–815.

[36] http://www.metrodata.de/ (abgerufen am 06.07.2023).

[37] R. Kessel: A Novel Approach to Uncertainty Evaluation of Complex Measurements in Isotope Chemistry. Dissertation. Universiteit Antwerpen, Faculty of Sciences, 2003. www.metrodata.de/pdf/PhD_Thesis_Ruediger_Kessel_2003.pdf (abgerufen am 06.07.2023).

[38] GUM Workbench Benutzerhandbuch für Version 1.4 und 2.4. Braunschweig: Metrodata GmbH 2017. www.metrodata.de/downloads/GUM_Workbench_Benutzerhandbuch.pdf (abgerufen am 06.07.2023).

[39] DIN EN 50160:2020-11: Merkmale der Spannung in öffentlichen Elektrizitätsversorgungsnetzen. Deutsche Fassung EN 50160:2010.

[40] EN 50 5075:1990: Flache, nichtwiederanschließbare, zweipolige Stecker, 2,5 A 250 V, mit Leitung, für die Verbindung von Klasse II-Geräten für Haushalt und ähnliche Zwecke.

[41] K.-D. Sommer, G. Linß, B. R. L. Siebert: Messunsicherheit und Konformitätsbewertungen im gesetzlichen Messwesen – Analytischer Ansatz zur Berechnung der Risiken für Messgerätehersteller und Anwender. PTB-Mitteilungen 116 (2006) 1, 40–49.

[42] DIN ISO 3534-2:2013-12: Statistik – Begriffe und Formelzeichen – Teil 2: Angewandte Statistik (ISO 3534-2:2006).

[43] Evaluation of Measurement Data – The Role of Measurement Uncertainty Inconformity Assessment. JCGM 106:2012.

[44] DIN EN ISO 14253-1:2018-07: Geometrische Produktspezifikationen (GPS) – Prüfung von Werkstücken und Messgeräten durch Messen – Teil 1: Entscheidungsregeln für den Nachweis von Konformität oder Nichtkonformität mit Spezifikationen (ISO 14253-1:2017); Deutsche Fassung EN ISO 14253-1:2017.

[45] A. Keys, F. Fidanza, M. J. Karvonen, N. Kimura, H. L. Taylor: Indices of relative weight and obesity. Journal on Chronic Diseases 25 (1972) 6, 329–343.

[46] F. Q. Nuttall: Body Mass Index - Obesity, BMI, and health: A critical review. Nutrition Today 50 (2015) 3, 117–128.

[47]   N.N.: A healthy lifestyle - WHO recommendations. https://www.who.int/europe/news-room/fact-sheets/item/a-healthy-lifestyle---who-recommendations (abgerufen am 06.07.2023).

[48]   U. Harten: Physik – Einführung für Ingenieure und Naturwissenschaftler. 6. Aufl. Heidelberg u. a.: Springer 2014.

[49]   K.-H. Grote, B. Bender, D. Göhlich (Hrsg.): DUBBEL – Taschenbuch für den Maschinenbau. 25. Aufl. Springer-Verlag 2018.

[50]   Gravimetrie - g-Extractor. Physikalisch-Technische Bundesanstalt, Fachbereich 1.1 Masse. https://www.ptb.de/cms/ptb/fachabteilungen/abt1/fb-11/fb-11-sis/g-extractor.html (abgerufen am 06.07.2023).

[51]   R. Schwarz, A. Lindau: Das europäische Gravitationszonenkonzept nach WELMEC für eichpflichtige Waagen. Überarbeitete deutsche Fassung von R. Schwartz, A. Lindau: The new gravity zone concept in Europe for weighing instruments under legal control. In: VDI/VDE-GMA (Hrsg.): Proc. International Conference IMEKO TC3/TC5/TC20, VDI-Berichte 1685, 2002, 265–272. www.ptb.de/cms/fileadmin/internet/fachabteilungen/abteilung_1/1.1_masse/1.15/gravzonen.pdf (abgerufen am 06.07.2023).

[52]   N.N.: Kalibrieren von Parallelendmaßen. In: Qualitätsmanagement-Handbuch, Abschnitt L.VI. esz ag calibration & metrology, 2014. https://www.esz-ag.de/downloads/qmh/273/download/32-lvi-kalibrieren-von-parallelendmassen.pdf (abgerufen am 06.07.2023).

[53]   H. Laurila: Waagenkalibrierung – Wie man Waagen kalibriert. Calibration White Paper. Beamex Oy Ab 2019.

[54]   DKD-R 7-2: Richtlinie zur Kalibrierung nichtselbsttätiger Waagen. Übersetzung des EURAMET Calibration Guide No. 18 Version 4.0 (11/2015). Ausgabe 01/2018. Braunschweig: Physikalisch-Technische Bundesanstalt (PTB), DKD-Geschäftsstelle.

[55]   VDI/VDE/DGQ 2618 Blatt 9.1:2006-03: Prüfmittelüberwachung - Prüfanweisung für Messschieber für Außen-, Innen- und Tiefenmaße.

[56]   DIN EN ISO 3650:1999-02. Geometrische Produktspezifikationen (GPS) – Längennormale – Parallelendmaße.

[57]   N. N.: Alkaline Manganese Dioxide Handbook and Application Manual. Energizer Brands, LLC 2018. https://data.energizer.com/pdfs/alkaline_appman.pdf. (abgerufen am 06.07.2023).

[58]   G. Scheller, S. Krummeck: Messunsicherheit einer Temperaturmesskette – mit Beispielrechnungen. Fulda: JUMO GmbH & Co. KG, 2018. https://www.jumo.net/attachments/JUMO/attachmentdownload?id=2870 (abgerufen am 06.07.2023).

[59]   G. Pfeifer, R. Werthschützky: Drucksensoren. Berlin: Verlag Technik 1989.

[60]   A. Würtz: Wetterextreme in Deutschland und weltweit. 16.02.2017. https://www.dwd.de/DE/wetter/thema_des_tages/2017/2/16.html (abgerufen am 06.07.2023).

[61]   N. N.: HCA-BARO Series: Miniature amplified barometric pressure sensors. Datenblatt. HCA-BARO Series Miniature amplified barometric pressure sensors. https://www.first-sensor.com/cms/upload/datasheets/DS_Standard-HCA-BARO_E_11641.pdf (abgerufen am 06.07.2023).

[62]   L. Ihlenburg, H. Heinze: Bestimmung der Messunsicherheit am Beispiel einer Magnetfeldmessung. Technisches Messen 78 (2011) 6, 315–320.

[63]   N. N.: 1-achsige AS-Aktivsonden. Datenblatt. Berlin: Projekt Elektronik Mess- und Regelungstechnik GmbH 2021. https://www.projekt-elektronik.de/?jet_download=6605 (abgerufen am 06.07.2023).

[64]   N. N.: Teslameter FM 302 für AS-Aktivsonden. Datenblatt. Berlin: Projekt Elektronik Mess- und Regelungstechnik GmbH 2021. https://www.projekt-elektronik.de/?jet_download=6604 (abgerufen am 06.07.2023).

[65]   DIN 866:2006-12: Geometrische Produktspezifikation (GPS) – Strichmaßstäbe, Arbeitsmaßstäbe – Ausführungen, Anforderungen.

[66]   DIN 862:2015-03: Geometrische Produktspezifikation (GPS) – Messschieber – Grenzwerte für Messabweichungen.

[67]   DIN 863-1:2017-02: Geometrische Produktspezifikation (GPS) – Messschrauben – Teil 1: Bügelmessschrauben; Grenzwerte für Messabweichungen.

[68] R. L. Duncombe: Personal equation in astronomy. Popular Astronomy 53 (1945) 2, 63–76. https://articles.adsabs.harvard.edu/full/1945PA.....53...63D (abgerufen am 06.07.2023).

[69] S. F. Kraus: Die persönliche Gleichung in der Astronomie und ihre didaktischen Implikationen. PhyDid B - Didaktik der Physik – Beiträge zur DPG-Frühjahrstagung, Dresden 2017. https://ojs.dpg-physik.de/index.php/phydid-b/article/view/766 (abgerufen am 06.07.2023).

[70] Persönliche Gleichung. In: Wikipedia. https://de.wikipedia.org/wiki/Persönliche_Gleichung (abgerufen am 06.07.2023).

[71] Richtlinie 2014/31/EU des Europäischen Parlaments und des Rates vom 26. Februar 2014 zur Angleichung der Rechtsvorschriften der Mitgliedstaaten betreffend die Bereitstellung nichtselbsttätiger Waagen auf dem Markt.

[72] OIML R 111-1:2004: Weights of classes E_1, E_2, F_1, F_2, M_1, M_{1-2}, M_2, M_{2-3}, und M_3 - Part 1: Metrological and technical requirements. Paris: Organisation Internationale de Métrologie Légale (OIML).

[73] DIN 8127:2007-11: Gewichtstücke der Genauigkeitsklassen E_1, E_2, F_1, F_2, M_1, M_{1-2}, M_2, M_{2-3}, und M_3 - Metrologische und technische Anforderungen (OIML R 111-1:2004).

[74] Flüssigkeitsthermometer Aufbau. https://temperatur-profis.de/temperaturfuehler/fluessigkeitsthermometer/ (abgerufen am 06.07.2023).

[75] DIN 12775:2019-12: Laborgeräte aus Glas - Laborthermometer, Skalenwerte 0,1 °C, 0,2 °C und 0,5 °C.

[76] DIN 12778:2019-12: Laborgeräte aus Glas - Laborthermometer, Skalenwerte 1 °C und 2 °C.

[77] DIN 12799:2019-12: Laborgeräte aus Glas - Allgebrauchs-Stabthermometer.

[78] DIN EN 60751:2009-05: Industrielle Platin-Widerstandsthermometer und Platin-Temperatursensoren (IEC 60751:2008); Deutsche Fassung EN 60751:2008.

[79] DIN EN 60584-1:2014-07: Thermoelemente - Teil 1: Thermospannungen und Grenzabweichungen (IEC 60584-1:2013); Deutsche Fassung EN 60584-1:2013.

[80] DIN EN ISO 4788:2005-08: Laborgeräte aus Glas - Messzylinder und Mischzylinder (ISO 4788:2005).

[81] DIN 12681:1998-03: Laborgeräte aus Kunststoff - Meßzylinder mit Skale (ISO 6706:1981, modifiziert).

[82] DIN EN 60051-1:2017-11 (VDE 0411-51-1:2017-11): Direkt wirkend anzeigende analoge elektrische Messgeräte und ihr Zubehör – Teil 1: Definitionen und allgemeine Anforderungen für alle Teile (IEC 60051-1:2016).

[83] DIN 43751-2:1987: Messen, Steuern, Regeln; Digitale Meßgeräte; Meßgeräte zur Messung von analogen Größen; Begriffe, Prüfungen und Datenblattangaben.

[84] PeakTech® 3385 - Bedienungsanleitung/Operation Manual - Analoges Multimeter/Analog Multimeter. Ahrensburg: PeakTech Prüf- und Messtechnik GmbH 2021. https://www.peaktech.de/PeakTech-P-3385-Analog-Multimeter-600V-AC-DC-10A-AC-DC/P-3385 (abgerufen am 06.07.2023).

[85] PeakTech® 2005 A - Bedienungsanleitung/Operation Manual - Digital Multimeter. Ahrensburg: PeakTech Prüf- und Messtechnik GmbH 2021. https://www.peaktech.de/media/ca/49/7d/1636017169/PeakTech_2005A_11-2021_DE_EN.pdf (abgerufen am 06.07.2023).

Stichwortverzeichnis

https://doi.org/10.1515/9783110500264-027

www.ingramcontent.com/pod-product-compliance
Lightning Source LLC
Chambersburg PA
CBHW061419210326
41598CB00035B/6263